Methoden der Regelungs- und Automatisierungstechnik

Herausgegeben von
Otto Föllinger, Hans Sartorius und Volker Krebs

Regelung elektrischer Antriebe I

Eigenschaften, Gleichungen und Strukturbilder
der Motoren

von
Prof. Dr.-Ing. Gerhard Pfaff
Institut für Elektrische Antriebe und Steuerungen
der Universität Erlangen-Nürnberg

5. Auflage

Mit 93 Bildern

R. Oldenbourg Verlag München Wien 1994

Nach dem Studium der Elektrotechnik an der TH Darmstadt trat der Verfasser 1957 in das Institut für Automation der AEG ein und war später im Fachgebiet Industrielle Datenverarbeitung bei AEG-Telefunken tätig, bis er 1973 an die Universität Erlangen-Nürnberg berufen wurde. Dort ist er Inhaber des Lehrstuhls für Elektrische Antriebe und Steuerungen in der Technischen Fakultät.

Die Deutsche Bibliothek - CIP-Einheitsaufnahme

Regelung elektrischer Antriebe / von Gerhard Pfaff. - München ; Wien : Oldenbourg
  Bd. 2 verf. von Gerhard Pfaff und Christof Meier
NE: Pfaff, Gerhard; Mejer, Christof
1. Eigenschaften, Gleichungen und Strukturbilder der Motoren.
  - 5. Aufl. - 1994
  (Methoden der Regelungs- und Automatisierungstechnik)
  ISBN 3-486-23094-8

© 1994 R. Oldenbourg Verlag GmbH, München

Gesamtherstellung: Huber KG, Dießen

ISBN 3-486-23094-8

Inhaltsverzeichnis

Vorwort

Die zunehmende Automatisierung technischer Prozesse, die Erhöhung
der Produktionsgeschwindigkeiten und die kompliziertere Technologie
vieler Herstellungsverfahren haben zu einem erheblichen Bedarf an geregelten elektrischen Antrieben geführt. Hauptelemente dieser Antriebe sind die Elektromotoren, welche die Regelstrecke im Regelkreis des
Antriebssystems bilden. Neben dem bisher vorwiegend eingesetzten
Gleichstrommotor haben auch die Drehstrommotoren durch die Fortschritte auf dem Gebiet der Leistungselektronik eine wesentliche Bedeutung für geregelte Antriebe erlangt. Die Kenntnis der Eigenschaften und
des Übertragungsverhaltens der Regelstrecke ist eine wichtige Vorbedin-
gung für den Entwurf und für theoretische Untersuchungen einer geregelten Anlage. Deshalb ist das vorliegende erste Bändchen über "Regelung elektrischer Antriebe" ganz der Streckenanalyse gewidmet. Ziel
der Arbeit ist eine Darstellung der für den Einsatz in geregelten Anlagen wesentlichen Eigenschaften der genannten elektrischen Maschinen,
also Gleichstrommotor, Asynchronmotor und Synchronmotor. Hierbei
wird besonderer Wert gelegt auf eine Befreiung des Stoffes von allen für
die Regelung unwesentlichen speziellen Problemen des Elektromaschi-
nenbaues, die dem Regelungstechniker und Systemingenieur oft den Zu-
gang zu dem betrachteten Gebiet erschweren, zumal für diesen der Motor meist nur einer von vielen Bausteinen in dem zu untersuchenden System ist.

Im Rahmen des geplanten Umfangs konnte eine vollständige und umfas-
sende Darstellung des Stoffes nicht angestrebt werden. Trotzdem hoffe
ich, daß die für den Einsatz wichtigen Eigenschaften der regelbaren Motoren und die Beschreibung ihrer dynamischen Struktur soweit dargestellt sind, daß dem Leser eine gute Ausgangsbasis für eigene Arbeiten
und insbesondere für die Simulation der behandelten elektrischen Maschinen gegeben wird.

Die vorliegende Arbeit entstand aus meiner Tätigkeit im Institut für Automation der Firma AEG-Telefunken sowie aus Vorlesungen, die ich
seit mehreren Jahren an der Universität Karlsruhe halte. Ich danke den
Herausgebern für die Anregung und ihr Interesse, meiner Firma für die
gewährte Unterstützung und dem Verlag für die gute Zusammenarbeit.

Nicht zuletzt möchte ich auch an dieser Stelle Herrn Dipl.-Ing. D. Nicolai für eine kritische Durchsicht des Manuskriptes und Herrn H. G. Ebeling für die sorgfältige Anfertigung der Reinzeichnungen danken.

Gerhard Pfaff

1. Einleitung

Die Technik der elektrischen Antriebe ist ein schon lange bestehendes Arbeitsgebiet, auf dem bereits viele Kenntnisse und Erfahrungen vorliegen. Schon gegen Ende des vorigen Jahrhunderts wurde der Elektromotor zu einem interessanten und wichtigen Baustein der Antriebstechnik und begann, die Dampf- und Wasserkraftmaschinen zu verdrängen, die bis dahin die wichtigsten Motoren für die Arbeitsmaschinen der Industrie waren. Infolge seiner besonderen Vorzüge hat der Elektromotor seinen Einsatzbereich immer weiter ausgedehnt, so daß er heute der am häufigsten eingesetzte Antriebsmotor überhaupt ist. Im Laufe der Zeit sind die Anforderungen, die an den Antriebsmotor gestellt wurden, immer höher und vielfältiger geworden. Dies führte, neben einer Weiterentwicklung der Motoren selbst, zu einem immer stärkeren Eindringen der Steuerungs- und Regelungstechnik in die elektrische Antriebstechnik, und gerade das Gebiet der Regelung elektrischer Antriebe hat in den letzten zwanzig Jahren eine außerordentliche Erweiterung erfahren und eine besondere Bedeutung erlangt. Die Gründe hierfür waren vor allem eine Erhöhung der Produktionsgeschwindigkeiten und die kompliziertere und verfeinerte Technologie vieler Prozesse und Herstellungsverfahren, die eine genauere Einhaltung und schnellere Steuerbarkeit der Drehzahlen und Drehmomente erfordern. Zum Beispiel erfordert der immer stärkere Übergang zu einer kontinuierlichen und fortlaufenden Bearbeitung von durchlaufenden Stoffbahnen bei hohen Arbeitsgeschwindigkeiten eine genaue Abstimmung der verschiedenen am Bearbeitungsprozeß beteiligten Arbeitsmaschinen. Die zunehmende Automatisierung der Prozesse hat auch einen steigenden Bedarf an Servoantrieben zur Folge, die den Aufbau schneller und genauer Lageregelungen und Nachführeinrichtungen sowie die Betätigung mechanischer Stelleinrichtungen mit höchster Präzision und Dynamik ermöglichen.

Diese ganze Entwicklung wurde von der gerätetechnischen Seite her begünstigt und überhaupt erst ermöglicht durch die Entwicklung der Transistoren und Thyristoren und der zugehörigen Schaltungstechnik, ein Gebiet, das inzwischen unter dem Namen Leistungselektronik zu einem festen Bestandteil der Antriebstechnik geworden ist. Die Leistungselektronik erlaubt einerseits die Realisierung von komplizierten Funktionen und Steuerungsabläufen auf niedrigstem Leistungsniveau und daher

mit vertretbarem Aufwand, andererseits stellt sie durch die Stromrichtertechnik geeignete Stellglieder mit hoher Leistungsverstärkung
und Dynamik zur Verfügung. Außerdem hat die Entwicklung der Leistungselektronik noch ein weiteres, schon lange angestrebtes Ziel in
erreichbare Nähe gerückt, nämlich den Einsatz von Asynchron- und
Synchronmotoren in geregelten Antrieben. Es ist heute bereits eine Reihe von derartigen Antrieben im Einsatz, bei denen Asynchron- oder
Synchronmotoren über Stromrichterschaltungen mit variabler Frequenz
gespeist werden. Die bisherigen Ergebnisse berechtigen zu einigem
Optimismus auch in wirtschaftlicher Hinsicht, daher ist für die Zukunft
ein weiteres Vordringen dieser Lösungen zu erwarten.

Auch auf der Seite der Motoren selbst hat eine Weiterentwicklung statt-
gefunden, und zwar in stärkerem Maße, als auf den ersten Blick wahr-
nehmbar ist. Durch eine bessere Ausnutzung und die Verwendung neuer
Isolierstoffe konnte das Leistungsgewicht wesentlich herabgesetzt werden. Daneben erfolgte vor allem eine Anpassung der Motoren an die verschiedenen Einsatzbedingungen, und zwar nicht nur hinsichtlich der
äußeren Bauformen, sondern es wurde auch den erhöhten Anforderungen beim Betrieb der Motoren in geregelten Antrieben Rechnung getragen. So wurden beim Entwurf von Gleichstrommotoren die hohen Strom-
änderungsgeschwindigkeiten und die Welligkeit des Ankerstromes berücksichtigt, die bei der Regelung über Stromrichter auftreten. Für Servomotoren wurden völlig neue Konstruktionen entwickelt, die bei kleinem Trägheitsmoment und hoher Kurzzeitüberlastbarkeit die für Stellantriebe gewünschte Dynamik ermöglichen und außerdem ein winkelunabhängiges Drehmoment liefern, wie es für genaue Lageregelungen gefordert werden muß.

Für die Projektierung und den Entwurf von Antriebsregelungen ist die
genaue Kenntnis der Eigenschaften und Kennwerte der Regelstrecken,
also der Antriebsmotoren, die erste Voraussetzung. Wenn dabei theoretische Untersuchungen und Simulationen durchgeführt werden sollen,
müssen auch die Strukturbilder der Motoren bekannt sein. Dabei ist es
sehr wertvoll, wenn auch auf spezielle Anwendungsfälle zugeschnittene
und damit vereinfachte Strukturen zur Verfügung stehen, weil der Motor ja nur ein Teil der insgesamt zu untersuchenden Anlage ist und man
normalerweise den Rechenaufwand in vertretbaren Grenzen halten muß.
Die folgenden Ausführungen befassen sich daher mit den regelungstechnischen Eigenschaften der wichtigsten elektrischen Antriebsmaschinen
sowie mit der mathematischen Beschreibung ihres dynamischen Verhaltens, wobei auf die bildliche Darstellung der aufgestellten Differen-

tialgleichungen in Form der dem Regelungstechniker geläufigen Strukturbilder besonderer Wert gelegt wird.

Die mathematische Beschreibung und Berechnung von Übergangsvorgängen in elektrischen Maschinen war lange Zeit nur ein Gebiet für einige Spezialisten und von geringem allgemeinen Interesse. Eine gewisse Bedeutung erlangten dann diese Fragen, als mit dem zunehmenden Verbundbetrieb der Energieversorgungsnetze teilweise Stabilitätsschwierigkeiten bei Synchrongeneratoren auftraten oder die im Netz möglichen Kurzschlußströme in ihrem zeitlichen Verlauf berechnet werden mußten. Aus diesen Gründen wurden zuerst die dynamischen Vorgänge in Synchronmaschinen untersucht, und es entstand in den zwanziger Jahren die Zweiachsentheorie der Synchronmaschine. Allerdings sind die zugehörigen Gleichungen relativ kompliziert, so daß Lösungen zunächst nur bei starken Vereinfachungen und Einschränkungen der Allgemeinheit zu gewinnen waren. Mit dem Eindringen der Regelungstechnik in den Betrieb der elektrischen Maschinen hat ihre Dynamik eine wesentlich größere Bedeutung erhalten. Bei der Untersuchung einer Regelung muß das Übertragungsverhalten aller im Regelkreis befindlichen Bauelemente bekannt sein, und so wird inzwischen die Frage nach dem dynamischen Verhalten der verschiedensten elektrischen Maschinen immer häufiger gestellt. Außerdem stehen heute praktisch überall leistungsfähige elektronische Rechenanlagen zur Verfügung, welche die Lösung auch komplizierter und nichtlinearer Gleichungssysteme zumindest für spezielle Fälle ermöglichen. Für den Regelungstechniker war zunächst in erster Linie der Gleichstrommotor von Interesse, inzwischen haben die Fortschritte auf dem Gebiet der Stromrichtertechnik auch die Drehzahlregelung von Asynchron- und Synchronmotoren ermöglicht, so daß auch die dynamische Struktur dieser Maschinen eine weiterreichende Bedeutung erhalten hat.

Der Aufbau, die Feldverteilung und die räumliche Verteilung der verschiedenen Wicklungen machen eine elektrische Maschine zu einem recht komplizierten Gebilde. Entsprechend vielschichtig und komplex ist auch die zugehörige Theorie. Zu jeder Maschinenart gehört eine ihr eigene, theoretische Betrachtungsweise, wobei in erster Linie das stationäre Betriebsverhalten betrachtet und vorwiegend in Form verschiedener Kennlinien beschrieben wird. Bei dieser Betrachtung werden dann allerdings ganz spezielle Effekte, wie Sättigung, Oberwellenerscheinungen, Stromverdrängung u.a. sehr eingehend berücksichtigt, da sie vor allem für den Bau und die Dimensionierung der Maschinen von Wichtigkeit sind. Für den Regelungstechniker und Nichtelektromaschinenbauer ist es daher oft recht schwierig, eine Beschreibung und Struk-

tur zu finden, die bei annehmbarem Umfang die für das Verhalten innerhalb des Regelungssystems wesentlichen Übertragungseigenschaften
des Motors wiedergibt. Hierzu sind notgedrungen gewisse Vereinfachungen und Idealisierungen erforderlich. Dabei bedarf es oft einiger
Erfahrung, zu entscheiden, wie detailliert die Struktur im speziellen
Falle gewählt werden muß. Diesem genannten Ziel soll bei der folgenden Bearbeitung Rechnung getragen werden. Die wichtigsten Antriebsmaschinen der elektrischen Antriebstechnik - Gleichstrommotor, Asynchronmotor und Synchronmotor - werden in aufeinander folgenden Abschnitten unter den genannten Gesichtspunkten betrachtet. Es werden
Strukturbilder abgeleitet, von denen sich viele bereits bei zahlreichen
regelungstechnischen Berechnungen und Simulationen in der industriel-
len Praxis bewährt haben.

Zur Schreibweise der Gleichungen sei noch folgendes vermerkt. Klein-
buchstaben werden vorwiegend zur Bezeichnung zeitlich veränderlicher
Größen verwendet, Großbuchstaben vorwiegend für Konstanten und für
stationäre Größen. Bei der Behandlung der Drehstrommaschinen wird
teilweise mit bezogenen Größen und einem Nenndaten-Bezugssystem
gearbeitet, da dies allgemein üblich ist. Die bezogenen Größen werden
dabei in der Bezeichnungsweise nicht von den echten Größen unterschieden, sondern dies wird in der Bezeichnung der Gleichungen zum Ausdruck gebracht. Außerdem werden verschiedentlich Transformationen
der Größen in ein anderes Koordinatensystem vorgenommen, wobei je
nach untersuchtem Betriebsfall verschiedene Koordinatensysteme gewählt werden (ständerfest, läuferfest oder synchron mit dem Netzspan-
nungsvektor umlaufend). Um die Schreibweise der Gleichungen einfach
zu gestalten, wird das jeweils verwendete Koordinatensystem nicht
durch Indizes der Variablen mitgeteilt, sondern es wird lediglich in jedem Abschnitt ausdrücklich erklärt, welches Koordinatensystem in dem
betreffenden Abschnitt verwendet werden soll.

2. *Gleichstrommotoren*

2.1 Eigenschaften und wichtige Kennwerte

Die ersten in der Praxis einsetzbaren elektrischen Antriebsmaschinen waren Gleichstrommotoren. Jedoch erlaubten es die Gleichstromsysteme nicht, die großen Vorzüge einer zentralen Erzeugung und Verteilung der elektrischen Energie auszunutzen. Als nach der Entdeckung der Erscheinungen des magnetischen Drehfeldes und der darauf folgenden Entwicklung des Asynchronmotors ein leistungsfähiger Antriebsmotor für Wechselstrom zur Verfügung stand, trat die Wechselstromtechnik zu Beginn dieses Jahrhunderts ihren Siegeszug an, und den Gleichstrommaschinen wurde ein rasches Ende prophezeit. Die Gleichstrommaschine hat jedoch in all den Jahren, die seither vergangen sind, ihre Lebensfähigkeit und ihre Notwendigkeit bewiesen, vor allem wegen ihrer guten Steuerungs- und Regelungseigenschaften. Auch die in letzter Zeit durch die Entwicklungen auf dem Gebiet der Stromrichtertechnik möglich gewordene verlustlose Drehzahlsteuerung von Asynchronmotoren über ruhende Speiseeinrichtungen wird diese Tatsache nicht über Nacht grundlegend ändern; denn wenn man einmal versucht hat, einer Asynchronmaschine mit den Mitteln der Stromrichter- und Transistortechnik entsprechende Steuerungseigenschaften zu verleihen, dann weiß man erst so recht die Vorzüge der Gleichstrommaschine zu schätzen, die diese günstigen Eigenschaften von Hause aus besitzt. Ein Nachteil der Gleichstrommaschine, die Empfindlichkeit des Kollektors, wird oft etwas überbewertet; allerdings erfordert zumindest die endliche Standzeit der Bürsten eine gewisse Wartung, und der Preis des Gleichstrommotors ist deutlich höher als der eines Asynchronmotors. Natürlich ist in der Entwicklung der Gleichstrommaschinen auch oder gerade in den letzten Jahrzehnten noch viel getan worden, so daß sich moderne Maschinen in Einzelheiten ihres Aufbaues doch sehr wesentlich von denen der Jahrhundertwende unterscheiden. Insbesondere die Forderungen von Seiten der Regelungstechnik haben dies bewirkt, außerdem mußte den Problemen Rechnung getragen werden, die bei der Speisung der Motoren mit dem oberwellenhaltigen Strom der Stromrichter auftreten. Schließlich wurden für bestimmte Einsatzgebiete auch ganz spezielle, zum Teil neuartige Konstruktionen entwickelt. Daher sollen nachstehend zunächst einmal die wichtigsten Gesichtspunkte zusammengestellt und kurz diskutiert werden, die bei der Auswahl eines Gleichstrommotors für eine Antriebsregelung beachtet werden müssen.

Eine wesentliche Rolle beim Einsatz und bei der Beurteilung eines Gleichstrommotors spielen die Grenzen, die durch die zulässigen Beanspruchungen des Kommutators gesetzt sind. Für diese Beanspruchung sind zwei Größen entscheidend: die Segmentspannung, also die Spannung zwischen zwei benachbarten Lamellen des Kollektors, sowie die Reaktanzspannung oder Stromwendespannung, die bei der Stromwendung in der kurzgeschlossenen Spule der Ankerwicklung auftritt [36], [3]. Die Segmentspannung ist dem Produkt aus Luftspaltinduktion, Ankerlänge und Drehzahl proportional, die Reaktanzspannung dem Produkt aus Ankerstrombelag (Ankerstrom), Maschinenlänge und Drehzahl. Für beide Spannungen dürfen bestimmte Erfahrungswerte nicht überschritten werden, wenn einwandfreies Kommutierungsverhalten und damit genügende Betriebssicherheit garantiert werden sollen. Alle modernen Gleichstrommaschinen - von den Kleinstmaschinen abgesehen - sind mit Wendepolen ausgerüstet, die vom Ankerstrom durchflossen werden und ein Wendefeld erzeugen. Dieses Wendefeld induziert bei richtiger Einstellung im Anker eine Gegenspannung, welche der Reaktanzspannung das Gleichgewicht hält und damit ihre Auswirkungen vermeidet, solange die Proportionalität zwischen Ankerstrom und Wendefeld nicht durch Sättigungserscheinungen gestört wird.

Wird die Ankerwicklung von Strom durchflossen, so bildet sich ein Ankerfeld aus, das sich dem Erregerfeld überlagert; diese Erscheinung wird als Ankerrückwirkung bezeichnet und im Abschnitt 2.7 genauer analysiert. Für die vorliegende Betrachtung ist wesentlich, daß durch die Ankerrückwirkung Feldverzerrungen hervorgerufen werden können, so daß die Segmentspannung an bestimmten Stellen unzulässig hohe Werte annimmt. Dieser Effekt zeigt sich bei entsprechend hohem Ankerstrom sowie bei Feldschwächung. Wenn diese Bereiche weitgehend ausgenutzt werden sollen, muß die Maschine mit einer Kompensationswicklung ausgerüstet werden. Diese wird vom Ankerstrom durchflossen und ist in den Polschuhen der Hauptpole so angeordnet, daß sie die Ankerwicklung möglichst gut abbildet und somit die Ankerdurchflutung weitgehend kompensiert. In manchen Fällen kann auch von Vorteil sein, daß durch die Kompensationswicklung die Induktivität des Ankerkreises und damit die Ankerzeitkonstante des Motors auf etwa die Hälfte herabgesetzt werden kann. Dies ist allerdings kein Vorteil bei Stromrichterspeisung, da hier wegen der Stromwelligkeit und zur Vermeidung des "lückenden Stromes" eine gewisse Größe der Ankerkreisinduktivität erwünscht ist und u. U. durch eine zusätzliche Glättungsdrossel erreicht werden muß.

In vielen Fällen wird der Gleichstrommotor mit konstantem Erreger-feld betrieben. Bei komplizierteren Regelaufgaben werden jedoch auch Eingriffe über die Erregerspannung vorgenommen. Bei schnellen Än-derungen des Hauptflusses tritt in den kommutierenden Ankerwicklun-gen noch eine von der Feldänderung induzierte transformatorische Span-nung auf, die nicht vom Wendefeld her ausgeglichen werden kann. Hier-durch werden die Kommutierungsbedingungen zusätzlich verschlechtert, so daß in diesem Falle eine weitere Einschränkung des zulässigen Be-triebsbereiches getroffen werden muß.

Das Streben nach hoher Regeldynamik des Antriebs sowie die Speisung der Motoren durch steuerbare Stromrichter haben bewirkt, daß den bei-den folgenden Gesichtspunkten immer mehr Beachtung geschenkt wer-den mußte: das Verhalten der Maschine bei sehr schnellen Stromände-rungen sowie bei Belastung mit welligem Gleichstrom. Soll die Maschi-ne möglichst unempfindlich gegen diese Beanspruchungen sein, so muß vor allem der magnetische Kreis der Wendepole so ausgebildet sein, daß auch bei schnellen Stromänderungen die Proportionalität zwischen Wendefeld und Ankerstrom zu jedem Zeitpunkt erhalten bleibt. Sind im magnetischen Kreis der Wendepole massive Teile vorhanden, so stel-len sie in erster Näherung einen mit der Wendepolwicklung transforma-torisch gekoppelten Kurzschlußkreis dar, der eine Verzögerung des Wendefeldes gegenüber dem Ankerstrom zur Folge hat. Derartige Dämpfungen oder gar eine Sättigung im Wendepolkreis müssen durch geeignete Maßnahmen beim Bau der Maschine vermieden werden. Diese Maßnahmen, die unter der Bezeichnung "Entdämpfung" in den techni-schen Sprachgebrauch eingegangen sind, bestehen im wesentlichen in einer ausreichenden Dimensionierung des Wendepolkerns bei einer Querschnittsvergrößerung zum Joch hin sowie in der lamellierten Aus-führung der Flußpfade. Eine geblechte Ausführung der Haupt- und Wen-depole ist dabei vordinglich, aber auch der geblechte Ständerrücken ist bei vielen Maschinentypen inzwischen anzutreffen. Die Bleche müssen sorgfältig gegeneinander isoliert sein, außerdem muß jede den Fluß-pfad umschließende Kurzschlußwindung vermieden werden, wie sie durch Befestigungskonstruktionen, Bolzen usw. verursacht werden können.

Die geschilderten Zusammenhänge sind die wesentlichsten Einflußgrö-ßen für wichtige Kennwerte und Eigenschaften des Gleichstrommotors; außerdem sind sie wesentlich für einige regelungstechnisch sehr interessante Sonderbauformen. Diese Kennwerte und Eigenschaften sowie die Sonderbauformen sollen nachstehend behandelt werden.

Zulässiger Spitzenstrom

Elektrische Antriebsmotoren sind im allgemeinen so dimensioniert, daß sie mit ihrer Nennleistung dauernd belastet werden können. Die Nennleistung eines Motors ergibt sich aus den Grenzen der thermischen Belastbarkeit für die einzelnen Maschinenteile, vor allen Dingen Wicklungsisolation, Kollektor und Bürsten. Das heißt, der Motor erreicht im Dauerbetrieb bei Nennlast gerade seine zulässigen Grenztemperaturen, die mit Rücksicht auf eine genügende Lebensdauer nicht überschritten werden dürfen. Gerade geregelte Antriebe werden jedoch oft nicht mit konstanter, sondern mit stark schwankender Belastung betrieben. In diesem Falle wird die Wahl der Nennleistung anhand des vorgesehenen Belastungsdiagrammes so durchgeführt, daß im Verlaufe des Belastungsspiels die Grenztemperatur des Motors möglichst erreicht aber nicht überschritten wird. Hierfür gibt es verschiedene Verfahren, wie z. B. die Methode der mittleren Verluste. Dies bedeutet also, daß der Motor kurzzeitig wesentlich stärker als mit seiner Nennlast belastet wird, was wegen seiner thermischen Zeitkonstante durchaus zulässig ist. In diesem Zusammenhang erlangt die Tatsache, daß beim Gleichstrommotor auch der kurzzeitig fließende Ankerstrom begrenzt werden muß, große Bedeutung. Die Grenze ist durch die Kommutierung gegeben, wie aus dem oben über die Reaktanz- und Segmentspannung Gesagten leicht ersichtlich ist. Somit ist der kurzzeitig zulässige Spitzenstrom eine wichtige und aufschlußreiche Kenngröße für einen Gleichstrommotor; er hängt vom Aufbau und der Dimensionierung der Maschine ab. Als Richtwerte seien genannt: Normalerweise doppelter Nennstrom, also $2 I_n$, bei Maschinen mit Kompensationswicklung $4 I_n$, bei speziellen Servomotoren bis zu $10 I_n$.

Zulässige Stromänderungsgeschwindigkeit

Je nachdem, wieweit durch den Aufbau der Maschine eine Entdämpfung erreicht worden ist, darf die Stromänderungsgeschwindigkeit bestimmte Werte nicht überschreiten, wenn die Maschine einwandfrei kommutieren soll. Die erreichbare Stromänderungsgeschwindigkeit steht in engem Zusammenhang mit der möglichen Regelgeschwindigkeit des Antriebs und ist damit ein wichtiger Kennwert für die Projektierung. Nach den Empfehlungen der VDI/VDE - Fachgruppe Regelungstechnik ist es üblich, die Stromänderungsgeschwindigkeit ebenso wie die Stromhöhe auf den Nennstrom zu beziehen. Da die Beanspruchung der Maschine nicht allein von der Stromänderungsgeschwindigkeit $\dfrac{di}{dt}$, sondern auch von der dabei erreichten Stromänderung ΔI abhängt, wird empfohlen, bei der technischen Klärung Angaben über eine zulässige Stromänderungsgeschwindigkeit auf der Basis $\Delta I = 2\,I_n$ zu machen. Die zulässigen Werte hängen wie gesagt stark vom Aufbau der jeweiligen Maschine ab; übliche Werte liegen bei 100 I_n pro Sekunde bis 300 I_n pro Sekunde. Allerdings sollte man bei der Realisierung derartiger Werte bedenken, daß diese Stromänderungen entsprechende Drehmomentenstöße zur Folge haben, denen auch die angetriebene Arbeitsmaschine, die Kupplung und ein evtl. vorhandenes Getriebe gewachsen sein müssen.

Maximale Winkelbeschleunigung

Die erreichbare maximale Winkelbeschleunigung des Antriebssystems ist durch den Quotienten Maximales Motormoment : Trägheitsmoment gegeben. Dabei ist natürlich das Gesamtträgheitsmoment, also die Summe aus dem Trägheitsmoment des Motors und denen der Arbeitsmaschine, maßgebend, wobei das Übersetzungsverhältnis eines evtl. vorhandenen Getriebes berücksichtigt werden muß. Beim Vergleich verschiedener Motoren wird jedoch nur mit dem Trägheitsmoment des Motorankers allein gearbeitet; dies ist auch durchaus sinnvoll, da bei vielen Stellantrieben das maßgebliche Trägheitsmoment wegen des verwendeten Getriebes praktisch nur durch die Masse des Motorankers bedingt wird. Gerade für Stellantriebe ist die maximale Winkelbeschleunigung des Motors eine wichtige Kenngröße, die in ihrer Höhe begrenzt ist. Das im Zähler des Quotienten stehende maximale Motormoment entspricht dem kurzzeitig zulässigen Spitzenstrom, dessen Grenzen bereits weiter oben diskutiert wurden. Das Trägheitsmoment des Motorankers läßt sich klein halten, wenn man sich bemüht, diesen mit kleinem Durchmesser und entsprechend großer Länge zu dimensionieren. Dem sind jedoch wieder Grenzen durch die Kommutierung gesetzt, da Segment- und Reaktanzspannung mit der Maschinenlänge wachsen. Bei extremen Forderungen in dieser Hinsicht entscheidet man sich daher manchmal für den Einsatz eines Doppelmotors, d. h. für zwei Maschinen mit der halben Leistung. Allerdings ergeben sich dabei neben dem höheren Aufwand neue Probleme konstruktiver Natur dadurch, daß der auf der Arbeitsmaschinenseite befindliche Motor das Drehmoment des hinteren Motors mit übertragen muß, sowie die Schwingungsprobleme des Mehrmassensystems.

Die maximale Winkelbeschleunigung wird meistens in der Einheit rad s^{-2}

angegeben. Bei Gleichstrommotoren in Normalausführung liegen die üblichen Werte bei etwa 200 rad s^{-2} für Motoren mittlerer Leistung. Bei speziellen Sonderausführungen, die auf extrem große Winkelbeschleunigungen gezüchtet sind, werden Werte bis zu einigen 100 000 rad s^{-2} erreicht. Diese Motoren lassen sich jedoch nur für kleine, begrenzte Leistungen bauen.

Dynamisches Leistungsvermögen (power rate)

Bei Stellantrieben wird vielfach ein Anpassungsgetriebe zwischen Motor und Last verwendet. Wenn keine besonderen Anforderungen an die Dynamik des Systems gestellt sind, erfolgt die Wahl des Übersetzungsverhältnisses so, daß der Drehzahlbereich des Motors durch das Getriebe auf den von der Last geforderten reduziert wird. In diesem Falle ist meist mehr als 80 % der kinetischen Energie des Systems in der Schwungmasse des Motors gespeichert. Daraus folgt, daß mit einer Verringerung der Motordrehzahl durch Wahl eines kleineren Übersetzungsverhältnisses die Dynamik des Antriebes verbessert werden kann. Eine diesbezügliche Rechnung ergibt, daß eine maximale Beschleunigung der Last dann erreicht werden kann, wenn Motorträgheitsmoment und das auf die Motorwelle umgerechnete Lastträgheitsmoment die gleiche Grösse haben. Will man nun bei vorgegebenem Lastträgheitsmoment verschiedene Motoren im Hinblick auf die mit ihnen erreichbaren Lastbeschleunigungen vergleichen, so zeigt sich, daß hierfür der Quotient (Maximales Motormoment)^2 : Trägheitsmoment des Motors von entscheidender Bedeutung ist. Dieser in der angelsächsischen Literatur unter der Bezeichnung "power rate" bekannte Ausdruck kann sinnvoll mit "dynamisches Leistungsvermögen" übersetzt werden. Die in diesem Faktor implizit enthaltene maximale Winkelbeschleunigung des Motors genügt also nicht für die Bestimmung der in einer gegebenen Antriebsordnung erreichbaren Dynamik, daneben spielt die Impulsleistung des Motors eine wichtige Rolle, die ein Maß für die Baugröße darstellt. Übliche Werte für das dynamische Leistungsvermögen liegen bei einigen Hundert bis zu einigen Tausend kW/s.

Drehzahlsteuerung

Die Möglichkeit der Drehzahlsteuerung ist leicht gegeben; hier liegen ja die Stärke und der große Vorteil des Gleichstrommotors. Die Beeinflussung der Drehzahl kann über die Ankerspannung und über die Erregung des Motors erfolgen. Die erste Möglichkeit ist die am meisten angewandte, häufig wird der Motor mit konstanter Erregung betrieben; Motoren kleinerer Leistung werden in diesem Falle oft mit Permanentmagneten ausgerüstet. Bei konstanter Erregung ist die stationäre Drehzahl des Motors praktisch der angelegten Ankerspannung proportional. Der Stellbereich ist nach oben hin durch die zulässige Segmentspannung begrenzt, reicht also meist nicht wesentlich über Nennspannung und Nenndrehzahl; diese Grenze bedeutet jedoch keine Beschränkung, da man bei der Auswahl des Motors die Nenndrehzahl entsprechend den Anforderungen wählen kann. Wesentlich wichtiger ist die Grenze, die nach unten, zu kleinen Drehzahlen hin, besteht. Es lassen sich nicht beliebig kleine Drehzahlen einstellen, der ausnutzbare Drehzahlstellbereich ist der Bereich, in dem ein ruhiger und gleichmäßiger Lauf des Motors vorhanden ist. Der mögliche Stellbereich wird von einer ganzen Reihe von Faktoren beeinflußt, u. a. von den Reibungsmomenten, von Lamellenzahl, Nutzahl und Bürstenspannungsabfall. Bei gesteuertem Betrieb beträgt der über die Ankerspannung erreichbare Drehzahlstellbereich etwa 1 : 30. Dieser Bereich läßt sich durch eine Drehzahlregelung wesentlich erweitern; verhältnismäßig leicht erreicht man einen Stellbereich von 1 : 100, mit entsprechendem Aufwand sind Werte in der Gegend von 1 : 800 erreichbar, und bei speziellen Servoantrieben, beispielsweise mit Scheibenläufermotoren, lassen sich Stellbereiche von 1 : 3 000 erzielen. Natürlich müssen im Falle der Drehzahlregelung auch die übrigen Bauelemente des Regelkreises bestimmten Ansprüchen genügen. Besonders wichtig sind hierbei der Oberwellengehalt der gelieferten Ankerspannung (Transistorverstärker, Leonardgenerator oder Stromrichter mit starkem Anschnitt) sowie die Güte der Tachomaschine.

Die zweite Möglichkeit zur Drehzahlsteuerung besteht in einer Beeinflussung der Feldspannung, wobei bekanntlich mit kleiner werdender Erregung die Drehzahl des Motors wächst. Von dieser Möglichkeit macht man gerne Gebrauch, wenn eine Anzahl von Motoren mit unterschiedlichen Drehzahlen an einer gemeinsamen Speisequelle für die Ankerspannung betrieben werden soll. Derartige Antriebsaufgaben kommen besonders bei Papiermaschinen, Kalandern sowie in der Textilindustrie vor, wo die einzelnen Antriebe über das Arbeitsgut miteinander verknüpft sind und ihre Drehzahlen in einer bestimmten Relation stehen müssen. In diesem Falle wird die Ankerspannung aller Motoren von einer gemeinsamen Sammelschiene geliefert, die wiederum beispielsweise von einem gesteuerten Stromrichter gespeist wird, der für die Einstellung des allgemeinen Drehzahlniveaus benützt wird. Die Regelung der verschiedenen Motordrehzahlen erfolgt über die jeweiligen Erregerfelder.

Bei der Frage nach dem auf diese Weise erreichbaren Stellbereich muß zunächst festgestellt werden, daß eine nennenswerte Erhöhung des Mo-

torfeldes über Nennerregung wegen der Eisensättigung unwirtschaftlich
ist und daher in der Praxis nicht in Frage kommt. Es bleibt somit der
Bereich der sogenannten Feldschwächung zur Erhöhung der Motordrehzahl, und auch hier ist natürlich wieder durch die Kommutierung eine
Grenze gezogen, insbesondere weil die Reaktanzspannung drehzahlabhängig ist. Je nach Auslegung und Ausnutzung der Maschine sind Drehzahlstellbereiche bis etwa $1:3$ durch Feldschwächung erreichbar, in
Sonderfällen bis $1:5$. Natürlich hängt die Höhe dieses Stellbereiches
stark von dem maximalen Ankerstrom ab, den man in diesem Bereich
zulassen will. Man ist daher dazu übergegangen, durch die Einführung
eines sogenannten "Kommutierungsknickes" in den Kennlinien eine möglichst weitgehende Anpassung des Motors an spezielle Betriebsbedingungen zu ermöglichen. Der Knick besagt, daß von diesem Punkt ab der
Strom in dem Maße reduziert werden muß, wie die Drehzahl ansteigt.
Durch diese einschränkende Bedingung, die für eine Reihe von Aufgaben
durchaus zulässig sein kann, läßt sich der zulässige Stellbereich erweitern.

Man sieht, daß die beiden durch Ankerspannung und Feldspannung erreichten Drehzahlstellbereiche des Gleichstrommotors nebeneinander
liegen und sich gut ergänzen. Bild 2-1 veranschaulicht dies, und zwar
sind hier die Verhältnisse für Belastung mit konstantem Ankerstrom
dargestellt, der allerdings dann oberhalb des Kommutierungsknickes reduziert werden muß. Im Feldschwächbereich nimmt natürlich das zur
Verfügung stehende Motormoment ab, und zwar ungefähr proportional
zur Höhe des Erregerfeldes. Man erkennt, daß eine länger dauernde
Ausnutzung des Feldschwächbereiches beim Antrieb von Arbeitsmaschinen mit drehzahlabhängig ansteigendem Lastmoment unzweckmäßig ist.
In diesem Falle müßte der Motor sein größtes Moment bei schwächstem
Fluß entwickeln, wäre also bei kleineren Drehzahlen schlecht ausge-

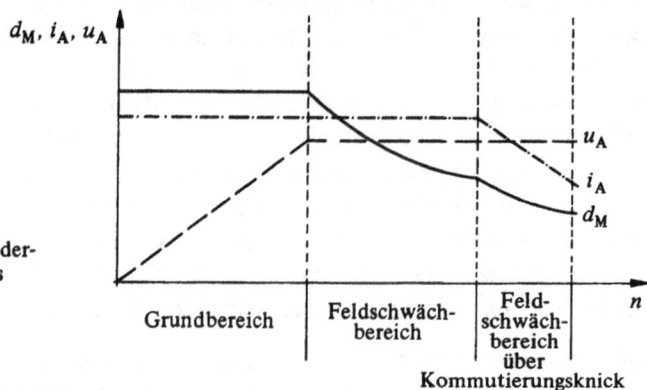

Bild 2-1:
Betriebsbereiche des fremder-
regten Gleichstrommotors

nutzt. Wesentlich günstiger dagegen sind Antriebsaufgaben, bei denen die Leistung der Arbeitsmaschine im oberen Drehzahlbereich weitgehend konstant bleibt, so daß das erforderliche Drehmoment mit steigender Drehzahl abfällt. Prüfstände für Verbrennungskraftmaschinen zeigen dieses Verhalten.

Elektrisches Bremsen

Das Drehmoment des Gleichstrommotors wird durch das Produkt von Ankerstrom und Erregerfeld gebildet; wenn ein Bremsmoment entstehen soll, muß also eine der beiden Größen ihr Vorzeichen ändern. Eine Umkehr des Erregerfeldes bei konstanter Stromrichtung im Ankerkreis wird nur selten angewandt, im allgemeinen wird beim Betrieb von Gleichstrommotoren ein Bremsmoment durch die Umkehr des Ankerstromes erzeugt. Sie kann leicht durch eine geringfügige Absenkung der angelegten Ankerspannung eingeleitet werden, da dann die induzierte Ankerspannung des Motors, die normalerweise der äußeren Spannung das Gleichgewicht hält, überwiegt und den Strom in umgekehrter Richtung durch den Ankerkreis treibt. Da die Energiequelle dabei ihre Polarität beibehält, handelt es sich um eine Nutzbremsung. Vorausgesetzt hierbei ist allerdings, daß die Speisequelle in der Lage ist, den Strom in negativer Richtung zu führen. Beim Leonardgenerator ist dies ohne weiteres der Fall, allerdings sollte hier beachtet werden, daß auch der Antrieb des Leonardgenerators diese Rückleistung aufnehmen muß, was z. B. beim Dieselmotor nur bis zu einem gewissen Grade möglich ist. Bei der Ankerspeisung über Stromrichter müssen besondere Vorkehrungen getroffen werden, um die negative Stromrichtung zu ermöglichen (Gegenparallelschaltung zweier Stromrichter, Polwendeschalter). Der betreffende Stromrichter muß beim Bremsen im Wechselrichterbetrieb arbeiten. Kann die Speiseeinrichtung den negativen Strom nicht führen, so besteht noch die Möglichkeit der Widerstandsbremsung, d.h. ein parallel zum Anker liegender ohmscher Widerstand, der, um Verluste während des Normalbetriebs zu vermeiden, nach bestimmten Kriterien, z. B. stromabhängig zu- und abgeschaltet wird.

Stabilität

Die Gleichstrommaschine zeigt ein sehr günstiges Stabilitätsverhalten im Vergleich zu anderen elektrischen Maschinen wie Synchron- und Asynchronmotoren, bei denen allein schon beim Betrieb mit dem Netz selbsterregte Pendelungen unter gewissen ungünstigen Bedingungen entstehen können. Allerdings kann beim Gleichstrommotor unter gewissen Umständen eine monotone Instabilität bei Belastung auftreten, wie nachstehend erläutert werden soll. Der Gleichstrommotor zeigt bei konstantem Erregerstrom das nach ihm benannte Nebenschlußverhalten, womit eine nur geringfügige Absenkung der Drehzahl mit wachsender Belastung bezeichnet werden soll. Diese Absenkung wird durch den Spannungsabfall am Ankerwiderstand verursacht. Andererseits ruft jedoch die meist vorhandene Ankerrückwirkung eine mehr oder weniger starke Schwächung des Erregerfeldes hervor, wodurch bei höherer Belastung eine Neigung zur Drehzahlsteigerung entsteht. Dieses Verhalten wird in Bild 2-2 veranschaulicht. Bei kleiner Belastung überwiegt die Wirkung des Ankerspannungsabfalls, so daß anfangs die Drehzahl fällt. Bei größerer Belastung dagegen kann der Einfluß der Ankerrückwirkung größer als der des ohmschen Spannungsabfalls werden, so daß die Drehzahl nicht mehr fällt, sondern unter Umständen nach Erreichen eines Minimums zu steigen beginnt. Bei größeren Maschinen und insbesondere im Feldschwächbereich liegt dieses Minimum ohne zusätzliche Maßnahmen im Bereich der Nennlast.

Bild 2-2:
Einfluß der Ankerrückwirkung auf die Belastungskennlinien

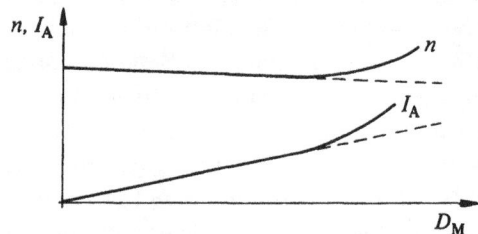

Ein besonders wirksames Mittel gegen diese Erscheinung ist natürlich die Kompensationswicklung, deren Aufwand man allerdings bei kleineren Maschinen gerne vermeidet. Einfachere Mittel zur Erweiterung des Stabiltätsbereiches sind eine Vergrößerung des Luftspalts oder in manchen Fällen eine Hilfsreihenschlußwicklung, die sich ebenso wie die Erregerwicklung auf den Hauptpolen befindet und vom Ankerstrom im Sinne einer Feldverstärkung durchflossen wird. Der Nachteil ist, daß beim Ändern der Drehrichtung ihre Verbindung zum Anker umgeschaltet werden müßte, was in den meisten Fällen wegen des verhältnismäßig hohen schaltungstechnischen Aufwandes nicht zumutbar ist. Wenn infolge durchziehender Last die Möglichkeit zum generatorischen Betrieb besteht, versagt die Methode, außerdem wird bei Übergangsvorgängen die Wirkung dieser Hilfswicklung durch Ausgleichsvorgänge im Erregerkreis verzögert.

2.2 Spezielle Ausführungsformen des Gleichstrommotors

Neben den allgemein bekannten und üblichen Ausführungsformen des Gleichstrommotors gibt es noch einige Sonderausführungen, die nachstehend besprochen werden sollen. Der Reihenschlußmotor unterscheidet sich nur durch seine Schaltung von den vorwiegend zum Einsatz kommenden Nebenschlußmotoren, sehr interessant sind jedoch noch die speziell unter Berücksichtigung regelungstechnischer Anforderungen entwickelten Servomotoren und Millmotoren.

Reihenschlußmotor

Bei Antriebsregelungen wird der Gleichstrommotor in überwiegendem Maße in einer Schaltung eingesetzt, bei der Anker und Feld von verschiedenen Spannungsquellen unabhängig voneinander angesteuert werden. Die Reihenschaltung von Feld und Anker dagegen ergibt eine nur vom Motorstrom und damit von der Belastung abhängige Erregung des Magnetfeldes, dessen Fluß im ungesättigten Bereich der Kennlinie daher dem Ankerstrom verhältnisgleich ist. Das Drehmoment des Reihenschlußmotors steigt somit in diesem Bereich quadratisch mit dem Ankerstrom an. Im stark gesättigten Teil nähert sich der Fluß einem Grenzwert, und das Drehmoment wächst fast nur noch linear mit dem Ankerstrom. Infolge der Veränderlichkeit des Flusses mit dem Motorstrom ist beim Reihenschlußmotor eine sehr starke Abhängigkeit der Drehzahl von der Belastung vorhanden, eine Charakteristik, die allgemein als Reihenschlußverhalten bezeichnet wird. Der Reihenschlußmotor ist, wenn Anzugsmomente oberhalb des Nennmomentes benötigt werden, dem Nebenschlußmotor hinsichtlich der erforderlichen Stromaufnahme überlegen, da er infolge des dann höheren Flusses einen kleineren Anlaufstrom benötigt. Auch paßt er sich durch seine stark fallende Drehzahlkennlinie einigen Antriebsaufgaben besser an. Er wird daher vorzugsweise zum Antrieb von Fahrzeugen und bei Hebezeugen benutzt. Bei völliger Entlastung steigt die Drehzahl des Reihenschlußmotors zu sehr hohen Werten an, er neigt in diesem Falle zum "Durchgehen". Sein Verhalten und seine Drehmomentenkennlinie werden im Abschnitt 2.6 näher untersucht.

Millmotoren

Der Name dieser Motoren ist abgeleitet aus der englischen Bezeichnung *steel mill* oder *rolling mill*, und es handelt sich dabei um Motoren, die speziell für den Einsatz im Walzwerksbetrieb vorgesehen sind. Gerade hier war die Technisierung und Automatisierung schon relativ früh sehr weit fortgeschritten, auf der anderen Seite handelt es sich um einen besonders rauhen Betrieb, bei dem starke Beanspruchungen auftreten, so daß Verfügbarkeit und Betriebssicherheit der Hilfsantriebe sehr bald zu einem sehr entscheidenden Faktor wurden. Dieser Punkt ist gerade in Walzwerken äußerst wichtig, da bei Störungen eines Hilfsantriebes, z.B. einer Block- und Brammenstraße, auch der Ausstoß der folgenden Halbzeug- und Fertigstraßen stockt, wodurch erhebliche Kosten verursacht werden. Aus diesen Überlegungen heraus wurde schon frühzeitig eine Normung der in diesem Anwendungsbereich zum Einsatz kommenden Motoren angestrebt, um die für eine ausreichende Betriebssicherheit notwendigen Anforderungen an die Motoren eindeutig festzulegen, um zu einheitlichen Typenleistungen und Abmessungen zu gelangen, wodurch die Austauschbarkeit und Reservehaltung verbessert wird.

Ausgangspunkt dieser Bemühungen war Amerika; hier wurden von der AISE (American Association of Iron and Steel Engineers) schon im Jahre 1926 erste Empfehlungen in dieser Richtung ausgearbeitet, denen 1947 die ersten endgültigen AISE-Normen folgten, nach denen sich die einzelnen Firmen weitgehend richten. Die wichtigsten Kennzeichen dieser Motoren seien im folgenden kurz zusammengestellt.

Teilbares Gehäuse. Da die meisten Motorenausfälle infolge unvorhergesehener übermäßiger Spitzenbelastungen durch Anker- und Lagerschäden verursacht werden, ist das aufklappbare Gehäuse ein großer Vorteil. Dadurch lassen sich die Motoren einfach warten und schnell reparieren. Auch weniger geübtes Personal ist dadurch in die Lage versetzt, ohne großen Zeitaufwand Reserveanker einzusetzen.

Einheitliche Hauptabmessungen. Sie ermöglichen eine schnelle Austauschbarkeit der Motoren, auch von Motoren verschiedener Hersteller.

Zwei gleiche Wellenenden. Auf diese Weise wird die vorläufige Weiterverwendung eines Motors bei einem Schaden am Wellenende sichergestellt.

Niedriges Schwungmoment. Den Forderungen nach schneller Regelbarkeit wurde durch entsprechenden Aufbau der Motoren, also durch ein hohes Verhältnis von Ankerlänge zu Ankerdurchmesser, Rechnung getragen.

Hohe Überlastbarkeit. Sowohl die thermische als auch die kurzzeitige Überlastbarkeit liegen höher als bei sonst üblichen Ausführungen. Dies wird erreicht durch die Verwendung hochwertiger Isolierstoffe sowie durch entsprechende Auslegung des Kollektors und der Wendepole. Bei Maschinen ohne Kompensationswicklung liegt meist der zulässige Spitzenstrom bei ca. $3\,I_n$. Ab einer bestimmten Maschinengröße werden die Motoren mit Kompensationswicklung ausgeführt, die Grenze liegt bei etwa 70 kW. Bei der Einführung der Kompensationswicklung war man bestrebt, eine Ausführungsform zu finden, die keine Verbindungen über die Gehäuseteilfugen erfordert und somit die einfache Wartungs- und Reparaturmöglichkeit nicht erschwert. Dieses Problem wurde gelöst, indem man statt der konventionellen Verlegungsart eine Verlegung in zwei Gruppen wählte.

Schließlich wurde den äußeren Betriebsbedingungen noch durch einen robusten äußeren Aufbau Rechnung getragen. Typisch für viele Millmotoren ist ein achteckiges Gehäuse, wodurch eine gegenüber der zylindrischen Form vergrößerte Oberfläche für bessere Wärmeabgabe erreicht wird; außerdem lassen sich verschärfte Bedingungen der Raumausnutzung leichter erfüllen.

Servomotoren

Die zunehmende Automatisierung von Arbeitsvorgängen hat in den letzten Jahren zu einem immer stärkeren Einsatz von sogenannten Servoantrieben oder Stellantrieben geführt. Diese Antriebe werden nicht im durchlaufenden Betrieb gefahren, sondern sie arbeiten nur jeweils kurzzeitig und dienen zur Einstellung irgendwelcher Positionen von mechanischen Betätigungsorganen. Beispiele hierfür sind das Verstellen von Potentiometern, das Bewegen des Schreibstiftes bei x-y-Schreibern, der Antrieb von Ventilen und Klappen in der Verfahrenstechnik, die Positionierung der Werkzeuge bei Werkzeugmaschinen usw. Es handelt sich dabei meist nur um relativ niedrige Antriebsleistungen, einige hundert Watt bis einige Kilowatt, andererseits werden oft ganz extreme Anforderungen an die hier verwendeten Motoren bezüglich ihrer Regeldynamik und der erreichbaren Regelgenauigkeit gestellt. Man denke nur an die Probleme beim schnellen Nachführen von Schreibern, Antennen, optischen Zielgeräten und Waffensystemen. Daher ging man dazu über, in diesem Leistungsbereich ganz spezielle Motoren für diese Antriebsaufgaben zu entwickeln, die allgemein als Servomotoren bezeichnet werden.

Die wichtigsten Anforderungen, die an diese Motoren gestellt werden, sind folgende:

kleine elektrische Zeitkonstante des Ankerkreises;

Drehmoment unabhängig von Belastung und Winkellage des Läufers;

kleines Trägheitsmoment des Läufers;

hohe elektrische und mechanische Kurzzeitüberlastbarkeit;

großer Luftspalt zur Verkleinerung der Ankerrückwirkung;

Verwendung von Permanentmagneten für die Erregung.

Bei der Entwicklung dieser Motoren ist man im wesentlichen zwei Wege gegangen. Der erste Weg führte zu Motoren, die in ihrem prinzipiellen Aufbau den üblichen Gleichstrommotoren sehr ähnlich sind. Typisch ist die schlanke, langgestreckte Läuferausführung zur Erzielung eines niedrigen Trägheitsmomentes. Die Ankerwicklung ist auf den ungenuteten Läufer mit Epoxiharz aufgeklebt; durch die hiermit mögliche gleichmäßige Verteilung der Wicklung und durch das Fehlen der Nutung werden labile Gleichgewichtslagen des Läufers vermieden; man erzielt auf diese Weise ein winkelunabhängiges Drehmoment des Motors und einen gleichförmigen Lauf im Bereich niedriger Drehzahlen. Außerdem wird die Streuinduktivität der Ankerwicklung und damit die Ankerzeitkonstante klein gehalten sowie das Kommutierungsverhalten verbessert. Zum Teil werden diese Motoren auch mit einer Kompensationswicklung versehen. Hierdurch wird, wie weiter oben schon erläutert, die Ankerrückwirkung beseitigt und die Ankerzeitkonstante herabgesetzt. Andererseits wird aber durch den erhöhten ohmschen Widerstand des Ankerkreises die Drehzahlsteifigkeit vermindert.

Der zweite Weg führte zur Entwicklung der sogenannten Scheibenläufermotoren, wobei das Barlowsche Rad als Vorbild gedient hat, eine in einem permanenten Magnetfeld bei Stromdurchgang rotierende Scheibe. Beim Scheibenläufermotor sind also die konventionellen, zylindrisch angeordneten Drähte eines Läufers durch Kupfer-Leiterbahnen, die beidseitig auf einer Trägerplatte aus Isoliermaterial befestigt sind, ersetzt worden. Für die Herstellung der Läuferscheibe dient entweder das Ätzverfahren, wie es bei gedruckten Schaltungen angewandt wird, oder ein mechanisches Verfahren, bei dem die Leiterbahnen aus einer Kupferfolie ausgestanzt und auf der Scheibe befestigt werden. Der Motor enthält also praktisch keine umlaufenden Eisenteile, wodurch das Trägheitsmoment niedrig gehalten werden kann. Der Anker besitzt deshalb auch eine äußerst geringe Induktivität, was sich günstig auf Ankerzeitkonstante und Kommutierung auswirkt. Die magnetischen Kraftlinien verlaufen im rechten Winkel zur Scheibenebene; da die Läuferscheibe aus Isoliermaterial und Kupfer besteht, kann das Magnetfeld im Innern des Motors als homogen angesehen werden, wodurch die Erzielung eines winkelunabhängigen Drehmomentes begünstigt wird. Die Stromzufüh-rung erfolgt über Kohlebürsten, die direkt auf den Kupferleitern der Scheibe anliegen. Die einzige Beeinflussung der Konstanz des Drehmo-mentes tritt beim Wechsel der Kupferleitbahnen auf, jedoch haben dies-bezügliche Untersuchungen gezeigt, daß dieser Effekt unerheblich ist.

Allgemein läßt sich sagen, daß mit den heute zur Verfügung stehenden Gleichstrom-Servomotoren im Vergleich zu konventionellen Gleich-strommotoren extrem günstige Regeleigenschaften erreicht werden. Die kurzzeitig zulässigen Spitzenwerte des Ankerstromes liegen bei bis zu $10\,I_\mathrm{n}$, die mechanische Zeitkonstante liegt bei einigen Motoren bei ca. 10 Millisekunden, das ist die Zeit, die erforderlich ist, um 63% der Solldrehzahl bei sprungartiger Aufschaltung der Ankerspannung zu er-halten. Bemerkenswert ist außerdem der extreme Drehzahlstellbereich, der bei geregeltem Betrieb ca. 1 : 3 000 beträgt. Bezüglich weiterer Einzelheiten zum Thema Gleichstrom-Servomotoren sei auf das ein-schlägige Schrifttum, insbesondere [16], [17], [42] verwiesen.

Torque-Motoren

Diese Motoren sind ebenfalls zur Gruppe der Servomotoren zu zählen, sie unterscheiden sich jedoch von den üblicherweise verwendeten Ser-vomotoren, wie sie vorher besprochen wurden, sehr deutlich und sollen daher hier gesondert behandelt werden. Diese Motoren sind speziell darauf gezüchtet, dauernd hohe Drehmomente im Stillstand und bei kleinsten Drehzahlen zu entwickeln, und sie eignen sich daher beson-ders für Lageregelungen, bei denen innerhalb eines kleinen Gesamt-stellbereiches bestimmte Positionen mit äußerster Präzision angefah-ren werden müssen und außerdem ein Stillstandsmoment aufgebracht werden muß, um diese Positionen einzuhalten. Torque-Motoren erfül-len diese Aufgabe bei direkter Ankupplung an die zu bewegenden Teile, also ohne Verwendung eines mechanischen Getriebes. Hierdurch wird der äußerst störende Einfluß einer Lose vermieden, außerdem kann die Elastizität der mechanischen Verbindung gering gehalten werden. Durch die Steifigkeit der Ankupplung kann eine extrem hohe Eigenfrequenz des mechanischen Systems erzielt werden, was sich günstig für die erziel-bare Dynamik der Lageregelung auswirkt.

Die im vorigen Abschnitt zusammengestellten Anforderungen an Servo-motoren müssen natürlich von Torque-Motoren ebenso erfüllt werden; insbesondere eine hohe Linearität zwischen Ankerstrom und entwickel-tem Drehmoment unabhängig von Drehzahl und Winkelstellung des Läu-fers ist wichtig. In enger Verbindung damit steht die Erfüllung der For-

derung nach einem gleichförmigen Lauf bei kleinsten Drehzahlen. Als
Beispiel für erreichbare Werte in dieser Beziehung seien genannt ein
Drehzahlstellbereich von 0,0002 U/min bis 25 U/min mit einer dynamischen Genauigkeit des Drehzahlwertes von etwa 0,1%. Zur Erläuterung dieser Angaben sei noch erwähnt, daß die untere Grenze des angegebenen Drehzahlstellbereiches weniger als eine Umdrehung pro Tag
ist.

Torque-Motoren werden im allgemeinen ohne Gehäuse in Einzelteilen
geliefert, bestehend aus Anker, Magnetsystem und Bürstenapparat,
wobei diese Teile in den verschiedensten Abmessungen verfügbar sind.
Auf diese Weise können Gewicht und Platz eingespart werden; sie bie-
ten dem Anwender eine große Flexibilität hinsichtlich Einsatzart und
Einsatzort. Die Baulänge der meisten Typen ist sehr gering im Vergleich zum Durchmesser (*"pancake" type*), eine relativ große Axial-
öffnung im Rotor gestattet die direkte konstruktive Eingliederung in
das Gesamtsystem.

Der prinzipielle Aufbau eines Torque-Motors ist in Bild 2-3 skizziert.
Der Anker mit einer relativ großen Bohrung trägt eine Wicklung, die
mit einem Kollektor verbunden ist. Der äußere Teil ist ein Ring, in wel-

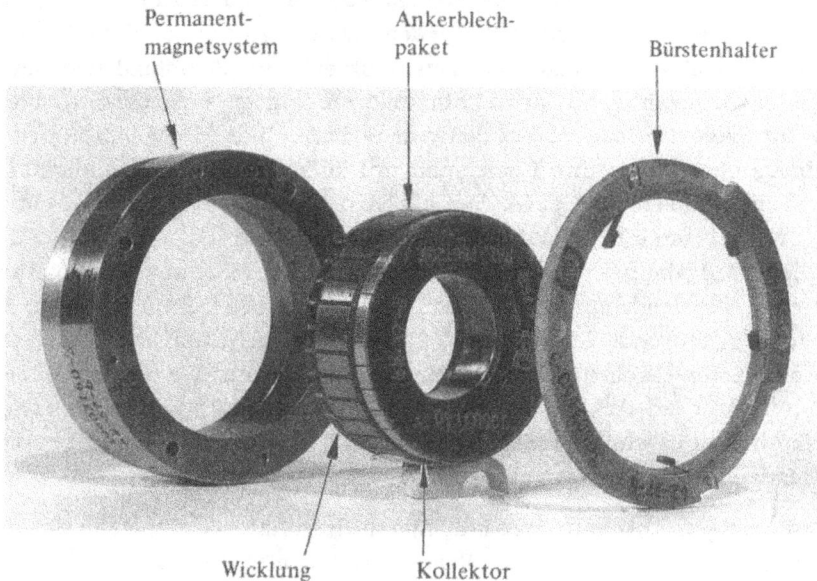

Bild 2-3: Aufbau eines Torque-Motors (Inland Motor Corp.)

chem das Permanentmagnetsystem untergebracht ist. Mit diesem Ring
ist der Bürstenapparat verbunden. Unbedingt zu beachten ist, daß der
äußere Ring, der das Permanentmagnetsystem beinhaltet, nur auf nicht-
magnetisches Material montiert werden darf; geeignete Materialien
hierfür sind Aluminium, Messing oder nichtmagnetischer, nichtrosten-
der Stahl. Die Mindestdicke der nichtmagnetischen Schicht, welche das
Magnetsystem von magnetischem Material trennt, soll knapp 1 cm be-
tragen. Das Magnetsystem wird mit einem Ring angeliefert, der für
einen Weg sorgt, auf dem sich der Magnetfluß schließen kann. Dieser
Ring darf erst nach Einfügen des Ankers entfernt werden, da sonst eine
teilweise Entmagnetisierung stattfindet, wodurch die erreichbaren Drehmomente wesentlich herabgesetzt werden.

Torque-Motoren sind für den Betrieb bei kleinen Drehzahlen gedacht.
Da sie keine Wendepole besitzen, können Kommutierungsschwierigkei-
ten auftreten, wenn man sie bei höheren Drehzahlen mit ihrem Spitzen-
drehmoment belasten will. In Bild 2-4 sind die für einen Torque-Mo-
tor typischen Bereiche für gute und schlechte Kommutierung dargestellt.
Bei Beachtung dieser Verhältnisse ergeben sich Bürstenstandzeiten von
10^7 bis 10^8 Umdrehungen.

Bild 2-4:
Kommutierungskurve
eines Torque-Motors

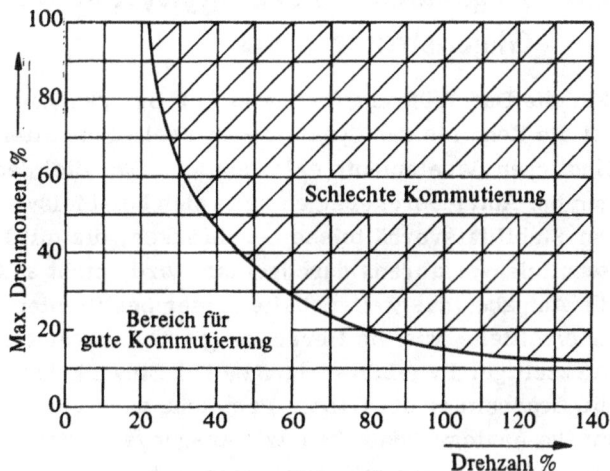

Von den Herstellern wird im allgemeinen die Welligkeit des Drehmomentes, herrührend von der endlichen Lamellenzahl des Kollektors
und der Nutung, angegeben (*ripple-torque*). Die zugehörigen Definitio-
nen sind in Bild 2-5 veranschaulicht, wo der prinzipielle Verlauf des
Drehmomentes über der Winkellage ϑ des Läufers dargestellt ist.

Torque-Motoren sind in den verschiedensten Ausführungsformen und

d_M

$$\uparrow D_{M\,max}$$
$$\uparrow D_{M\,min}$$

Bild 2-5:
Erläuterung der Dreh-
momentwelligkeit

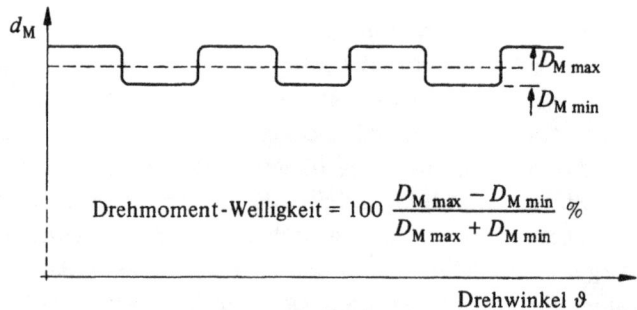

$$\text{Drehmoment-Welligkeit} = 100\,\frac{D_{M\,max} - D_{M\,min}}{D_{M\,max} + D_{M\,min}}\,\%$$

Drehwinkel ϑ

Größen erhältlich. Die Spitzenmomente liegen zwischen einigen Ncm
und etwa 1000 Nm. Es sind auch Typen mit außenliegendem Anker und
Magnetsystem im inneren Teil auf dem Markt. Wichtige Einsatzgebiete für Torque-Motoren sind stabilisierte Plattformen, die automatische
Einstellung von Antennen und optischen Geräten, von Prüftischen für
Kreiselgeräte, Einrichtungen zur Erzielung einer bestimmten Spannung beim Aufwickeln von feinen Drähten und Fasern, Antriebe für
x-y-Schreiber, die Betätigung der Optiken in den großen Periskopen
von U-Booten und ähnliches.

2.3   Allgemeines Gleichungssystem und Strukturbild des Gleichstrommotors

Für die Durchführung theoretischer Untersuchungen von Regelkreisen
ist die Kenntnis des dynamischen Verhaltens aller im Regelkreis befindlichen Bauelemente erforderlich. Das Ziel derartiger Untersuchungen bei Antriebsregelungen kann sich beispielsweise auf eine Kontrolle
der Stabilitätsverhältnisse beschränken, die mit Hilfe des Frequenz-
kennlinienverfahrens durchgeführt wird, nicht selten besteht aber auch
die Aufgabe, das Zeitverhalten unter bestimmten Betriebsbedingungen
zu ermitteln, wie die Berechnung von Anregelzeiten oder maximaler
kurzzeitiger Regelabweichungen bei Einwirkung von Störgrößen. Für
die Bearbeitung derartiger Probleme wird vorzugsweise der elektronische Analogrechner benutzt. Ausgangspunkt für Untersuchungen jegli-
cher Art, die sich mit dem dynamischen Verhalten von Anlagen befassen, ist das Strukturbild, das wiederum die bildliche Darstellung eines
Systems von Differentialgleichungen ist. Ziel des vorliegenden Ab-
schnitts ist daher die Herleitung der Gleichungen und Strukturbilder,
die unter den verschiedenen in der Praxis auftretenden Betriebsbedingungen das Verhalten des Gleichstrommotors beschreiben.

Zunächst zeigt Bild 2-6 den Prinzipschaltplan der Gleichstrommaschi-

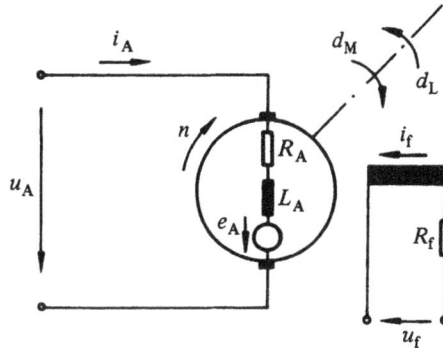

Bild 2-6:
Prinzipschaltplan der Gleichstrommaschine

ne mit den für das dynamische Verhalten wichtigen Elementen. Die für
die einzelnen Veränderlichen gewählten positiven Zählrichtungen entsprechen dem motorischen Betrieb der Maschine. Das Verhalten der
Maschine läßt sich durch ein System von Differentialgleichungen beschreiben, bei deren Aufstellung mit dem Feldkreis begonnen werden
soll. Man erhält

$$u_f \;=\; R_f\, i_f + \frac{\mathrm{d}\psi_f}{\mathrm{d}t} \tag{2.1}$$

als Spannungsgleichung für den Feldkreis, während die Flußverkettung
der Feldwicklung infolge der Sättigung des magnetischen Kreises eine
nichtlineare Funktion des Feldstromes ist, was durch die Beziehung

$$\psi_f \;=\; f\,(i_f) \tag{2.2}$$

zum Ausdruck gebracht wird. Als Spannungsgleichung für den Ankerkreis ergibt sich

$$u_A \;=\; e_A + R_A\, i_A + L_A\, \frac{\mathrm{d}i_A}{\mathrm{d}t}, \tag{2.3}$$

wobei der Spannungsabfall an den Bürsten der Maschine, der in nicht-
linearem Zusammenhang mit dem Ankerstrom steht, vernachlässigt
wurde; diese Vernachlässigung ist allgemein üblich und auch in den
weitaus meisten Fällen zulässig. R_A stellt den resultierenden ohmschen Widerstand der Ankerwicklung sowie der übrigen im Ankerkreis
liegenden Wicklungen dar, während die Induktivität L_A die magnetischen
Eigenschaften der Ankerwicklung einschließlich der Wendepolwicklun-
gen sowie einer evtl. vorhandenen Kompensationswicklung berücksichtigen soll. Die Leiter der Ankerwicklung sind gleichmäßig über den gesamten Ankerumfang verteilt, und es stellt sich eine Stromverteilung
ein, wie sie in Bild 2-7 angedeutet ist. Wie man sich leicht überzeu-

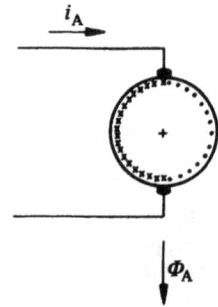

Bild 2-7:
Stromverteilung in der Ankerwicklung

gen kann, erzeugt eine derartige Stromverteilung ein resultierendes Feld in der Bürstenachse, so daß die induktive Wirkung der Ankerwicklung durch eine konzentrierte Wicklung mit der Induktivität L_A dargestellt werden kann. Die Wendepol- und Kompensationswicklung befinden sich ebenfalls in der Bürstenachse; ihre Wirkung kann durch L_A mitberücksichtigt werden.

Die Annahme einer konstanten Ankerinduktivität wird allgemein aus Gründen der Vereinfachung getroffen. Sie ist in den meisten Fällen zulässig und läßt sich in der folgenden Weise rechtfertigen. Für den Wert der Induktivität L_A ist der magnetische Weg des Ankerfeldes maßgebend, welches sich in der Achse senkrecht zur Polachse ausbildet, wo ein wesentlich größerer Luftspalt vorhanden ist als in der Polachse. Aus diesem Grunde hat die Sättigung des Ankereisens keinen so großen Einfluß auf den gesamten magnetischen Leitwert des Ankerfeldkreises.

Die im Anker induzierte Spannung der Rotation ist gleich dem Produkt aus Winkelgeschwindigkeit und der von der Erregung hervorgerufenen Ankerflußverkettung, was auch durch die Gleichung

$$e_A = c_1 \, n \, \psi_f \tag{2.4}$$

beschrieben werden kann. Die Konstante c_1 enthält dabei den Faktor 2π zur Umrechnung der Drehzahl in die Winkelgeschwindigkeit, außerdem das Verhältnis der effektiven Ankerwindungszahl zur Windungszahl der Feldwicklung sowie einen Faktor, der die Aufteilung des Erregerflusses in Hauptfluß und Streufluß berücksichtigt. Die Konstante c_1 läßt sich aus der Leerlaufkennlinie der Maschine ermitteln.

Das von der Maschine entwickelte Drehmoment ergibt sich aus der Beziehung

$$d_M = c_2 \, i_A \, \psi_f, \tag{2.5}$$

wobei die Konstante c_2 neben der Polpaarzahl wiederum die Umrechnung von der Feldflußverkettung in die Ankerflußverkettung enthält. Aus dem von der Maschine entwickelten Drehmoment und dem von außen auf die Welle wirkenden mechanischen Drehmoment ergibt sich das Beschleunigungsmoment nach der Gleichung

$$d_\text{M} - d_\text{L} \; = \; 2\,\pi\,\Theta\,\frac{\mathrm{d}n}{\mathrm{d}t}. \tag{2.6}$$

Die Konstante Θ bedeutet dabei das Trägheitsmoment der rotierenden Massen, also des Maschinenankers und evtl. angekuppelter Belastungs- oder Antriebsmaschinen.

Die Gleichungen (2.1) bis (2.6) bilden ein System gekoppelter Differentialgleichungen, welches das Verhalten der in Bild 2-6 dargestellten Gleichstrommaschine für alle Betriebszustände beschreibt. Je nachdem, in welcher Weise die unabhängigen Veränderlichen des Systems gewählt und vorgegeben werden, ergeben sich verschiedene Betriebsarten der Maschine wie generatorischer oder motorischer Betrieb. Das Gleichungssystem ist infolge der Eisensättigung und der Multiplikationen, die bei der Bildung der Rotationsspannung e_A und des Drehmomentes d_M auftreten, nichtlinear und kann deshalb in dieser allgemeinen Form nicht geschlossen gelöst werden.

In Wirklichkeit liegen allerdings die Verhältnisse in einer Gleichstrommaschine nicht ganz so klar und einfach, wie sie für das hier aufgestellte mathematische Modell zugrunde gelegt wurden. Es wurde eine Reihe von idealisierenden Annahmen getroffen, mit dem Ziel, eine übersichtliche und möglichst einfache Struktur herauszuarbeiten, die trotzdem alle für das dynamische Verhalten wesentlichen Eigenschaften der Maschine berücksichtigt. So liegt beispielsweise der Einführung der Konstanten c_1 in Gl. (2.4) die Annahme zugrunde, daß das Verhältnis von Gesamtfluß zu Streufluß der Feldwicklung unabhängig vom Sättigungszustand der Maschine konstant bleibt. Neben der Hysterese werden auch die Oberwellen vernachlässigt, welche bedingt durch Nutung und endliche Lamellenzahl des Ankers mit drehzahlabhängiger Frequenz in der Ankerspannung auftreten. Nicht berücksichtigt wurde bisher außerdem die Ankerrückwirkung, die durch den Einfluß des Ankerfeldes auf den Sättigungszustand des magnetischen Feldkreises zustande kommt. Die Ankerrückwirkung muß in manchen Fällen berücksichtigt werden. Ihre Darstellung im Gleichungssystem wird deshalb in einem späteren Abschnitt noch behandelt werden. Das gleiche gilt für die angenäherte Berücksichtigung von Wirbelstromeffekten im massiven Eisen der Maschine, die bei der Untersuchung schneller Übergangsvorgänge nicht vernachlässigt werden dürfen, falls beim Aufbau der Maschine keine besonderen Maßnahmen zur Entdämpfung getroffen wurden. Weiterhin wäre noch der Bürstenspannungsabfall zu erwähnen, der beim Betrieb mit kleinen Drehzahlen von Einfluß sein kann.

Es gibt verschiedene Möglichkeiten, das im Vorstehenden aufgestellte Gleichungssystem der Gleichstrommaschine in Form eines Strukturbildes darzustellen; das hängt in erster Linie von der Betriebsart der Maschine bzw. davon ab, welche Größen als unabhängige Variable und damit als Eingangsgrößen des Strukturbildes auftreten sollen. Im vorliegenden Falle interessiert der Betrieb der Gleichstrommaschine als Motor. Bild 2-8 zeigt das Strukturbild des Gleichstrommotors, in dem

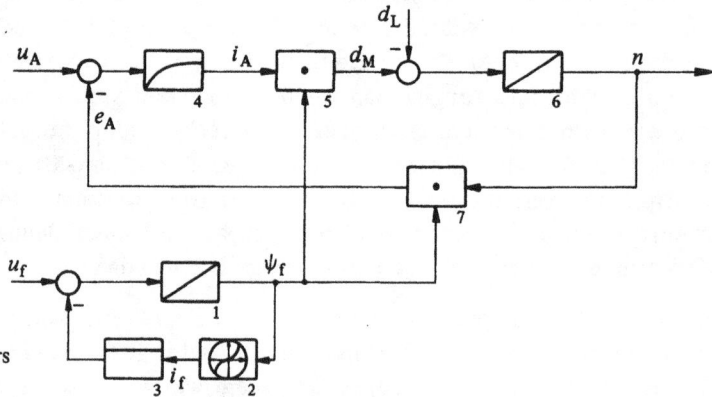

Bild 2-8:
Strukturbild des
Gleichstrommotors

die Veränderlichen u_A, u_f und d_L als Eingangsgrößen auftreten, während die übrigen Größen als abhängige Variable entnommen werden können. Die Konstanten der einzelnen Blocks sind

$$k_1 = 1; \quad k_3 = R_f; \quad k_4 = \frac{1}{R_A}; \quad T_4 = \frac{L_A}{R_A};$$

$$k_5 = c_2; \quad k_6 = \frac{1}{2\pi\Theta}; \quad k_7 = c_1.$$

Die durch Block 2 symbolisierte Kennlinie $i_f = f(\psi_f)$ läßt sich mit Hilfe der Leerlaufkennlinie ermitteln, wie im folgenden gezeigt werden soll. Die Leerlaufkennlinie gibt den Zusammenhang zwischen der im Anker induzierten Spannung e_A und dem Feldstrom i_f bei konstanter Drehzahl der Maschine an, im allgemeinen bei der Nenndrehzahl n_n. In Bild 2-9 ist eine solche Kennlinie skizziert; sie setzt sich natürlich für negative Feldströme im 3. Quadranten des Koordinatensystems in entsprechender Weise fort. Die gegebene Kennlinie

$$e_A = f(i_f)$$

ist nach Gl. (2.4) mit der Funktion

$$c_1 n_n \psi_f = f(i_f)$$

identisch, aus der sich bei bekannter Konstante c_1 die gesuchte Funktion $\psi_f(i_f)$ oder die für Block 2 benötigte inverse Funktion $i_f(\psi_f)$ ermitteln läßt, da die Nenndrehzahl n_n ja ebenfalls gegeben ist. Es ist also bei der in Bild 2-9 skizzierten Leerlaufkennlinie lediglich eine Änderung des Ordinatenmaßstabes um den Faktor $c_1 n_n$ vorzunehmen, um die Funktion $\psi_f(i_f)$ aus dieser zu erhalten.

Bild 2-9: Leerlaufkennlinie

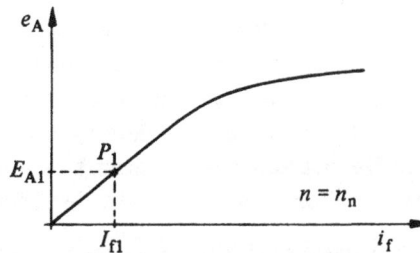

Zur Ermittlung der Konstanten c_1 muß die Induktivität L_f der Feldwicklung im ungesättigten Zustand der Maschine, also für die Arbeitspunkte im linearen Teil der Leerlaufkennlinie, gegeben sein. Für einen derartigen Betriebspunkt P_1 läßt sich mit Hilfe der hier gültigen Beziehung

$$\psi_f = L_f i_f \tag{2.7}$$

die Flußverkettung Ψ_{f1} für den Feldstrom I_{f1} errechnen und die zugehörige Leerlaufspannung E_{A1} aus Bild 2-9 ablesen. Dann erhält man mit Hilfe der Gleichung (2.4) die Konstante c_1 zu

$$c_1 = \frac{E_{A1}}{n_n \Psi_{f1}}. \tag{2.8}$$

Die Konstante c_2, die bei der Bildung des Drehmomentes auftritt, läßt sich aufgrund folgender Überlegungen ermitteln. Die elektrische Leistung, die in der Maschine in mechanische Leistung umgesetzt wird, ist

$$P = e_A i_A, \tag{2.9}$$

woraus sich das Drehmoment zu

$$d_M = \frac{e_A i_A}{2 \pi n} \tag{2.10}$$

ergibt. Die Flußverkettung der Erregerwicklung ist nach Gl. (2.4)

$$\psi_f = \frac{e_A}{c_1 \, n}, \qquad (2.11)$$

und die Konstante c_2 ist nach Gl. (2.5)

$$c_2 = \frac{d_M}{i_A \, \psi_f}. \qquad (2.12)$$

Setzt man in (2.12) für d_M die Beziehung (2.10) und für ψ_f (2.11) ein, so folgt für die Konstante c_2 der Ausdruck

$$c_2 = \frac{c_1}{2 \, \pi}. \qquad (2.13)$$

Bei dieser Betrachtungsweise werden das durch Lager- und Lüfterreibung verursachte Reibungsmoment sowie andere Verlustmomente der Maschine zum Lastmoment d_L gerechnet; dadurch kann ein geringfügiger Unterschied zwischen dem mit Hilfe der obigen Gleichungen und dem Nennstrom errechneten Drehmoment und dem aus den Nenndaten errechenbaren Nennmoment des Motors entstehen.

In den meisten Fällen ist eine der beiden Eingangsspannungen des Strukturbildes konstant, wodurch das Strukturbild eine einfachere Form annimmt. Diese häufig vorkommenden Sonderfälle sollen anschließend behandelt werden.

2.4 Strukturbild bei konstantem Erregerfeld

In vielen Fällen werden Gleichstrommotoren mit konstanter Erregung betrieben, wobei ihr Drehmoment und ihre Drehzahl über die Ankerspannung beeinflußt werden. In diesem Falle ist die Erregerflußverkettung eine konstante Größe Ψ_{f0}, und das Strukturbild des Motors nimmt die in Bild 2-10 dargestellte, einfachere Form an. Die Konstanten ergeben sich zu

$$k_1 = \frac{1}{R_A}; \quad T_1 = \frac{L_A}{R_A}; \quad k_2 = c_2 \, \Psi_{f0}; \quad k_3 = \frac{1}{2 \, \pi \, \Theta}; \quad k_4 = c_1 \, \Psi_{f0}.$$

Der Wert der Erregerflußverkettung Ψ_{f0} läßt sich mit Hilfe des Feldstromes aus der Magnetisierungskennlinie ermitteln. Meistens werden die Motoren jedoch mit ihrem Nennerregerstrom gefahren, und die Konstanten k_2 und k_4 lassen sich dann wesentlich leichter gewinnen. Aus den Nenndaten des Motors U_{An}, I_{An} und n_n ergibt sich einmal die innere Spannung E_{An} bei Nennbetrieb aus der Gleichung

$$E_{An} = U_{An} - R_A\, I_{An}, \tag{2.14}$$

und außerdem ist das Nennmoment bei Vernachlässigung der Reibungs-
verluste

$$D_{Mn} = \frac{E_{An}\, I_{An}}{2\,\pi\, n_n}, \tag{2.15}$$

so daß sich die Konstante von Block 2 zu

$$k_2 = \frac{E_{An}}{2\,\pi\, n_n} \tag{2.16}$$

ergibt. Die Konstante von Block 4 ist dann

$$k_4 = \frac{E_{An}}{n_n}. \tag{2.17}$$

Das in Bild 2-10 gezeigte Strukturbild ist linear und stellt ein Gleichungssystem 2. Ordnung dar. Die Blocks 1 bis 4 lassen sich daher
zu einem Verzögerungsglied 2. Ordnung zusammenfassen. Das äußere
Lastmoment d_L muß vorher zur Summierungsstelle am Eingang des
Strukturbildes verlegt werden, wo auch die Ankerspannung u_A ein-
geht. Die Größe d_L muß dabei über einen Block zugeführt werden,

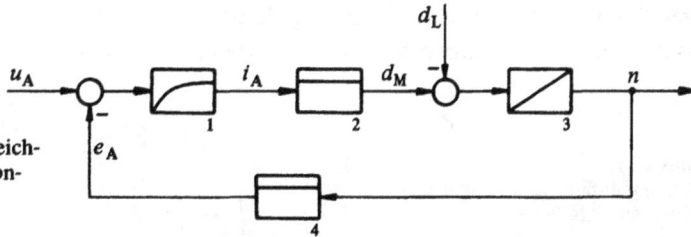

Bild 2-10:
Strukturbild des Gleich-
strommotors mit kon-
stanter Erregung

dessen Übertragungsfunktion gleich den inversen Übertragungsfunktionen der Blocks 1 und 2 ist. Bezeichnet man die an der Summierungsstelle zusammen mit u_A zugeführte Größe mit d_L^*, so muß

$$d_L^* = \frac{1 + T_1\, s}{k_1\, k_2}\, d_L \tag{2.18}$$

sein. Die hier auftretende komplexe Veränderliche s ist durch die Laplace-Transformation definiert. Bei Zusammenfassung der Blocks 1
bis 4 ergibt sich als resultierende Übertragungsfunktion

$$G(s) = \frac{\dfrac{k_1}{1+T_1 s} k_2 \dfrac{k_3}{s}}{1 + k_1 k_2 k_3 k_4 \dfrac{1}{s(1+T_1 s)}},$$ (2.19)

die sich auf die Standardform für das VZ_2-Glied

$$\frac{K}{1 + 2\,d\,T\,s + T^2\,s^2}$$

bringen läßt. Für die Konstanten dieses VZ_2-Gliedes erhält man

$$K = \frac{1}{k_4}, \quad d = \frac{1}{2\sqrt{k_1 k_2 k_3 k_4 T_1}}, \quad T = \sqrt{\frac{T_1}{k_1 k_2 k_3 k_4}}.$$

Nach dieser Zusammenfassung nimmt das Strukturbild von Bild 2-10 die in Bild 2-11 gezeigte Form an. Gegenüber Änderungen der Ankerspannung verhält sich der Motor also in seiner Drehzahl wie ein VZ_2-Glied, während bezüglich Änderungen seines Lastmomentes die Reihenschaltung eines PD-Gliedes mit einem VZ_2-Glied vorliegt. Die Frequenzkennlinien und die Übergangsfunktionen des VZ_2-Gliedes sind an verschiedenen Stellen des Schrifttums zu finden, beispielsweise in [4], so daß man nach Bestimmung von d und T aus den oben abgeleiteten Formeln sofort die Übergangsfunktion und den Frequenzgang des Motors bei Änderungen der Ankerspannung zur Verfügung hat.

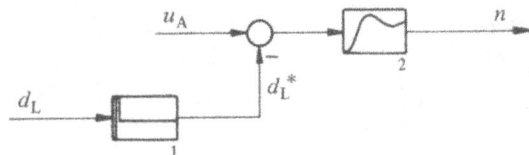

Bild 2-11:
Zusammenfassung des Strukturbildes aus Bild 2-10

Rechenbeispiel

Im folgenden soll für einen bestimmten Gleichstrommotor die quantitative Bestimmung der Konstanten aus den Maschinendaten sowie die Ermittlung des Frequenzganges durchgeführt werden, der für Änderungen des Lastmomentes gilt. Abgesehen von Überlegungen regelungstechnischer Art wäre dieser Frequenzgang dann von Bedeutung, wenn man sich dafür interessiert, wie der an konstanter Ankerspannung betriebene Motor auf eine periodisch schwankende Belastung reagiert. Der betrachtete Motor habe die folgenden in diesem Zusammenhang interessierenden Daten:

$$U_{An} \;=\; 460\,\mathrm{V}\,; \quad I_{An} \;=\; 320\,\mathrm{A}\,; \quad n_n \;=\; 625\,\mathrm{U/min}\,;$$

$$R_A \;=\; 0{,}05\;\Omega\,; \quad L_A \;=\; 3\cdot 10^{-3}\,\mathrm{H}.$$

Das Trägheitsmoment des Motorankers sowie der evtl. angekuppelten Belastungsmaschine betrage

$$\Theta \;=\; 15\;\mathrm{kgm^2}.$$

Die zahlenmäßige Berechnung der Strukturbildkonstanten aus Daten der Maschine bereitet erfahrungsgemäß zunächst einige Schwierigkeiten; sie soll deshalb hier einmal ausführlich durchgeführt werden. Erste Voraussetzung für den Erfolg derartiger Berechnungen ist eine klare Festlegung der Maßeinheiten, in denen die einzelnen Variablen dargestellt werden sollen. Die bisher angeschriebenen Gleichungen sind, wie allgemein üblich, Größengleichungen; diese gelten, im Gegensatz zu Zahlenwertgleichungen, ohne Rücksicht auf die für die Größen verwendeten Einheiten. Die Dimension der aus den Gleichungen hervorgehenden Ausgangsgrößen ergibt sich aus den verwendeten Dimensionen der Eingangsgrößen und den Dimensionen der evtl. vorhandenen dimensionsbehafteten Parameter. Für die elektrischen Grundeinheiten werden wir selbstverständlich die Dimension Volt und Ampere benutzen. Dann ergibt sich nach Gl. (2.5) das Drehmoment in der Dimension VAs, was der im Internationalen Einheitensystem für das Drehmoment festgelegten Maßeinheit Nm entspricht. Aus Gl. (2.6) ergibt sich die Drehzahl in Umdrehungen pro Sekunde, wenn Motormoment und Lastmoment in Nm und das Trägheitsmoment in kgm eingesetzt werden. Eine Umrechnung in die häufiger verwendete Maßeinheit U/min ist leicht möglich, sollte aber im Zuge des Rechnungsganges vermieden werden. Die Verwendung der im Internationalen Einheitensystem festgelegten Maßeinheiten hat den Vorteil, daß Umrechnungsfaktoren in den Gleichungen, wie sie bei Zahlenwertgleichungen typisch sind, weitgehend vermieden werden.

In älteren Unterlagen findet man häufig anstelle des Massenträgheitsmomentes Θ die Angabe des Schwungmomentes $G\,D^2$, für welches das Gewicht des Drehkörpers und sein Trägheitsdurchmesser verwendet wird. Für eine Umrechnung in das Trägheitsmoment ist das Gewicht in die Masse umzurechnen, außerdem der Trägheitsdurchmesser in den Trägheitsradius.

Es sei vorausgesetzt, daß der Motor mit Nennerregung betrieben wird. Dann ergibt die Ausrechnung der Konstanten für die Blocks des in Bild 2-10 dargestellten Strukturbildes bei Anwendung der Gleichungen (2.14) bis (2.17):

$$k_1 = 20 \frac{A}{V}; \quad T_1 = 0{,}06 \, s; \quad k_2 = 6{,}78 \frac{Nm}{A};$$

$$k_3 = 1{,}06 \cdot 10^{-2} \frac{1}{kgm^2}; \quad k_4 = 42{,}5 \, Vs.$$

Das resultierende Verzögerungsglied 2. Ordnung (Block 2 in Bild 2-11) bekommt dann nach den oben abgeleiteten Formeln die Daten

$$K = 0{,}0236 \frac{1}{Vs}; \quad d = 0{,}26; \quad T = 0{,}031 \, s.$$

Bemerkenswert ist die verhältnismäßig geringe Dämpfung d. Im vorliegenden Falle wird das Trägheitsmoment nur durch den Motoranker bestimmt, und in diesen Fällen liegt die Dämpfung erfahrungsgemäß bei Gleichstrommotoren immer in dieser Größenordnung. Das bedeutet, daß ein ohne zusätzliche Schwungmassen betriebener Gleichstrommotor bei sprungartiger Aufschaltung der Ankerspannung ein deutliches Überschwingen in der Drehzahl zeigt. Die Daten des PD-Gliedes (Block 1 in Bild 2-11) sind durch Gl. (2.18) gegeben. Somit wird das Übertragungsverhalten des Motors hinsichtlich seiner Drehzahl gegenüber Änderungen seines Belastungsmomentes durch die folgende Gleichung beschrieben:

$$n(s) = -1{,}74 \cdot 10^{-4} \frac{1 + 0{,}06 \, s}{1 + 2 \cdot 0{,}26 \cdot 0{,}031 \, s + 0{,}031^2 \, s^2} \, d_L(s). \quad (2.20)$$

Damit läßt sich der Frequenzgang des Motors aufzeichnen; Bild 2-12

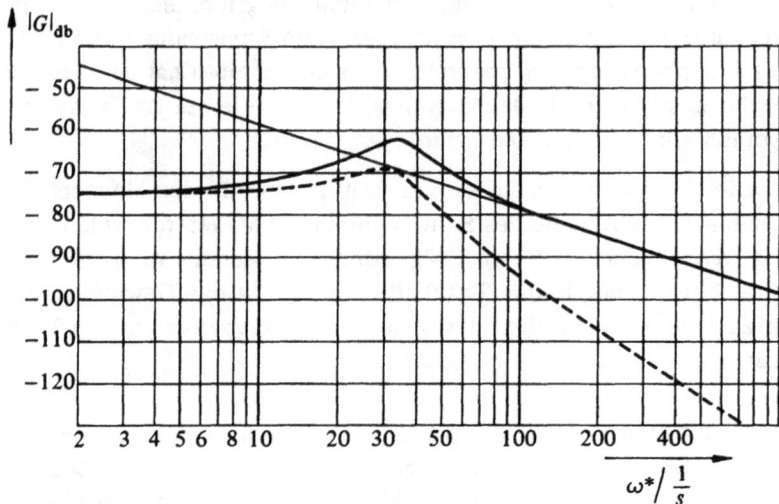

Bild 2-12: Frequenzkennlinien eines Gleichstrommotors

zeigt den Amplitudengang im Bode-Diagramm, wobei gestrichelt die
Kennlinie des VZ_2-Gliedes eingezeichnet ist, welche das Übertragungsverhalten des Motors bei Änderungen der Ankerspannung beschreibt. Der auffallend kleine Verstärkungsfaktor ist darauf zurückzuführen, daß die Drehzahl in Umdrehungen pro Sekunde gemessen
wird, während das Drehmoment in Nm einzusetzen ist. Die bei der
Frequenzgangbetrachtung auftretende Kreisfrequenz, mit der man sich
das System angeregt denkt, wird hier und im folgenden mit ω^* bezeichnet.

Der Motor entwickelt bei Nennbetrieb nach Gl. (2.15) ein Drehmoment
von

$$D_{Mn} = 2\,170 \quad Nm.$$

Also erhält man bei sprungartiger Aufschaltung des Nennmomentes nach
Ablauf eines Übergangsvorganges eine stationäre Drehzahlabsenkung
von

$$\Delta n = 0,378 \; U/s \; \triangleq \; 22,6 \; U/min,$$

also von $3,6\%$ der Nenndrehzahl. Wirkt das Lastmoment jedoch pul-
sierend auf den Motor ein, so ergeben sich nach Bild 2-12 größere
Drehzahlabweichungen in einem Bereich von $\omega^* = 10$ bis 70, das ist
also eine Frequenz zwischen 2 und 10 Hertz. Die größte Drehzahlschwankung tritt dann auf, wenn die Frequenz des periodisch schwan-
kenden Lastmomentes $5,4$ Hz beträgt. Wäre beispielsweise die Amplitude des pulsierenden Lastmomentes gleich dem Nennmoment, so
würde jetzt die maximale Drehzahlschwankung eine Amplitude von
$16,7\%$ der Nenndrehzahl annehmen.

Interessant ist, im Vergleich hierzu einmal zu betrachten, wie der
Motor bei offenem Ankerkreis auf einen derartigen Lastmomentver-
lauf reagieren würde. In diesem Falle gilt die Gleichung

$$d_L = -2\,\pi\,\Theta\,\frac{dn}{dt} \tag{2.21}$$

beziehungsweise

$$n\,(s) = -\frac{1}{2\,\pi\,\Theta\,s}\,d_L\,(s). \tag{2.22}$$

Das Verhalten wird also unter diesen Bedingungen durch ein I-Glied beschrieben, dessen Amplitudengang in Bild 2-12 ebenfalls angedeutet ist.
Er fällt bei hohen Frequenzen mit dem Amplitudengang des ankergespei-
sten Motors zusammen und setzt sich als Gerade nach links fort. Be-

merkenswert ist, daß der geschlossene Ankerkreis in einem gewissen Frequenzbereich die entstehenden Drehzahlschwankungen verstärkt.

2.5 Strukturbild bei Steuerung über das Erregerfeld

Für diese Betriebsweise des Gleichstrommotors gilt das in Bild 2-8 angegebene Strukturbild, in dem allerdings die Eingangsspannung u_A als konstant anzusehen ist. Das System ist wegen der beiden multiplikativen Glieder und der Kennlinie $i_f(\psi_f)$ nichtlinear, so daß sich Lösungen nur mit Hilfe einer Rechenanlage gewinnen lassen. Betrachtet man jedoch nur kleine Abweichungen Δ von einem Ruhearbeitspunkt P_0, so läßt sich eine Linearisierung des allgemeinen Gleichungssystems durchführen. Insbesondere läßt sich dann der Frequenzgang des Systems angeben, der für die Auslegung des Drehzahlregelkreises von großem Interesse ist.

Die Linearisierung der Gleichung von Block 2

$$i_f = f(\psi_f)$$

liefert

$$\Delta i_f = \left(\frac{d f(\psi_f)}{d \psi_f}\right)_{\Psi_{f0}} \cdot \Delta \psi_f. \tag{2.23}$$

Der Faktor $\left(\dfrac{d f(\psi_f)}{d \psi_f}\right)_{\Psi_{f0}}$ stellt die Steigung der Kennlinie von Block 2 am Arbeitspunkt P_0 dar, wie in Bild 2-13 skizziert ist. Setzt man Gl. (2.23) in (2.1) ein, so wird der Zusammenhang zwischen $\Delta \psi_f$ und Δu_f durch eine lineare Differentialgleichung 1. Ordnung beschrieben. Das sich daraus ergebende VZ_1-Glied besitzt die Übertragungsfunktion

$$\Delta \psi_f(s) = \frac{k_1}{1 + T_1 s} \Delta u_f(s) \tag{2.24}$$

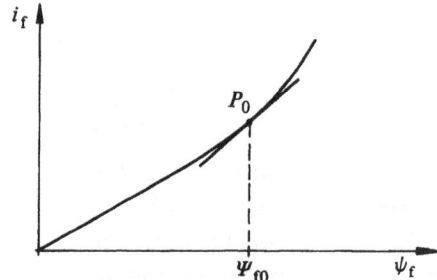

Bild 2-13:
Linearisierung der Kennlinie von Block 2

mit

$$k_1 = T_1 = \cfrac{1}{R_f \left(\cfrac{\mathrm{d}f\,(\psi_f)}{\mathrm{d}\psi_f} \right)_{\Psi_{f0}}}.$$

Da der Motor an konstanter Ankerspannung betrieben wird, ist $\Delta u_A = 0$, und die Linearisierung der Spannungsgleichung (2.3) des Ankerkreises liefert

$$\Delta e_A + (R_A + L_A\,s)\,\Delta i_A = 0. \tag{2.25}$$

Aus Gl. (2.4) wird

$$\Delta e_A = c_1\,n_0\,\Delta\psi_f + c_1\,\Psi_{f0}\,\Delta n, \tag{2.26}$$

während die Drehmomentengleichung (2.5) die lineare Beziehung

$$\Delta d_M = c_2\,I_{A0}\,\Delta\psi_f + c_2\,\Psi_{f0}\,\Delta i_A \tag{2.27}$$

liefert. Setzt man ein konstantes äußeres Belastungsmoment voraus, so ist $\Delta d_L = 0$, und die Bewegungsgleichung (2.6) wird zu

$$\Delta d_M = s\,2\,\pi\,\Theta\,\Delta n. \tag{2.28}$$

Durch schrittweise Eliminierung der nicht weiter interessierenden Zwischengrößen erhält man aus diesen Gleichungen die folgende Beziehung zwischen Δn und $\Delta\psi_f$:

$$\Delta n = -\frac{E_{A0} - R_A\,I_{A0}}{c_1\,\Psi_{f0}^2}\;\cfrac{1 - \cfrac{L_A\,I_{A0}}{E_{A0} - R_A\,I_{A0}}\,s}{1 + \cfrac{2\,\pi\,\Theta\,R_A}{c_1\,c_2\,\Psi_{f0}^2}\,s + \cfrac{2\,\pi\,\Theta\,L_A}{c_1\,c_2\,\Psi_{f0}^2}\,s^2}\;\Delta\psi_f. \tag{2.29}$$

Das Minuszeichen vor dem Ausdruck wurde in Anbetracht der bekannten Tatsache gewählt, daß eine Erhöhung des Erregerflusses im stationären Falle eine Herabsetzung der Drehzahl zur Folge hat. Auf das negative Vorzeichen der Zählerzeitkonstante wird weiter unten noch eingegangen werden. Der gesuchte Zusammenhang zwischen der Feldspannung u_f und der Drehzahl n des an konstanter Ankerspannung liegenden und mit konstantem Moment belasteten Motors wird also für kleine Änderungen der Veränderlichen durch die Gleichungen (2.24) und (2.29) beschrieben, die sich in der in Bild 2-14 gezeigten Weise im Strukturbild darstellen lassen. Die Konstanten von Block 1 wurden bereits zusammen mit Gl. (2.24) angegeben. Der dabei auftretende Faktor $\left(\dfrac{\mathrm{d}f\,(\psi_f)}{\mathrm{d}\psi_f} \right)_{\Psi_{f_0}}$ ist dabei identisch mit dem Kehrwert der Feldinduk-

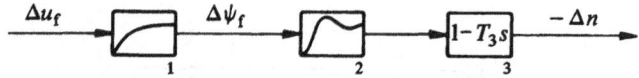

Bild 2-14: Strukturbild eines über das Feld gesteuerten Gleichstrommotors nach Linearisierung des Systems

tivität L_f, solange die Maschine sich im ungesättigten Zustand befindet. Geht die Maschine in die Sättigung, so ist anstelle von L_f mit einem um soviel kleineren Wert zu rechnen, als die Steigung der Tangente in dem betreffenden Arbeitspunkt der Magnetisierungskennlinie kleiner als deren Anfangssteigung ist. Die Konstanten des VZ_2-Gliedes Block 2 ergeben sich nach Gl. (2.29) zu

$$k_2 = \frac{E_{A0} - R_A \, I_{A0}}{c_1 \, \Psi_{f0}^2}; \quad d_2 = \frac{R_A}{2 \, \Psi_{f0}} \sqrt{\frac{2 \, \pi \, \Theta}{c_1 \, c_2 \, L_A}}; \quad T_2 = \sqrt{\frac{2 \, \pi \, \Theta \, L_A}{c_1 \, c_2 \, \Psi_{f0}^2}}.$$

Bei Block 3 ist das Auftreten des negativen Koeffizienten T_3 bemerkenswert. Der zugehörige Frequenzgang ergibt sich aus der Beziehung

$$G_3 \, (j\omega^*) = 1 - T_3 \, j\omega^*. \tag{2.30}$$

Daraus folgt für den Betrag

$$|G_3| = \sqrt{\mathrm{Re}^2 + \mathrm{Im}^2} = \sqrt{1 + T_3^2 \, \omega^{*2}} \tag{2.31}$$

und für die Phase

$$\underline{/G} = \text{arc tg} \, \frac{\mathrm{Im}}{\mathrm{Re}} = \text{arc tg} \, (-T_3 \, \omega^*). \tag{2.32}$$

Aus dieser Betrachtung wird ersichtlich, daß das negative Vorzeichen auf den Verlauf der Betragskennlinie keinen Einfluß hat; diese hat den gleichen Verlauf wie bei positivem T_3. Im Verlauf des Phasenwinkels ergeben sich zwar betragsmäßig die gleichen Werte wie bei positivem T_3, das Vorzeichen des Phasenwinkels hat sich jedoch geändert. Aus der bei positivem T_3 vorhandenen Voreilung des Phasenwinkels ist jetzt eine Nacheilung geworden.

Die Zeitkonstante T_3 ist nach Gl. (2.29)

$$T_3 = \frac{L_A \, I_{A0}}{E_{A0} - R_A \, I_{A0}}.$$

Wie man sieht, verschwindet diese Zeitkonstante bei $I_{A0} = 0$; durch den Ruhewert des Ankerstromes ist der Belastungszustand des Motors charakterisiert, so daß also bei unbelastetem Motor sein Verhalten lediglich durch die Reihenschaltung eines VZ_1-Gliedes und eines VZ_2-Gliedes beschrieben wird.

Ein System mit der Übertragungsfunktion $1 - sT$ hat die interessante
Eigenschaft, daß seine Ausgangsgröße bei einer hinreichend schnellen
Änderung der Eingangsgröße sich zuerst in der "falschen" Richtung
ändert, wie man sich durch Anschreiben der zugehörigen Differentialgleichung leicht überzeugen kann. Die physikalische Erklärung für das
Auftreten eines solchen Übertragungsgliedes in dem vorliegenden Zusammenhang ist die, daß beispielsweise bei einer Erhöhung des Erregerflusses sich das Drehmoment des Motors zunächst erhöht, solange
der Ankerstrom noch seinen alten Wert hat, und damit zunächst eine
Tendenz zur Beschleunigung des Motors vorhanden ist. Letzten Endes
bewirkt eine Flußerhöhung jedoch eine Drehzahlabsenkung. Aus dieser
Überlegung wird auch ohne weiteres verständlich, daß dieser Effekt bei
unbelastetem Motor nicht auftritt, da dann zu Beginn der Flußänderung
noch gar kein Ankerstrom vorhanden ist. Der Einfluß von Block 3 auf
das Zeitverhalten des über das Feld gesteuerten Motors ist jedoch in
der Praxis in den meisten Fällen ohne große Bedeutung, da die Zeitkonstante T_3 im allgemeinen wesentlich kleiner als die beiden übrigen
Zeitkonstanten T_1 und T_2 ist.

Rechenbeispiel

Eine entsprechende Untersuchung soll nachstehend für den bereits weiter oben betrachteten Motor durchgeführt werden. Hierzu müssen neben den schon auf Seite 39 gegebenen Daten noch die Felddaten und die
Leerlaufkennlinie bekannt sein. Der ohmsche Widerstand der Feldwicklung ist $R_f = 25,2\,\Omega$, ihre Induktivität bei ungesättigter Maschine ist
$L_f = 63,5\,H$. Die Leerlaufkennlinie der Maschine zeigt Bild 2-15. Mit
Hilfe dieser Kennlinie sowie der Gleichungen (2.7) und (2.8) erhält man
die Konstante $c_1 = 0,104$; daraus folgt nach Gl. (2.13) die Konstante
$c_2 = 1,66 \cdot 10^{-2}$.

Es werde zunächst der unbelastete Motor betrachtet, der mit seinem
Ankerkreis an der Nennspannung von 460 V liegt. Somit ist

$$T_3 = 0 \quad \text{und} \quad E_{A0} = 460\,\text{V};$$

der Arbeitspunkt bzw. die Drehzahl n_0 werden durch die angelegte
Feldspannung U_{f0} festgelegt. Das Verhalten des Motors soll an zwei
verschiedenen Arbeitspunkten untersucht werden.

Arbeitspunkt 1:

$I_{f0} = 3,5$ A (Feldschwächung). Nach Gl. (2.4) und der Leerlaufkennlinie folgt dann $\Psi_{f0} = 220$ Vs und für die sich einstellende Drehzahl

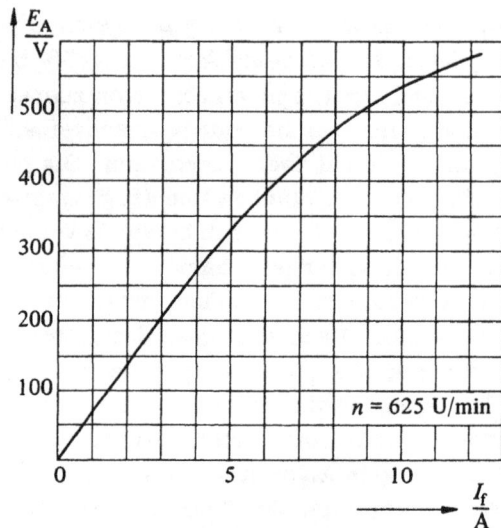

Bild 2-15:
Leerlaufkennlinie der betrachteten
Maschine

$n_0 = 1210$ U/min. Nun lassen sich alle für das Strukturbild 2-11 benötigten Konstanten errechnen.

$$k_1 = 2{,}52 \; \frac{\text{Vs}}{\text{V}}; \quad T_1 = 2{,}52 \text{ s}; \quad k_2 = 0{,}091 \; \frac{1}{\text{Vs}^2};$$

$$d_2 = 0{,}48; \quad T_2 = 0{,}058 \text{ s}.$$

Dann lautet am Arbeitspunkt 1 die Übertragungsfunktion des Systems

$$\Delta n = -\frac{0{,}23}{(1 + 2{,}52 \; s)\,(1 + 2\cdot 0{,}485\cdot 0{,}058 \; s + 0{,}058^2 \; s^2)} \; \Delta u_f. \quad (2.33)$$

Die sich aus dieser Gleichung ergebende Betragskennlinie des Frequenzganges zeigt Bild 2-16 als Kurve 1.

Arbeitspunkt 2:

$I_{f0} = 10$ A (verstärktes Feld). Hier wird jetzt $\Psi_{f0} = 495$ Vs, und es ergibt sich eine Drehzahl $n_0 = 535$ U/min. Die Konstanten des Strukturbildes werden

$$k_1 = 0{,}92 \; \frac{\text{Vs}}{\text{V}}; \quad T_1 = 0{,}92 \text{ s}; \quad k_2 = 1{,}8\cdot 10^{-2} \; \frac{1}{\text{Vs}^2};$$

$$d_2 = 0{,}22; \quad T_2 = 0{,}026 \text{ s}.$$

Für diesen Arbeitspunkt lautet somit die Übertragungsfunktion

$$\Delta n = - \frac{1{,}66 \cdot 10^{-2}}{(1 + 0{,}92\,s)\,(1 + 2 \cdot 0{,}22 \cdot 0{,}026\,s + 0{,}026^2\,s^2)}\,\Delta u_f. \quad (2.34)$$

Die zugehörige Betragskennlinie ist als Kurve 2 in Bild 2-16 dargestellt. Für hohe Frequenzen müssen die beiden Kennlinien zu einer einzigen zusammenfallen.

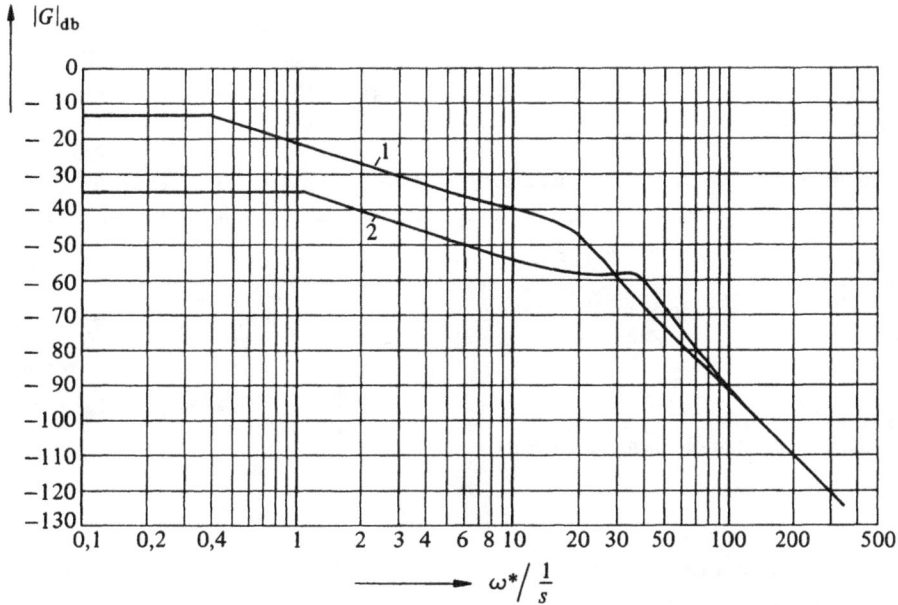

Bild 2-16: Frequenzkennlinien bei Steuerung über das Motorfeld

Bisher wurde der unbelastete Motor betrachtet. Behält man die Ankerspannung von 460 V und den Erregerstrom von 3,5 A bzw. 10 A bei,
und denkt man sich den Motor mit seinem Nennstrom belastet, so ändert sich die Konstante k_2 um den Faktor 0,93. Außerdem ist jetzt
$T_3 \neq 0$; für T_3 erhält man einen Wert von 2,25 ms. Wie man sieht,
ist diese Zeitkonstante so klein, daß sie in dem in Bild 2-16 dargestellten Bereich nur geringfügigen Einfluß auf den Frequenzgang des
Systems haben kann. Wenn der Motor an verminderter Ankerspannung
betrieben wird, so wird allerdings der Einfluß von T_3 stärker in Erscheinung treten.

2.6 Gleichungen und Strukturbilder des Reihenschlußmotors

Beim Reihenschlußmotor sind Feld und Anker in Reihe geschaltet, so daß das Erregerfeld des Motors im ungesättigten Bereich dem Anker- strom proportional ist. Das entwickelte Drehmoment steigt somit in diesem Bereich quadratisch mit dem Ankerstrom an. Da das Feld be- lastungsabhängig gesteuert wird, ist die Drehzahl des Motors stark lastabhängig; es ergeben sich niedrige Drehzahlen bei starker Bela- stung und hohe Drehzahlen bei geringer Last. Eine völlige Entlastung führt zum Durchgehen.

Der Prinzipschaltplan des Reihenschlußmotors ist in Bild 2-17 darge- stellt. Faßt man die ohmschen Widerstände des Stromkreises zu dem

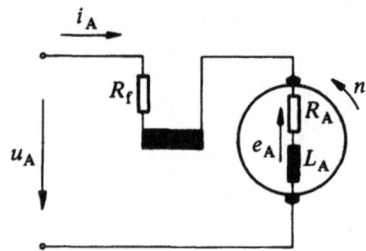

Bild 2-17:
Prinzipschaltplan des Reihenschlußmotors

Gesamtwiderstand R zusammen, so gelten für diesen Motor die fol- genden Gleichungen:

$$u_A = e_A + R\, i_A + L_A\, \frac{d i_A}{dt} + \frac{d \psi_f}{dt}, \tag{2.35}$$

$$e_A = c_1\, n\, \psi_f, \tag{2.36}$$

$$\psi_f = f(i_A), \tag{2.37}$$

$$d_M = c_2\, i_A\, \psi_f, \tag{2.38}$$

$$d_M - d_L = 2\, \pi\, \Theta\, \frac{dn}{dt}. \tag{2.39}$$

Dieses Gleichungssystem ergibt das in Bild 2-18 angegebene Struktur- bild des Reihenschlußmotors mit den Konstanten

$$k_1 = 1;\ k_3 = R = R_A + R_f;\ k_4 = L_A;\ k_5 = c_2;$$

$$k_6 = \frac{1}{2\, \pi\, \Theta};\ k_7 = c_1.$$

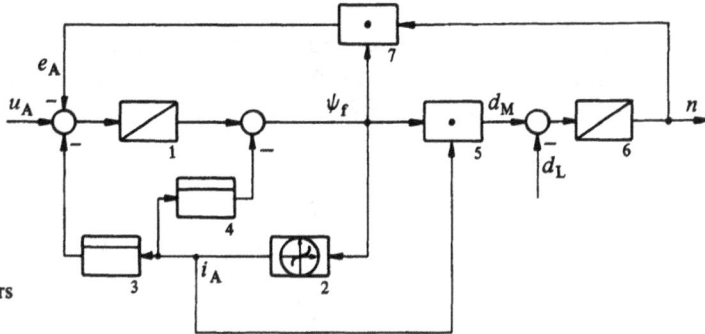

Bild 2-18:
Strukturbild des
Reihenschlußmotors

Die Kennlinie von Block 2 wird in schon bekannter Weise aus der Magnetisierungskennlinie der Maschine ermittelt.

Einen besseren Überblick über das Verhalten des Motors bekommt man, wenn man zunächst einmal die Eisensättigung vernachlässigt und

$$\psi_f = L_f\, i_A \tag{2.40}$$

setzt. Dann ergibt sich mit $L = L_A + L_f$ das folgende Gleichungssystem:

$$u_A = e_A + R\, i_A + L\, \frac{d i_A}{dt}, \tag{2.41}$$

$$e_A = c_1\, L_f\, i_A\, n, \tag{2.42}$$

$$d_M = c_2\, L_f\, i_A^2, \tag{2.43}$$

$$d_M - d_L = 2\, \pi\, \Theta\, \frac{dn}{dt}. \tag{2.44}$$

Das zugehörige Strukturbild nimmt dann die in Bild 2-19 gezeigte Form an. Die Konstanten der einzelnen Blocks sind

$$k_1 = \frac{1}{R};\quad T_1 = \frac{L}{R};\quad k_3 = \frac{1}{2\,\pi\,\Theta};\quad k_4 = c_1\, L_f.$$

Die Kennlinie von Block 2 ist eine Parabel, seine Ausgangsgröße ist $c_2\, L_f\, i_A^2$. Man erkennt leicht, daß das Drehmoment bei einer Vorzei-

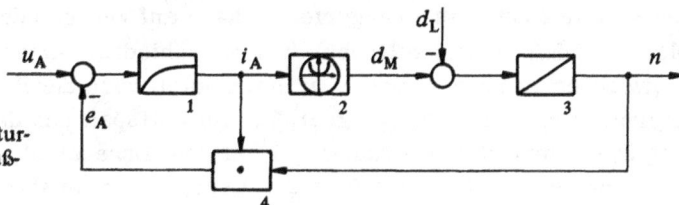

Bild 2-19:
Vereinfachtes Strukturbild des Reihenschlußmotors

chenumkehr des Stromes seine Richtung nicht ändert und daß das System bei $d_L = 0$ instabil ist. Das Verhalten des Motors im stationären Betrieb läßt sich aus dem Gleichungssystem ermitteln, wenn man die Ableitungen nach der Zeit gleich Null setzt. Dann erhält man

$$n = \frac{U_A}{c_1 \, L_f \, I_A} - \frac{R}{c_1 \, L_f} , \tag{2.45}$$

und die Gleichung der stationären Drehmoment-Drehzahlkennlinie wird

$$n = \frac{\sqrt{c_2 \, L_f}}{c_1 \, L_f} \frac{U_A}{\sqrt{D_M}} - \frac{R}{c_1 \, L_f} , \tag{2.46}$$

welche die in Bild 2-20 skizzierte Form hat. Für $n = 0$ folgt für das Anfahrmoment

$$D_{Ma} = \frac{c_2 \, L_f}{R^2} \, U_A^2 . \tag{2.47}$$

Diese einfachen Beziehungen gelten natürlich nur im geradlinigen Teil der Magnetisierungskurve.

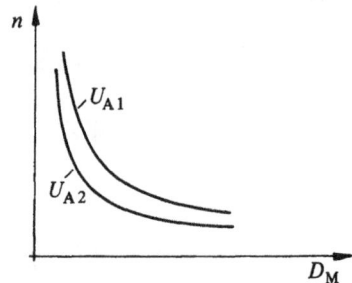

Bild 2-20:
Stationäre Belastungskennlinien des Reihenschluß-motors

2.7   Erfassung der Ankerrückwirkung in den Systemgleichungen

Wird der Anker einer Gleichstrommaschine vom Ankerstrom durchflossen, so erzeugt dieser Ankerstrom ebenfalls ein magnetisches Feld, welches auf das von der Feldwicklung hervorgerufene Erregerfeld zurückwirkt. Diese Erscheinung wird als Ankerrückwirkung bezeichnet. Die Beeinflussung des Erregerfeldes kann auf verschiedene Weise erfolgen, so daß im wesentlichen drei verschiedene Arten der Ankerrückwirkung zu nennen sind. Der Hauptanteil wird durch die Feldverzerrung unter dem Hauptpol gebildet. Im Luftspalt und dessen Umgebung überlagert sich das Ankerfeld mit dem Erregerfeld, und zwar so, daß in der einen Hälfte des Pols das Erregerfeld verstärkt, in der anderen dagegen geschwächt wird. Infolge der Eisensättigung wird jedoch das Erregerfeld in der einen Hälfte nicht in dem gleichen Maße verstärkt, wie es in der anderen geschwächt wird, so daß resultierend der Erregerfluß und damit die im Anker induzierte Spannung unter dem Einfluß des Ankerfeldes verringert wird. Diese Vorgänge sollen weiter unten noch etwas eingehender betrachtet werden.

Weiterhin kann der Ankerstrom infolge Bürstenverschiebung auf das Erregerfeld zurückwirken. Befinden sich die Bürsten nicht in der neutralen Zone, so erhält das Ankerfeld eine Komponente in der Achse des Erregerfeldes, welche je nach Stromrichtung und Richtung der Bürstenverschiebung die gleiche oder entgegengesetzte Richtung wie das Erregerfeld hat. In diesem Falle ist ein Teil der Ankerwicklung mit der Feldwicklung magnetisch verkettet, und der Fluß in der Längsachse der Maschine kommt durch das Zusammenwirken des Feld- und Ankerstromes zustande.

Schließlich ist noch die Ankerrückwirkung infolge Kommutierung zu erwähnen. Der Ankerstrombelag verläuft längs des Ankerumfanges nicht rechteckförmig, sondern infolge der endlichen Bürstenbreite erfolgt in der sogenannten Stromwendezone ein stetiger Übergang vom positiven zum negativen Wert des Strombelages. Je nachdem, wie dieser Übergang geometrisch verläuft, unterscheidet man geradlinige Kommutierung, Überkommutierung und Unterkommutierung. Verläuft die Kommutierung nicht geradlinig, so entsteht auch in diesem Falle eine Komponente des Ankerfeldes, die in die Längsachse der Maschine fällt.

Die beiden letztgenannten Komponenten der Ankerrückwirkung lassen sich durch genaue Einstellung der Bürsten in die neutrale Zone sowie durch geeignete Bemessung des von den Wendepolen erzeugten Wendefeldes weitgehend beseitigen, so daß im folgenden nur noch die Ankerrückwirkung infolge Feldverzerrung betrachtet werden soll. Abgesehen davon, daß durch die Feldverzerrung der Höchstwert der Segmentspannung vergrößert wird, hat die Ankerrückwirkung einen Spannungsverlust in der induzierten Ankerspannung zur Folge. Für das Drehzahlverhalten des Gleichstrommotors im stationären Betrieb folgt aus den Gleichungen (2.3) und (2.4)

$$n = \frac{U_A - R_A I_A}{c_1 \, \Psi_f}. \tag{2.48}$$

Daraus ersieht man, daß die Drehzahl proportional mit der Last abfällt, solange der Erregerfluß konstant bleibt. Unter dem Einfluß der Ankerrückwirkung wird der Erregerfluß auch bei konstanter Feldspan-

nung mit steigendem Ankerstrom geschwächt, wodurch die schon weiter oben unter dem Stichwort Stabilität geschilderte Neigung zur Drehzahlsteigerung hervorgerufen wird.

Im folgenden soll untersucht werden, wie die Ankerrückwirkung im
Gleichungssystem der Gleichstrommaschine berücksichtigt werden kann.
Zu diesem Zwecke soll zunächst die Feldverteilung unter dem Pol etwas näher betrachtet werden. Bild 2-21 zeigt im oberen Teil a die Ab-
wicklung des Ankers mit einer angenommenen Stromverteilung, außerdem die zugehörige Lage der Pole. Im unteren Teil b ist der entsprechende räumliche Verlauf der Felddurchflutung (1) sowie der Ankerdurchflutung (2) dargestellt. Je nach Größe des Luftspaltes und des magnetischen Leitwertes im Eisen stellt sich ein entsprechender Wert der
Induktion an den einzelnen Stellen des Ankerumfanges ein. Man erkennt,

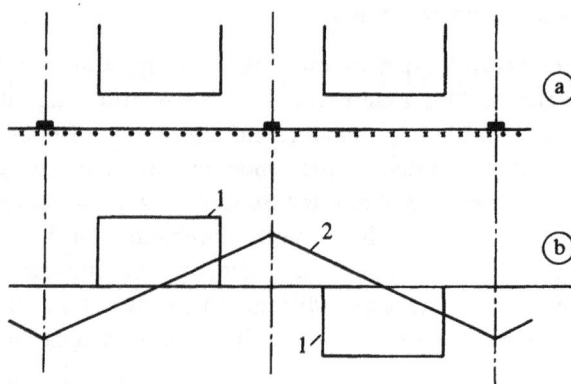

Bild 2-21:
Räumlicher Verlauf von
Feld- und Ankerdurch-
flutung über dem Anker-
umfang

wie sich unter den Polen in der einen Hälfte die Ankerdurchflutung von
der Felddurchflutung subtrahiert und in der anderen Hälfte zu dieser
addiert. In Bild 2-22 sind diese Vorgänge noch einmal für eine Poltei-
lung etwas größer herausgezeichnet. Θ_f ist die magnetische Spannung,
die von der Feldwicklung erzeugt wird; addiert man dazu die magneti-

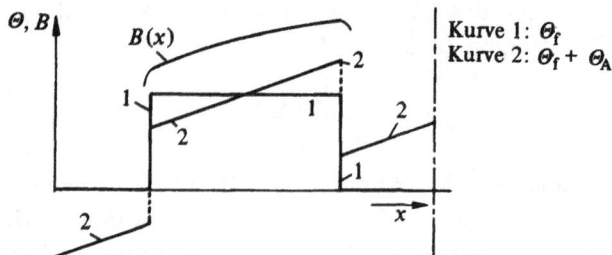

Bild 2-22:
Zusammensetzung von Feld-
und Ankerdurchflutung und
Verlauf der Induktion unter
einem Pol

Kurve 1: Θ_f
Kurve 2: $\Theta_f + \Theta_A$

sche Spannung oder Durchflutung der Ankerwicklung, so erhält man den
Verlauf der resultierenden Durchflutung $\Theta_f + \Theta_A$. Würden lineare Verhältnisse vorliegen, so würde die Induktion ebenfalls einen linearen
Verlauf nehmen, wenn man einen konstanten Luftspalt über die gesamte Polbreite voraussetzt. Infolge der nichtlinearen Magnetisierungskennlinie stellt sich jedoch ein anderer Verlauf ein, etwa wie die Kurve $B(x)$, wobei dieser Verlauf von dem Betriebspunkt, also von Feld-
und Ankerstrom abhängig ist. Die Gestalt der Magnetisierungskurve
ist so beschaffen, daß die Induktion in der einen Hälfte des Pols nicht
in dem Maße vergrößert wird, wie sie in der anderen Hälfte herabgesetzt wird, so daß der Gesamtfluß, der vom Pol in den Anker eintritt,
einen kleineren Wert als im Leerlauf der Maschine annimmt.

Es besteht demnach keine direkte magnetische Kopplung zwischen der
Ankerwicklung und der Feldwicklung, sondern die Beeinflussung des
Erregerfeldes durch das Ankerfeld geschieht indirekt über die Eisensättigung aufgrund der Tatsache, daß das Ankerfeld und das Erregerfeld teilweise die gleichen Wege benutzen. Die Ankerrückwirkung ist
von der Richtung des Ankerstromes unabhängig, es tritt immer eine
Schwächung des Erregerfeldes ein, gleichgültig, ob der Ankerstrom
motorisch oder generatorisch ist.

Der stationäre Einfluß der Ankerrückwirkung läßt sich durch Kennlinien darstellen, beispielsweise in Form des Kennlinienfeldes von
Bild 2-23, wo neben der Leerlaufkennlinie der Verlauf der induzierten Ankerspannung e_A über dem Feldstrom für verschiedene konstante Werte des Ankerstromes aufgetragen ist. Eine andere Möglichkeit

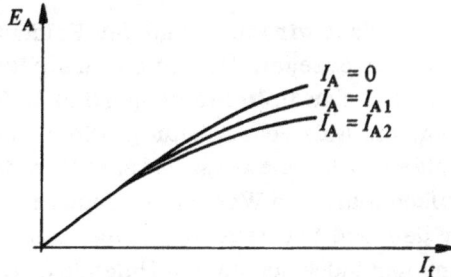

Bild 2-23:
Darstellung des Einflusses der Ankerrückwirkung

besteht in der Angabe von Belastungskennlinien nach Art des Bildes
2-24, wo die induzierte Ankerspannung über dem Belastungsstrom aufgetragen ist, ausgehend von verschiedenen Werten der Leerlaufspannung. Hier ist das Absinken der Spannung mit der Belastung eine Folge
der Ankerrückwirkung. Derartige Kennlinienfelder lassen sich experi-
mentell durch Messungen an der Maschine ermitteln; dabei ergibt sich

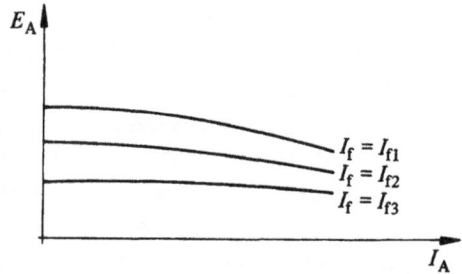

Bild 2-24:
Darstellung des Einflusses der Ankerrückwirkung

die innere Ankerspannung E_A aus der Klemmenspannung nach Abzug
des Spannungsabfalls am Ankerwiderstand und des Bürstenspannungs-
abfalls. Bei dieser Rechnung muß die Temperaturabhängigkeit des An-
kerwiderstandes beachtet werden.

Neben diesem experimentellen Verfahren läßt sich die Größe der Ankerrückwirkung auch theoretisch vorausberechnen [36]. Der Grundge-
danke dieser Berechnungsmethode soll im folgenden kurz beschrieben
werden, da sie einen guten Einblick in den Vorgang der Ankerrückwirkung gibt. Bild 2-25 zeigt die Magnetisierungskennlinie der Maschine;

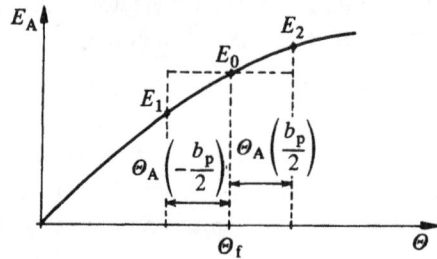

Bild 2-25:
Zur quantitativen Bestimmung der Ankerrückwirkung

bei Leerlauf wird aufgrund der Felddurchflutung Θ_f die Spannung E_0
im Anker erzeugt. Dieser Spannung ist auch bei Belastung die Induktion unter der Polmitte proportional. Trägt man nun, von Θ_f ausgehend,
hend, die Ankerdurchflutung, die ja unter der Polmitte Null ist, nach
rechts und links auf, so entsprechen die zugehörigen Werte der Leerlaufkennlinie den Werten der Induktion an den betreffenden Stellen unter dem Pol bei Belastung. Die Spannungen E_1 und E_2 entsprechen
dann der Induktion an den Polenden. Je nach Größe des Ankerstromes
sind die Punkte E_1, E_2 mehr oder weniger weit von E_0 entfernt. Die
Fläche unter der Kurve E_1, E_0, E_2 ist somit ein Maß für den unter
Last auftretenden Erregerfluß, und die bei Belastung im Anker induzierte Spannung ergibt sich zu

$$E_A = \frac{E_1 + 4 E_0 + E_2}{6},$$

(2.49)

wenn man für die näherungsweise Berechnung des Mittelwertes die Simpsonsche Regel verwendet. Für eine genauere Berechnung des Spannungsverlustes infolge Feldverzerrung muß man jedoch anstelle der Magnetisierungskurve für den gesamten magnetischen Kreis die Kurve für Luftspalt, Zähne, Ankerkern und Polschuh verwenden. Außerdem muß man berücksichtigen, daß der Luftspalt im allgemeinen nicht über die gesamte Polbreite konstant ist. Näheres über die exaktere Berechnung findet man in [36].

Nun wäre zu untersuchen, wie der Einfluß der Ankerrückwirkung sich im dynamischen Verhalten der Gleichstrommaschine bemerkbar macht; dazu muß die Ankerrückwirkung im Gleichungssystem berücksichtigt werden. Durch qualitative Betrachtung der physikalischen Zusammenhänge erkennt man leicht, daß die Feldschwächung bei Änderungen des Ankerstromes mit einem gewissen Zeitverhalten behaftet sein muß, da bei Änderungen des Erregerflusses im Feldstromkreis Ausgleichsströme induziert werden, die diese Änderungen verzögern. Geht man bei der Nachbildung der Gleichstrommaschine so weit in die Details, so sollte man ebenfalls die Feldstreuung berücksichtigen, da die Ankerrückwirkung nur den Hauptfluß beeinflußt, der vom Pol in den Anker eintritt. Der gesamte von der Feldwicklung erzeugte Fluß Φ_f setzt sich also aus dem Hauptfluß Φ_h und dem Streufluß Φ_σ zusammen. Die Spannungsgleichung des Feldkreises lautet nach wie vor

$$u_f = R_f\, i_f + \frac{d\psi_f}{dt}, \tag{2.50}$$

die Flußverkettung der Feldwicklung teilt sich jetzt jedoch in die beiden Anteile

$$\psi_f = \psi_{fh} + \psi_{f\sigma} \tag{2.51}$$

auf. Mit der Streuinduktivität $L_{f\sigma}$ der Feldwicklung, die hier als konstant angesehen wird, ist

$$\psi_{f\sigma} = L_{f\sigma}\, i_f. \tag{2.52}$$

Der Hauptfluß der Feldwicklung ist eine Funktion der beiden Variablen i_f und i_A, was durch die Gleichung

$$\psi_{fh} = f(i_f, i_A) \tag{2.53}$$

zum Ausdruck gebracht wird. Diese Funktion wird durch Kennlinien, wie sie in den Bildern 2-23 und 2-24 skizziert sind, näher beschrieben. Die Spannungsgleichung des Ankerkreises lautet wie bisher

$$u_A = e_A + R_A \, i_A + L_A \, \frac{\mathrm{d} i_A}{\mathrm{d} t}, \tag{2.54}$$

bei den Gleichungen für die induzierte Ankerspannung sowie für das entwickelte Drehmoment muß jetzt jedoch mit dem Hauptfluß gerechnet werden.

$$e_A = c_1 \, n \, \psi_{fh}, \tag{2.55}$$

$$d_M = c_2 \, i_A \, \psi_{fh}. \tag{2.56}$$

Bei der Bestimmung der Konstanten c_1 wird prinzipiell genauso vorgegangen, wie im Abschnitt 2.3 beschrieben wurde, nur daß jetzt für die Anwendung der Gleichung (2.8) die Verkettung des Hauptflusses im Punkt P_1 bestimmt werden muß. Hierzu muß natürlich die Streuinduktivität der Feldwicklung bekannt sein. Dann gilt für einen Betriebspunkt im linearen Teil der Kennlinie

$$\psi_{fh1} = (L_f - L_{f\sigma}) \, i_{f1}. \tag{2.57}$$

Für die Ermittlung der Konstanten c_2 gilt nach wie vor Gl. (2.13), und die zum vollständigen Gleichungssystem noch fehlende Bewegungsgleichung bleibt von der Ankerrückwirkung unbeeinflußt und ist durch Gl. (2.6) gegeben.

Besondere Schwierigkeiten bereitet bei der Lösung die Gleichung (2.53), wonach der Hauptfluß eine nichtlineare Funktion zweier Veränderlicher des Systems ist. Selbst bei Verwendung eines Analogrechners ist es mit Schwierigkeiten verbunden, eine für den gesamten Betriebsbereich der Maschine gültige Nachbildung dieses Zusammenhanges durchzuführen, da mit den üblichen Funktionsgeneratoren des Analogrechners nur jeweils die nichtlineare Beziehung zwischen einer Eingangsgröße und einer Ausgangsgröße dargestellt werden kann. Durch geeignete Kombination mehrerer Funktionsgeneratoren und additive oder multiplikative Verknüpfung ihrer Ausgangsgrößen läßt sich eine Erweiterung des Gültigkeitsbereiches der Nachbildung erzielen. Beispielsweise ließe sich die Gleichung (2.53) in einem gewissen Bereich durch die Beziehung

$$\psi_{fh} = f_1 \, (i_f) + f_2 \, (i_A) \tag{2.58}$$

annähern. Wie man aus Bild 2-23 ersehen kann, besteht diese Möglichkeit in einem I_f-Bereich, in dem die vertikalen Abstände zwischen den einzelnen Kurven als konstant angesehen werden können.

2.8 Übergangsverhalten bei konstanter Feldspannung und Ankerrückwirkung

Im vorliegenden Abschnitt soll der Einfluß der Ankerrückwirkung auf das Betriebsverhalten des mit konstanter Feldspannung arbeitenden Gleichstrommotors untersucht werden. Das Verhalten des Gleichstrommotors mit konstantem Feld ohne Berücksichtigung der Ankerrückwirkung wurde bereits im Abschnitt 2.4 betrachtet. Im vorliegenden Falle ist der Erregerfluß trotz der konstanten Feldspannung veränderlich, da er vom Ankerstrom beeinflußt wird. Aus diesem Grunde muß eine Linearisierung des Gleichungssystems vorgenommen werden; es werden also lediglich kleine Abweichungen Δ von einem Ruhearbeitspunkt P_0 betrachtet. Dann gelten für den Motor die folgenden Gleichungen, wenn die Feldpannung als konstant vorausgesetzt wird, also $\Delta u_f = 0$ ist. Die Gleichungen (2.50) bis (2.52) ergeben unter dieser Voraussetzung die Beziehung

$$(R_f + L_{f\sigma}\, s)\, \Delta i_f + \Delta \psi_{fh}\, s \;=\; 0. \tag{2.59}$$

Die Linearisierung der Gleichung (2.53) für den Hauptfluß liefert

$$\Delta \psi_{fh} \;=\; \left(\frac{\partial f}{\partial i_f}\right)_{I_{f0},\, I_{A0}} \cdot \Delta i_f + \left(\frac{\partial f}{\partial i_A}\right)_{I_{f0},\, I_{A0}} \cdot \Delta i_A, \tag{2.60}$$

die fortan in der abgekürzten Form

$$\Delta \psi_{fh} \;=\; k_1^*\, \Delta i_f - k_2^*\, \Delta i_A \tag{2.61}$$

geschrieben werden soll. Bei näherer Betrachtung der auftretenden partiellen Ableitungen erkennt man, daß der Faktor k_1^* mit der Steigung der Tangente an die betreffende Kurve in Bild 2-23 identisch ist, während k_2^* die Neigung der in Frage kommenden Kurve aus Bild 2-24 im Betriebspunkt P_0 angibt. Die Linearisierung der übrigen Gleichungen ergibt

$$\Delta u_A \;=\; \Delta e_A + (R_A + L_A\, s)\, \Delta i_A, \tag{2.62}$$

$$\Delta e_A \;=\; c_1\, \Psi_{fh0}\, \Delta n + c_1\, n_0\, \Delta \psi_{fh}, \tag{2.63}$$

$$\Delta d_M \;=\; c_2\, \Psi_{fh0}\, \Delta i_A + c_2\, I_{A0}\, \Delta \psi_{fh}, \tag{2.64}$$

$$\Delta d_M \;=\; 2\, \pi\, \Theta\, s\, \Delta n + \Delta d_L. \tag{2.65}$$

Setzt man Gl. (2.59) in (2.61) ein, so erhält man

$$\Delta \psi_{fh} \;=\; -k_2^*\, \frac{R_f + L_{f\sigma}\, s}{R_f + (k_1^* + L_{f\sigma})\, s}\, \Delta i_A. \tag{2.66}$$

Der Ausdruck $k_1^* + L_{f\sigma}$ ist die differentielle Induktivität, d. h. die bei kleinen Änderungen des Feldstromes maßgebende Induktivität der Feldwicklung, und nach Division der obigen Übertragungsfunktion durch R_f wird

$$\Delta\psi_{fh} = -k_2^* \frac{1 + T_{f\sigma} s}{1 + T_f s} \Delta i_A \qquad (2.67)$$

mit den Zeitkonstanten

$$T_{f\sigma} = \frac{L_{f\sigma}}{R_f} \quad \text{und} \quad T_f = \frac{k_1^* + L_{f\sigma}}{R_f}.$$

Dabei ist zu beachten, daß die Zeitkonstante T_f von dem betrachteten Arbeitspunkt P_0 abhängig ist. Nach dem Grenzwertsatz ist bei sprungartiger Änderung des Ankerstromes

$$\text{zur Zeit } t = 0 \qquad \Delta\psi_{fh} = -k_2^* \frac{T_{f\sigma}}{T_f} \Delta i_A \quad \text{und}$$

$$\text{bei } t \to \infty \qquad \Delta\psi_{fh} = -k_2^* \Delta i_A.$$

Da $T_{f\sigma} < T_f$ ist, hat der Hauptfluß bei sprungartiger Änderung des Ankerstromes den in Bild 2-26 skizzierten qualitativen zeitlichen Verlauf. Für das Drehmoment errechnet man

$$\Delta d_M = c_2 (\Psi_{fh0} - k_2^* I_{A0}) \frac{1 + T_m s}{1 + T_f s} \Delta i_A, \qquad (2.68)$$

wobei die Zeitkonstante

$$T_m = \frac{\Psi_{fh0} T_f - k_2^* I_{A0} T_{f\sigma}}{\Psi_{fh0} - k_2^* I_{A0}} \qquad (2.69)$$

neu eingeführt wurde. Aufgrund qualitativer Betrachtungen der physikalischen Zusammenhänge ist zu erwarten, daß $T_m > T_f$ sein wird, so daß mit Hilfe entsprechender Überlegungen, wie sie oben für die Gleichung (2.67) angestellt wurden, der in Bild 2-27 skizzierte Verlauf

Bild 2-26:
Prinzipieller zeitlicher Verlauf des Hauptflusses bei sprungartiger Erhöhung des Ankerstromes

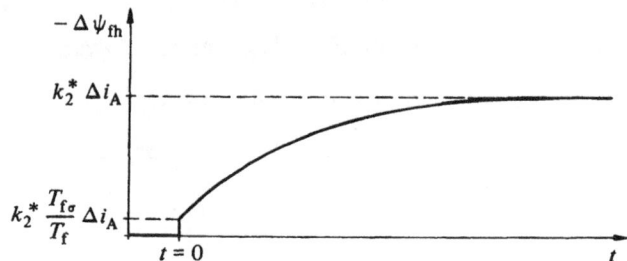

Bild 2-27:
Prinzipieller zeitlicher Verlauf des
Drehmomentes bei sprungartiger
Erhöhung des Ankerstromes

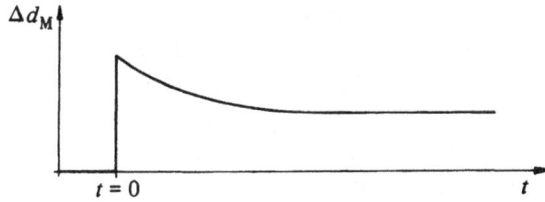

für das Drehmoment vorausgesagt werden kann, wenn der Ankerstrom sprungartig verändert wird.

Für den Ankerstrom Δi_A läßt sich nach einer kurzen Zwischenrechnung die folgende Beziehung ermitteln:

$$\Delta i_A = \frac{1}{R_A - c_1 k_2^* n_0} \cdot$$

$$\cdot \frac{(1 + T_f s)(\Delta u_A - c_1 \Psi_{fh0} \Delta n)}{1 + \dfrac{R_A T_f + L_A - c_1 k_2^* n_0 T_{f\sigma}}{R_A - c_1 k_2^* n_0} s + \dfrac{L_A T_f}{R_A - c_1 k_2^* n_0} s^2} \cdot \qquad (2.70)$$

Faßt man die Gleichungen (2.68) und (2.70) zusammen, so kann man das in Bild 2-28 angegebene Strukturbild zur Beschreibung des dynamischen Verhaltens des Motors mit Ankerrückwirkung für kleine Abweichungen verwenden. Die Konstanten der einzelnen Blocks sind

$$k_1 = c_2 \frac{\Psi_{fh0} - k_2^* I_{A0}}{R_A - c_1 k_2^* n_0}; \quad T_1 = T_m; \quad k_2 = 1;$$

$$d_2 = \frac{R_A T_f + L_A - c_1 k_2^* n_0 T_{f\sigma}}{2 \sqrt{(R_A - c_1 k_2^* n_0) L_A T_f}};$$

$$T_2 = \sqrt{\frac{L_A T_f}{R_A - c_1 k_2^* n_0}}; \quad k_3 = \frac{1}{2 \pi \Theta}; \quad k_4 = c_1 \Psi_{fh0}.$$

Dieses Strukturbild läßt sich zu einem einzigen Block zusammenfassen, wobei allerdings im Nenner der resultierenden Übertragungsfunktion

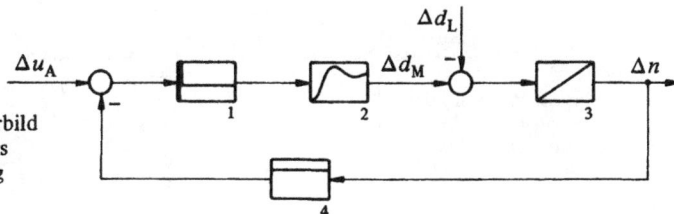

Bild 2-28:
Linearisiertes Strukturbild
des Gleichstrommotors
mit Ankerrückwirkung
(Führungsverhalten)

ein Polynom 3. Grades in s entsteht, dessen Wurzeln sich nicht mehr in allgemeiner Form angeben lassen. Wir unterscheiden im folgenden zwischen dem Führungsverhalten und dem Störverhalten des Motors, wobei im ersten Fall die Eingangsgröße Δd_L und im zweiten Falle die Eingangsgröße Δu_A zu Null angenommen wird. Das Verhalten des Motors in den beiden Fällen werde durch die Gleichungen

$$\Delta n = G_F(s)\,\Delta u_A \qquad\qquad (2.71)$$

und

$$\Delta n = -G_{St}(s)\,\Delta d_L \qquad\qquad (2.72)$$

beschrieben.

Die Zusammenfassung des in Bild 2-28 dargestellten Kreises liefert einen Ausdruck von der Form

$$G_F(s) = \frac{1 + T_m\,s}{a_0 + a_1\,s + a_2\,s^2 + a_3\,s^3}, \qquad\qquad (2.73)$$

wobei die Koeffizienten des Nennerpolynoms in folgender Weise von den Maschinendaten abhängen:

$$a_0 = c_1\,\Psi_{fh0};$$

$$a_1 = c_1\,\Psi_{fh0}\,\frac{\Psi_{fh0}\,T_f - k_2^*\,I_{A0}\,T_{f\sigma}}{\Psi_{fh0} - k_2^*\,I_{A0}} + \frac{(R_A - c_1\,k_2^*\,n_0)\,2\,\pi\,\Theta}{c_2\,(\Psi_{fh0} - k_2^*\,I_{A0})};$$

$$a_2 = \frac{2\,\pi\,\Theta\,(R_A\,T_f + L_A - c_1\,k_2^*\,n_0\,T_{f\sigma})}{c_2\,(\Psi_{fh0} - k_2^*\,I_{A0})};$$

$$a_3 = \frac{2\,\pi\,\Theta\,L_A\,T_f}{c_2\,(\Psi_{fh0} - k_2^*\,I_{A0})}.$$

Für das Störverhalten des Motors läßt sich das Strukturbild in der in Bild 2-29 gezeigten Form darstellen, und für die Übertragungsfunktion $G_{St}(s)$ ergibt sich der Ausdruck

$$G_{St}(s) = \frac{b_0 + b_1\,s + b_2\,s^2}{a_0 + a_1\,s + a_2\,s^2 + a_3\,s^3}, \qquad\qquad (2.74)$$

wobei der Nennerausdruck der gleiche ist wie in der Übertragungsfunk-

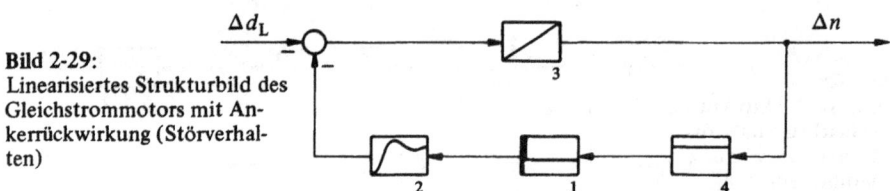

Bild 2-29: Linearisiertes Strukturbild des Gleichstrommotors mit Ankerrückwirkung (Störverhalten)

tion des Führungsverhaltens. Im Zähler tritt ein Polynom 2. Grades in s auf, dessen Koeffizienten die folgenden Werte haben.

$$b_0 = \frac{R_A - c_1 k_2^* n_0}{c_2 (\Psi_{fh0} - k_2^* I_{A0})}; \quad b_1 = \frac{R_A T_f + L_A - c_1 k_2^* n_0 T_{f\sigma}}{c_2 (\Psi_{fh0} - k_2^* I_{A0})};$$

$$b_2 = \frac{L_A T_f}{c_2 (\Psi_{fh0} - k_2^* I_{A0})}.$$

Stehen die Übertragungsfunktionen des Motors in dieser Form zur Verfügung, so läßt sich leicht mit Hilfe des Kriteriums von Hurwitz nachprüfen, ob die Stabilität des Motors durch die Ankerrückwirkung an dem betrachteten Arbeitspunkt gefährdet ist. Hierzu muß man das Nennerpolynom betrachten [4].

Rechenbeispiel

Eine kurze Rechnung soll an einem konkreten Beispiel den Einfluß der Ankerrückwirkung veranschaulichen; die Berechnung wird für den bereits in den Abschnitten 2.4 und 2.5 betrachteten Motor durchgeführt. Seine Daten seien hier nochmals zusammengestellt:

$$U_{An} = 460 \text{ V}; \quad I_{An} = 320 \text{ A}; \quad n_n = 625 \text{ U/min}; \quad R_A = 0,05 \, \Omega;$$

$$L_A = 3 \cdot 10^{-3} \text{ H}; \quad \Theta = 15 \text{ kgm}^2; \quad R_f = 25,2 \, \Omega.$$

Induktivität der Feldwicklung (ungesättigt) $L_f = 63, 5$ H.
Die Feldstreuung sei 5%, also $L_{f\sigma} = 3,2$ H.

Die Leerlaufkennlinie wurde bereits in Bild 2-15 dargestellt; Bild 2-30 zeigt diese noch einmal teilweise, wobei der interessierende Teil größer herausgezeichnet ist. Neben der Leerlaufkennlinie ist außerdem der Verlauf der induzierten Ankerspannung über dem Feldstrom für $I_A = I_{An}$ und $I_A = 1,5 \, I_{An}$ eingetragen nach Art der Skizze in Bild 2-23. Bild 2-31 zeigt den Verlauf der induzierten Ankerspannung über dem Ankerstrom bei dem konstanten Feldstrom I_{fn}; dabei ist die Absenkung von E_A einzig eine Folge der Ankerrückwirkung.

Das Verhalten des Motors soll bei Nennbetrieb untersucht werden, so daß die Ruhewerte im Betriebspunkt P_0 durch die obengenannten Nenndaten gegeben sind. Man errechnet die folgenden Konstanten

$$c_1 = 0,109; \quad c_2 = 1,74 \cdot 10^{-2}; \quad k_1^* = 36; \quad k_2^* = 1,94 \cdot 10^{-2};$$

$$\Psi_{h0} = 390 \text{ Vs}; \quad T_f = 1,56 \text{ s}; \quad T_{f\sigma} = 0,127 \text{ s}.$$

Damit lassen sich die Koeffizienten a_ν und b_ν der Übertragungsfunk-

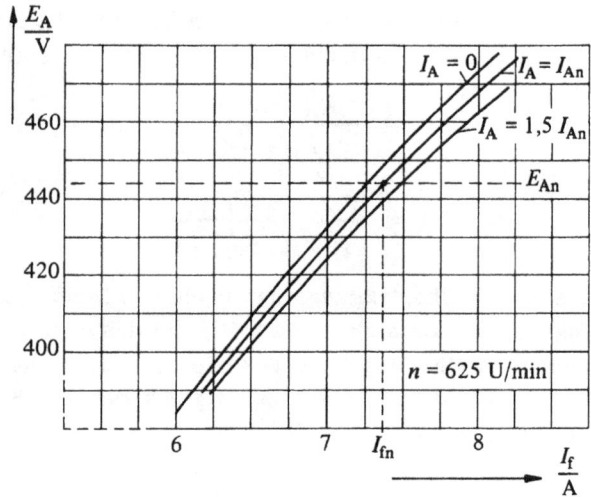

Bild 2-30:
Kennlinienfeld des im Anwendungsbeispiel betrachteten Motors

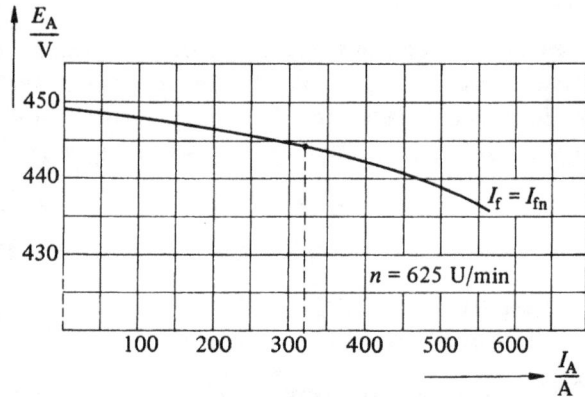

Bild 2-31:
Kennlinie des untersuchten Motors

tionen bestimmen. Betrachtet man nun einmal den Frequenzgang für das Störverhalten, der in Bild 2-12 schon einmal ohne Berücksichtigung der Ankerrückwirkung ermittelt wurde, so findet man den in Bild 2-32 gezeigten Verlauf. Zum Vergleich ist gestrichelt die Kennlinie aus Bild 2-12 eingezeichnet. Im Bereich größerer Kreisfrequenzen $\omega^* > 2$ unterscheiden sich die beiden Kennlinien praktisch nicht, lediglich im Bereich $\omega^* < 1$ tritt ein Unterschied auf. Darin kommt die physikalische Tatsache zum Ausdruck, daß bei einer Last- und damit Ankerstromänderung der Hauptfluß sich nicht sofort ändern kann, da der Feldkreis das Absinken des Haupflusses durch einen Ausgleichstrom zu verhindern sucht. Der Unterschied zwischen beiden Kennlinien beginnt daher auch bei einer Kreisfrequenz, welche der Feldzeitkonstanten T_f an dem betrachteten Arbeitspunkt entspricht. Stationär, also für $\omega^* \to 0$, ist ein Unterschied von 5 db vorhanden, d.h. bei

$\uparrow |G_{St}|_{db}$

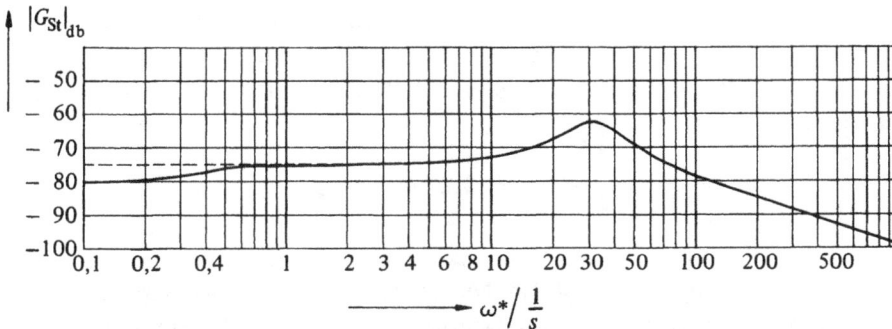

Bild 2-32: Frequenzkennlinien für das Störverhalten
– – – – – – – ohne Ankerrückwirkung
———————— mit Ankerrückwirkung

einer Lastaufschaltung ΔD_L sinkt die Drehzahl des Motors letzten Endes nicht so weit ab als bei Nichtbeachtung der Ankerrückwirkung zu erwarten wäre.

Es sei daran erinnert, daß infolge des negativen Vorzeichens in Gl. (2.72) ein positives Δd_L stationär ein negatives Δn zur Folge hat, solange der Koeffizient b_0 positiv ist. Es kann jedoch bei stärkerem Einfluß der Ankerrückwirkung durchaus der Fall eintreten, daß b_0 negativ wird, so daß der Motor auf eine Erhöhung des Lastmomentes nach einer vorübergehenden Drehzahlabsenkung mit einer stationären Drehzahlerhöhung antwortet. In diesem Falle ist jedoch die Stabilität schon gefährdet, insbesondere wenn das Lastmoment nicht drehzahlunabhängig ist, sondern mit der Drehzahl ansteigt.

Abschließend sei noch ein zweiter Betriebspunkt betrachtet, der folgendermaßen charakterisiert sein möge: Das Trägheitsmoment soll infolge einer angekuppelten Belastungsmaschine auf das Zehnfache des früheren Wertes erhöht sein, so daß jetzt $\Theta = 150$ kgm^2 ist. Ankerspannung und Feldstrom seien nach wie vor U_{An} und I_{fn}, jedoch sei der Ankerstrom jetzt das 1,5-fache, also 1,5 I_{An}, infolge einer stärkeren Belastung.

Betrachtet man zunächst die Verhältnisse ohne Berücksichtigung der Ankerrückwirkung, so hat das erhöhte Trägheitsmoment eine Vergrößerung der Dämpfung sowie der Zeitkonstante des den Motor beschreibenden VZ$_2$-Gliedes zur Folge. Bei der Ermittlung der Daten für die Übertragungsfunktion $G_F(s)$ und $G_{St}(s)$, welche die Ankerrückwirkung berücksichtigen, muß zunächst die Drehzahl n_0 bestimmt werden, welche sich unter den vorgegebenen Betriebsbedingungen einstellt. Die innere Ankerspannung des Motors ist bei 460 V Klemmenspannung und

1.5-fachem Nennstrom E_{A0} = 436 V. Bild 2-30 zeigt, daß im Anker der Maschine bei $I_f = I_{fn}$ und $I_A = 1{,}5\,I_{An}$ bei einer Drehzahl von 625 U/min eine Spannung von 438 V induziert würde. Also muß die Drehzahl des Motors auf

$$n_0 \;=\; 625 \cdot \frac{436}{438} \;=\; 622 \;\text{U/min}$$

absinken. Diese geringfügige Absenkung zeigt deutlich den Einfluß der Ankerrückwirkung auf das statische Drehzahlverhalten des Motors. Wie man nämlich weiterhin aus den Kennlinien von Bild 2-30 entnehmen kann, ist die Leerlaufdrehzahl bei $I_A = 0$

$$625 \cdot \frac{460}{449} \;=\; 641 \;\text{U/min}.$$

Während also bei Belastung mit dem Nennstrom die Drehzahl um 16 U/min absinkt, sinkt sie bei weiterer Belastung mit zusätzlichem halben Nennstrom nur noch um weitere 3 U/min.

Man erhält jetzt die Konstanten

$$k_1^* \;=\; 35{,}2; \;\; k_2^* \;=\; 3{,}28 \cdot 10^{-2}; \;\; T_f \;=\; 1{,}52 \;\text{s}.$$

Der weitere Gang der Rechnung ist der gleiche wie in dem vorher betrachteten Fall. Den zugehörigen Frequenzgang (Betragskennlinie) zeigt Bild 2-33. Auch hier ist wieder die Kennlinie gestrichelt eingezeichnet, die sich ohne Ankerrückwirkung ergeben würde. Man erkennt wieder den Unterschied zwischen beiden Kennlinien im Bereich kleiner Frequenzen, der hier wesentlich größer ist als in Bild 2-32, was auf

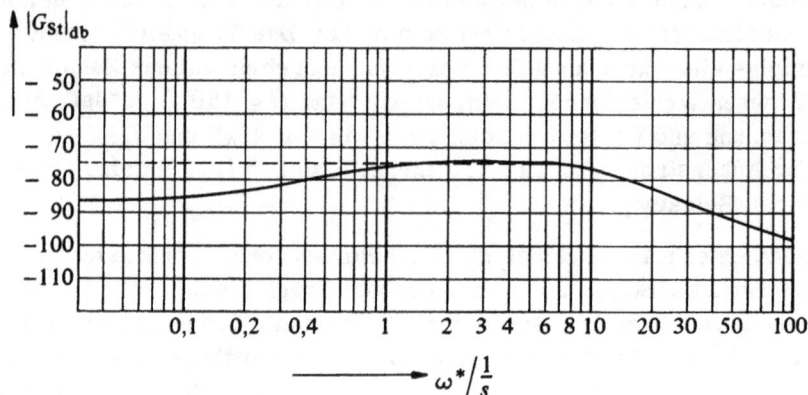

Bild 2-33: Frequenzkennlinien für einen zweiten Betriebspunkt (Störverhalten)
$------$ ohne Ankerrückwirkung
$\underline{\hspace{3cm}}$ mit Ankerrückwirkung

die stärkere Ankerrückwirkung im Überlastbereich zurückzuführen ist. Außerdem beginnt hier der Abfall mit 20 db/Dekade schon bei kleineren Frequenzen, und die Kurve zeigt praktisch keine Überhöhung mehr bei der Eigenfrequenz des Motors, was durch die Erhöhung des Trägheitsmomentes bedingt ist. Auch hier wird der Unterschied zwischen beiden Kennlinien mit steigender Frequenz immer kleiner, weil sich bei höheren Frequenzen die Ankerrückwirkung infolge ihrer Kopplung mit dem Feldkreis nicht auswirken kann.

Nach diesen Betrachtungen im Frequenzbereich drängt sich die Frage nach dem Verhalten des Motors im Zeitbereich geradezu auf, also beispielsweise die Frage nach dem zeitlichen Verlauf der Drehzahlabweichung Δn (t) bei einer sprungartigen Steigerung des Lastmomentes um den konstanten Wert ΔD_{L}. Während jedoch die Ermittlung der Frequenzkennlinien relativ leicht vonstatten ging, nachdem erst einmal die maßgebende Übertragungsfunktion G (s) gefunden war, ist die Ermittlung entsprechender Zeitfunktionen aus der Übertragungsfunktion wesentlich mühsamer. Wenn man nicht von vorneherein spezielle Lösungen mit Hilfe einer Rechenanlage bestimmen will, kann man derartige Zeitverläufe mit Hilfe der Laplace-Transformation berechnen.

Es wurde der zeitliche Verlauf der Drehzahl für den zuletzt betrachteten Betriebspunkt bei sprungartiger Aufschaltung eines zusätzlichen Lastmomentes mit Hilfe der Laplace-Transformation errechnet, und zwar ohne und mit Ankerrückwirkung. Bild 2-34 zeigt das Ergebnis. Der Lastsprung ΔD_{L} wurde so gewählt, daß ohne Ankerrückwirkung eine stationäre Drehzahlabsenkung von 1 U/s auftritt. Da das System linearisiert wurde, läßt sich der errechnete Drehzahlverlauf leicht auf andere Werte von ΔD_{L} umrechnen. Bei Betrachtung der beiden Übergangsfunktionen erkennt man deutlich die Verzögerung, mit der die An-

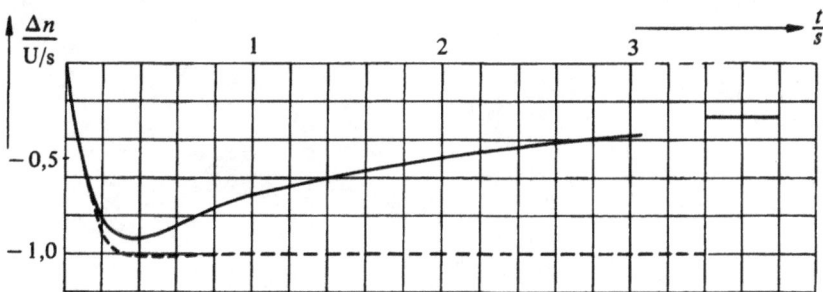

Bild 2-34: Zeitlicher Verlauf der Drehzahl bei plötzlicher Belastung
— — — — — — ohne Ankerrückwirkung
———————— mit Ankerrückwirkung

kerrückwirkung in Erscheinung tritt. Unmittelbar nach dem Lastsprung ist der zeitliche Verlauf in beiden Fällen der gleiche, wie aufgrund der Frequenzkennlinien und einer Betrachtung der physikalischen Zusammenhänge auch zu erwarten war.

Es sei noch einmal betont, daß die in diesem Abschnitt ermittelten Ergebnisse nur für kleine Abweichungen der Veränderlichen von dem betrachteten Betriebspunkt Gültigkeit haben. Bei größeren Abweichungen macht sich die Nichtlinearität des Systems bemerkbar, die in den hier benutzten Gleichungen nicht berücksichtigt wurde. In diesen Fällen lassen sich genauere Ergebnisse durch Lösung des nichtlinearen Gleichungssystems auf einer Rechenanlage gewinnen.

3. *Asynchronmotoren*

3.1 Eigenschaften von Asynchronmotoren

Die Asynchronmotoren sind die am häufigsten eingesetzten elektrischen Maschinen überhaupt. In ihnen werden die Erscheinungen des magnetischen Drehfeldes ausgenutzt; die Spannungen und Ströme im Läufer werden durch das Drehfeld induziert, die Maschine wird daher auch als Induktionsmaschine bezeichnet. Das Wirkungsprinzip hat einen sehr einfachen, robusten und preiswerten Aufbau der Maschine zur Folge, ein wesentlicher Nachteil ist allerdings die starke Gebundenheit an die durch die Speisefrequenz festgelegte synchrone Drehzahl. Die Läuferwicklung besteht im einfachsten Falle aus einem Kupfer- oder Aluminiumkäfig (Käfigläufer- oder Kurzschlußläufermotor); der Schleifringläufer trägt eine Drehstromwicklung, die auf dem Läufer in Stern oder Dreieck geschaltet ist und deren drei Anschlüsse über Schleifringe nach außen geführt sind.

Der Asynchronmotor nimmt auch bei idealem Leerlauf einen Strom aus dem speisenden Netz auf, der ca. 30% seines Nennstromes beträgt. Dies ist ein Magnetisierungsstrom, der zum Aufbau des Drehfeldes dient. Die Amplitude des Drehfeldes wird im wesentlichen durch die Höhe der angelegten Speisespannung bestimmt. Die Größe des erforderlichen Magnetisierungsstromes ist daher in starkem Maße von der Größe des Luftspaltes abhängig; aus diesem Grunde ist man bestrebt, den Luftspalt bei Asynchronmotoren möglichst klein zu halten.

Die typische stationäre Drehmoment-Drehzahlkennlinie der Asychronmaschine ist in Bild 3-1 dargestellt. Neben dem normalerweise benutzten motorischen Betriebsbereich erkennt man die beiden Bremsbereiche: den generatorischen Bremsbereich im Gebiet übersynchroner Drehzahlen sowie den Bereich der Gegenstrombremsung. Wichtig ist, daß die Höhe des entwickelten Drehmomentes vom Quadrat der angelegten Ständerspannung abhängt; im übrigen ist das Drehmoment der Maschine abhängig von der Differenzdrehzahl zwischen Drehfeld und Läufer, deren auf die Synchrondrehzahl bezogener Wert als Schlupf bezeichnet wird. Das Drehmoment hängt vom Betrag und von der Phasenlage des Läuferstromes ab. Mit wachsendem Schlupf wird der Betrag des Läuferstromes, ausgehend von Null beim Schlupf $s = 0$, im-

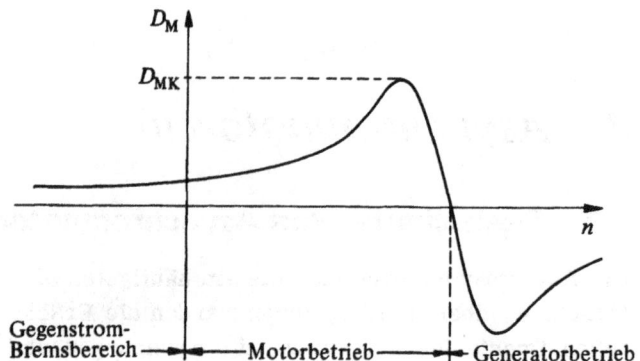

Bild 3-1:
Betriebsbereiche der
Asynchronmaschine

mer größer. Andererseits wird mit wachsendem Schlupf die Frequenz des Läuferstromes immer größer und deshalb seine Phasenlage immer schlechter. Daher ergibt sich bei einer bestimmten Drehzahl ein Optimum in der Drehmomentenbildung; hier wird das sogenannte Kippmoment D_{MK} entwickelt. Die Kennlinie läßt sich durch verschiedene bauliche Maßnahmen sowie durch Steuerungseingriffe beeinflussen, wie später noch diskutiert werden soll. Das Anlaufmoment ist relativ gering trotz hohen Anlaufstromes; hier kann man beim Schleifringläufer durch Einschalten zusätzlicher ohmscher Widerstände in den Läuferkreis Abhilfe schaffen. Beim Käfigläufer läßt sich durch Ausnutzung der Stromverdrängung bei entsprechender Ausbildung der Läuferstäbe (Tiefnut oder Doppelkäfig) eine Erhöhung des Anlaufmomentes bei gleichzeitiger Herabsetzung des Anlaufstromes erzielen. Es ist zu beachten, daß die gezeigte Drehmomentenkennlinie nur für stationäre Betriebsverhältnisse gilt und daß bei Übergangsvorgängen, wie z. B. bei Schaltvorgängen oder beim schnellen Hochlauf, beträchtliche Abweichungen von dieser Kennlinie auftreten können. Abgesehen davon können auch noch bei stationärem Betrieb Unterschiede auftreten, die auf Oberwellen in der Feldkurve zurückzuführen sind.

Entsprechende Begrenzungen des Betriebsbereiches, wie sie beim Gleichstrommotor durch den Kollektor bedingt sind, gibt es beim Asynchronmotor nicht. Einschränkungen im Spitzenstrom und in der Drehzahl sind höchstens durch die dabei entstehenden mechanischen Kraftwirkungen bedingt. Diese lassen sich jedoch durch geeignete Bemessung der Welle und der sonstigen kraftübertragenden Bauteile sowie durch entsprechende Abstützung der Wicklungen beherrschen.

3.1.1 Möglichkeiten zur Drehzahlsteuerung

Seit dem Vorhandensein des Asynchronmotors haben ganze Generationen von Ingenieuren nach Möglichkeiten für eine wirtschaftliche Drehzahlsteuerung des Asynchronmotors gesucht. Eine Reihe von verschiedenen Drehstromkollektormotoren sowie zahlreiche Kaskadenschaltungen, die zum größten Teil inzwischen schon wieder in Vergessenheit geraten sind, zeugen von diesen Bemühungen. Es gibt einige praktisch in Frage kommende Möglichkeiten, die im folgenden kurz diskutiert werden sollen.

Polumschaltung

Diese Möglichkeit wird hier nur der Vollständigkeit halber erwähnt, da sie regelungstechnisch nicht interessant ist. Sie gestattet die Einstellung einiger weniger diskreter Drehzahlwerte durch Umschaltung der Ständerwicklung oder durch Verwendung verschiedener Ständerwicklungen, wobei jeweils die Polzahl geändert wird. Das Verfahren ist nicht verlustbehaftet.

Änderung des Läuferwiderstandes

Durch Einschalten eines zusätzlichen ohmschen Widerstandes in den Läuferkreis des Asynchronmotors läßt sich die Drehmoment-Drehzahl-kennlinie in der in Bild 3-2 dargestellten Weise beeinflussen. Die Höhe des Kippmomentes bleibt dabei unverändert. Für verschiedene Einstellungen ergeben sich bei einem bestimmten Lastmoment auch verschiedene Drehzahlwerte, wie im Bild angedeutet. Die gesteuerte Einstellung der Drehzahl ist allerdings stark lastabhängig, bei völliger Entlastung läuft der Motor immer auf seine synchrone Drehzahl hoch.

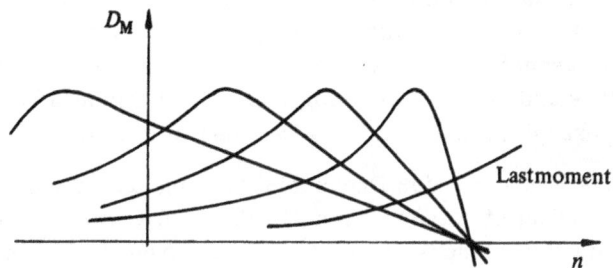

Bild 3-2:
Drehmoment-Drehzahl-
Kennlinien für verschie-
dene Läuferwiderstände

Der Hauptnachteil einer auf dieser Basis aufgebauten Drehzahlregelung ist jedoch, daß das Verfahren stark verlustbehaftet ist. Die Läuferverlustleistung ist bekanntlich

$$P_{2V} = P_{\delta}\, s, \qquad\qquad\qquad (3.1)$$

wobei P_{δ} die Luftspaltleistung und s der Schlupf der Maschine ist. Die Luftspaltleistung wird durch die geforderte mechanische Antriebsleistung bestimmt, so daß also mit größer werdendem Drehzahlstellbereich die Verluste wachsen, die als Wärme im Läuferwiderstand anfallen.

Änderung der Ständerspannung

Das vom Asynchronmotor entwickelte Drehmoment ist quadratisch von der Amplitude der Ständerspannung abhängig, so daß sich für diese Art der Beeinflussung das in Bild 3-3 skizzierte Kennlinienfeld ergibt. Bei gesteuertem Betrieb ergeben sich normalerweise nur im oberhalb des Kippunktes liegenden Drehzahlbereich stabile Arbeitspunkte, jedoch

Bild 3-3:
Drehmoment-Drehzahl-Kennlinien für verschiedene Amplituden der Ständerspannung

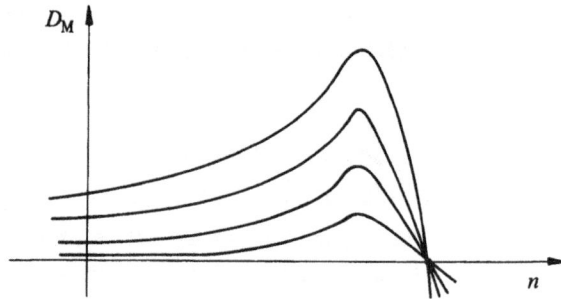

lassen sich mit Hilfe einer Drehzahlregelung auch im unteren Drehzahlbereich stabile Betriebspunkte erreichen. Allerdings ist in diesem Bereich das überhaupt erreichbare Drehmoment verhältnismäßig niedrig und läßt sich wegen der dabei anfallenden hohen Stromwärmeverluste nur für kurze Zeit aufbringen. Aus diesem Grunde werden für diese Art der Drehzahlsteuerung vorzugsweise Schleifringläufermotoren verwendet, wo man durch einen zusätzlich einschaltbaren Läuferwiderstand eine weitere Möglichkeit zur Beeinflussung der Drehmomentenkennlinie hat; Bild 3-4 veranschaulicht dies.

Das Verfahren der Drehzahlsteuerung über die Ständerspannung ist verlustbehaftet entsprechend Gl. (3.1). Die Verwendung eines Läuferzusatzwiderstandes für größere Schlupfwerte hat daher noch den Vorteil, daß die anfallende Verlustleistung aus der Maschine heraus in den Zusatzwiderstand verlegt wird. Als Stellglied wird neben dem dreiphasigen Stelltransformator vor allem eine Stromrichterschaltung eingesetzt, die allgemein als Drehstromsteller bezeichnet wird. Bei dieser Schal-

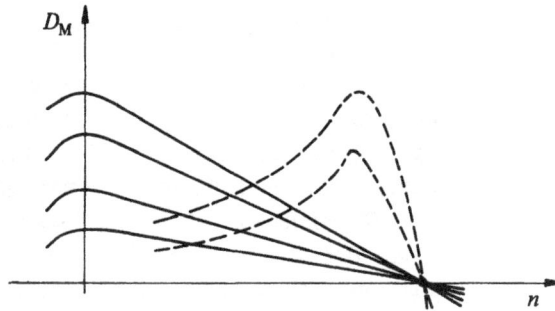

Bild 3-4:
Kennlinie nach Bild 3-3 bei
zuschaltbarem Läuferwiderstand

tung liegen in jeder Netzzuleitung zwei antiparallele Thyristoren, wie
in Bild 3-5 gezeigt ist. Durch eine Anschnittsteuerung der Ventile wird
die Grundwelle der Speisespannung in ihrer Amplitude stetig verändert,
zusätzlich sind Oberwellen in der Speisespannung vorhanden. Von dieser Schaltung gibt es eine Reihe von Abwandlungen, z. B. derart, daß

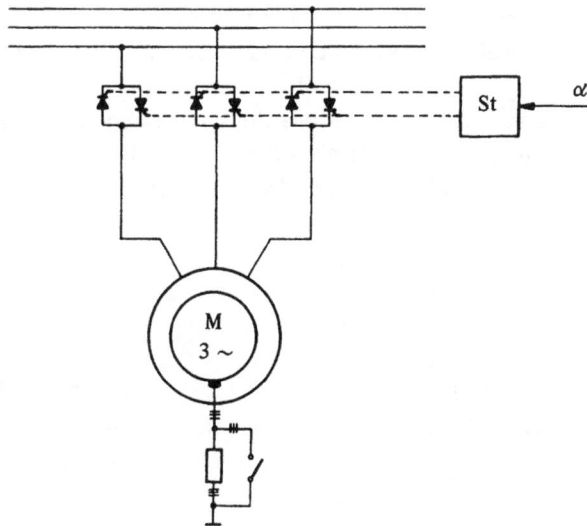

Bild 3-5:
Änderung der Ständerspannung
mit Drehstromsteller

jeweils ein Ventil eine ungesteuerte Diode ist oder daß die Ventile nur
in zwei Strängen liegen [49], [64], [80], [124].

Änderung der Speisefrequenz

Mit Hilfe einer variablen Speisefrequenz läßt sich eine weitgehend verlustlose Drehzahlsteuerung erreichen; man kann auf diese Weise dem
Käfigläufermotor ein dem Gleichstrommotor gleichwertiges Verhalten
geben. Problematisch ist allerdings die Schaffung eines geeigneten Stell-

gliedes, welches die stetige Einstellung von Frequenz und Amplitude
der Speisespannung ermöglicht. Früher kamen hierfür nur Maschinen-
umformer mit Synchrongeneratoren oder asynchronen Frequenzwand-
lern in Frage, in neuerer Zeit sind durch die Fortschritte auf dem Gebiet der Transistor- und Thyristortechnik auch geeignete und betriebs-
sichere Stromrichterschaltungen zu diesem Zwecke verfügbar. Allerdings steht auch hier der relativ hohe Aufwand einer allgemeinen Anwendung dieser Schaltungen vorläufig noch im Wege. In besonderen
Fällen ist die Anwendung des stromrichtergespeisten Drehstromantrie-
bes jedoch schon heute wirtschaftlich, wenn beispielsweise ein ganze
Gruppe von Motoren mit gemeinsam veränderlicher Drehzahl betrieben werden soll (z. B. in der Textilindustrie) oder bei Drehstrom-
Pendelmaschinen mit besonders hoher Drehzahl für Motorenprüfstän-
de sowie bei Pumpenantrieben bei Kernreaktoren, wo man auf die War-
tungsfreiheit des Käfigläufers besonderen Wert legt.

Um bei verschiedenen Drehzahlen das volle Drehmoment zu erhalten,
ist es notwendig, Frequenz und Amplitude der Speisespannung proportional miteinander zu ändern, d. h. mit konstantem Fluß zu arbeiten.
Die Drehmomenten-Drehzahlkennlinien für verschiedene Speisefrequenzen gehen dann durch Verschiebung längs der n-Achse auseinander hervor. In Wirklichkeit sind die Verhältnisse noch etwas komplizierter,
da der Einfluß des ohmschen Ständerwiderstandes bei tiefen Frequenzen nicht vernachlässigt werden darf. Genauere Untersuchungen zeigen, daß die Funktion $\hat{U}_1(f_1)$ etwa den in Bild 3-6 gezeichneten Verlauf haben muß, um im gesamten Drehzahlbereich konstantes Kippmoment zu erhalten. Bei schnellen Drehzahlverstellungen über die Frequenz muß man dafür sorgen, daß man nicht in Schlupfbereiche oberhalb des Kippschlupfes gerät, wo das verfügbare Drehmoment wieder
zurückgeht; dies läßt sich durch geeigneten Aufbau der Regeleinrich-
tungen erreichen. Im übrigen könnte man daran denken, bei Teillast die
Spannung und damit den Fluß zu senken, um den Motor stets z. B. mit

Bild 3-6:
Amplitude der Speisespannung bei
Frequenzsteuerung für konstantes
Kippmoment

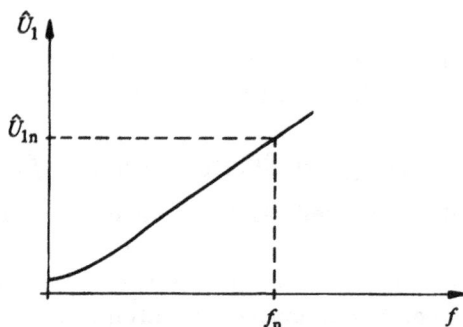

optimalem Leistungsfaktor oder im Kippunkt zu betreiben. Dabei würden die Eisenverluste im Ständer zurückgehen, gleichzeitig steigen allerdings die Kupferverluste. Außerdem birgt diese Betriebsweise wieder die Gefahr, daß bei stoßartiger Belastung der Fluß nicht schnell genug aufgebaut werden kann, um ein vorübergehendes Kippen zu verhindern. Man wird also bestrebt sein, den Motor unabhängig von der Belastung immer mit vollem Fluß zu betreiben. Die Amplitude der Speisespannung ist normalerweise in stärkerem Maß nach oben begrenzt als die Frequenz. Ist die maximale Amplitude erreicht, so geht bei weiterer Steigerung der Frequenz der Fluß mit dem Verhältnis der Frequenzerhöhung zurück, während das maximale Drehmoment mit dem Quadrat dieses Verhältnisses abnimmt. Man kann die beiden Drehzahlbereiche, die sich auf diese Weise ergeben, in Analogie zur Gleichstrommaschine als Grund- und Feldschwächbereich bezeichnen. Die Verhältnisse sind in Bild 3-7 dargestellt. Der Bereich wird von den durch die Kippunkte gelegten Umhüllenden begrenzt; in dieser Darstellung ist der Einfluß des ohmschen Ständerwiderstandes, der zu einer Erhöhung des Kippmomentes im generatorischen Betrieb führt, nicht berücksichtigt.

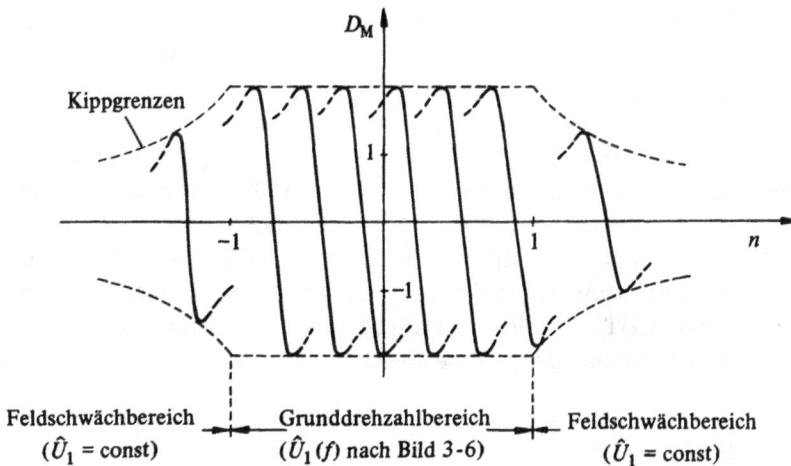

Bild 3-7: Drehmomenten-Drehzahl-Kennlinien des Asynchronmotors bei variabler Speisefrequenz

3.1.2 Kaskadenschaltungen des Asynchronmotors

Wenn eine Asynchronmaschine mechanische Leistung an ihrer Welle abgibt oder aufnimmt, so fällt in ihrem Läuferkreis die Schlupfleistung $P_\delta\, s$ gemäß Gl. (3.1) an, die bei den bisher betrachteten Betriebswei-

sen der Asynchronmaschine in den ohmschen Widerständen der Läuferkreise in Verlustwärme umgesetzt wurde. Bei den sogenannten Kaskadenschaltungen wird die Läuferwicklung eines Asynchronmotors mit
Schleifringläufer mit weiteren elektrischen Maschinen oder Stromrichterschaltungen verbunden, über die eine Steuerung des Motors hinsichtlich der Drehzahl und evtl. auch der Blindleistung möglich ist. In früheren Jahren ist eine ganze Reihe solcher Kaskadenschaltungen angegeben worden [3]; ein gemeinsames Merkmal aller dieser Schaltungen
ist, daß bei ihnen die Schlupfleistung nahezu verlustlos weiterverarbei-
tet wird. Heute sind noch drei Kaskadenschaltungen von Bedeutung und
im praktischen Einsatz; sie sollen im folgenden kurz behandelt werden.

Drehstromkommutatorkaskade

Der Prinzipschaltplan dieser Anordnung ist in Bild 3-8 dargestellt. Der
Asynchronmotor AM ist läuferseitig mit der Hintermaschine HM verbunden, die in Aufbau und Wirkungsweise mit dem Zusammenbau dreier
Gleichstrommaschinen vergleichbar ist. Durch entsprechende Erregung
werden einstellbare Zusatzspannungen in den Läuferkreis der Asynchronmaschine eingeführt, so daß deren Verhalten bezüglich Drehzahl
und Blindleistung beeinflußt werden kann. Im regelungstechnischen Sinne ist die Hintermaschine eine Verstärkermaschine; sie wird mit
Schlupffrequenz erregt und stellt ein entsprechendes dreiphasiges Spannungssystem von Schlupffrequenz am Anker auf höherem Leistungsniveau zur Verfügung. Zur Erzeugung der jeweils gerade erforderlichen
Schlupffrequenz dient der Frequenzwandler FW, der aus dem gleichen
Netz gespeist werden muß wie der Hauptmotor und auf der gleichen
Welle sitzen muß. Die eigentliche Beeinflussung des Maschinensatzes
geschieht durch mechanische Verstellung der beiden Doppeldrehtrans-
formatoren DDT, welche zwei stetig in der Amplitude veränderliche,
dreiphasige Spannungssysteme liefern, die um 90° gegeneinander pha-

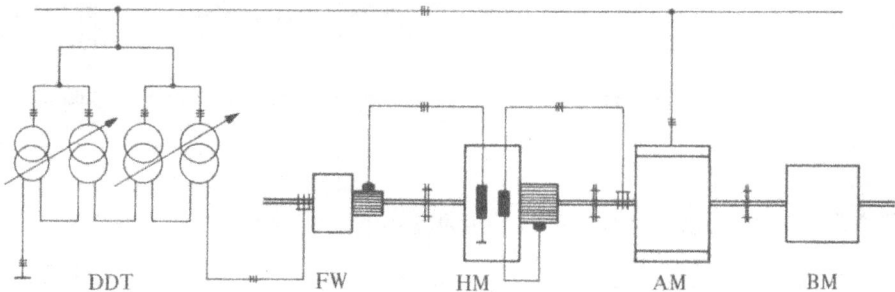

Bild 3-8: Prinzipschaltplan der Drehstromkommutatorkaskade

senverschoben sind. Durch diese beiden Stellglieder können die Drehzahl des Asynchronmotors sowie die von diesem aus dem Netz entnom-
mene Blindleistung gesteuert werden. Für die Regelung dieser beiden
Größen liegt eine Zweifachregelung vor, die durch eine schlupfabhän-
gige Verkopplung der beiden Steuergrößen erschwert wird.

Zum Einsatz kommt diese Schaltung, wenn die Drehzahl eines größeren Asynchronmotors in einem begrenzten Bereich verstellbar sein
muß. Der Stellbereich, der unterhalb und oberhalb der Synchrondrehzahl ausgenutzt werden kann, bestimmt die Größe der Hintermaschine.
Der Anlauf geschieht mit Hilfe eines Anlaßwiderstandes, erst nach Erreichen des Stellbereiches wird vom Anlaßwiderstand auf den Anker
der Hintermaschine umgeschaltet. Das Hauptanwendungsgebiet für die
Drehstromkommutatorkaskade ist die Bahnstromversorgung, wo sie in
einer Reihe von Umformerwerken der Deutschen Bundesbahn zum Antrieb von Bahngeneratoren eingesetzt wird, so daß auf diese Weise eine
gleitende Netzkupplung zwischen 50 Hz-Landesnetz und Bahnnetz hergestellt wird. Ein weiteres Einsatzgebiet ist die Versorgung von Teil-
chenbeschleunigern durch geregelte Umformersätze, die dem speisenden Netz trotz pulsartigem Betrieb des Beschleunigers eine weitgehend
konstante, mittlere Leistung entnehmen. Näheres über Einsatz und Wirkungsweise der Drehstromkommutatorkaskade findet sich in [66], [67],
[111], [112], [76], [105], [106].

Kaskade mit Steuerumrichter

Diese Schaltung kann als moderne Weiterentwicklung der Drehstromkommutatorkaskade bezeichnet werden. Bei ihr ist die Hintermaschine
durch drei Stromrichterschaltungen ersetzt, wie im Bild 3-9 dargestellt. In jedem der drei Läuferkreise befinden sich zwei Drehstrom-
brücken in Gegenparallelschaltung, die im kreisstromfreien Betrieb arbeiten und mit Schlupffrequenz ausgesteuert werden. Das in Bild 3-10
dargestellte Liniendiagramm veranschaulicht die Betriebsweise der
Stromrichterschaltung. Eine Stromregelung gestattet die Vorgabe von
Stromsollwerten, die jeweils aus einer Wirk- und Blindkomponente zu-
sammengesetzt werden. Über diese beiden Komponenten kann die Asynchronmaschine im Drehmoment und in der Blindleistung beeinflußt werden. Durch die Stromregelung werden die regelungstechnisch ungünstigen Kopplungen in der Zweifachregelung beseitigt. Ein elektronischer
Schlupffrequenzgeber ermittelt aus der Netzspannung und einer von der
Wellendrehzahl abgeleiteten Impulsfolge die jeweils erforderliche
Schlupffrequenz. Für den Einsatz der Kaskade mit Steuerumrichter gilt

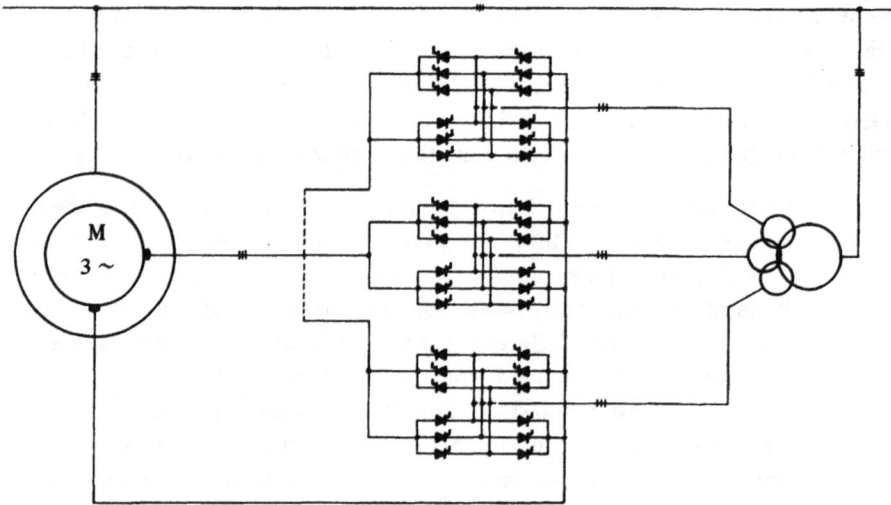

Bild 3-9: Prinzipschaltplan der Kaskade mit Steuerumrichter

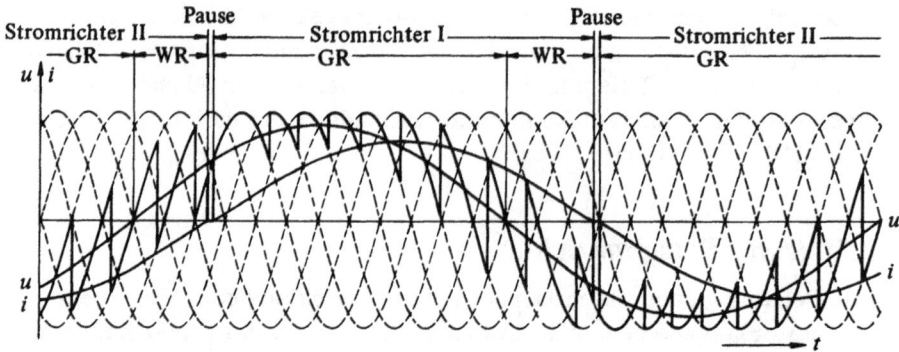

Bild 3-10: Zur Arbeitsweise des Steuerumrichters

GR — Gleichrichterbetrieb
WR — Wechselrichterbetrieb

das gleiche wie für die Drehstromkommutatorkaskade, wie überhaupt die beiden Schaltungen in ihrer prinzipiellen Wirkungsweise einander sehr ähnlich sind. Bei der Projektierung ist der Frage nach einem zweckmäßigen Schutz der Stromrichteranlage bei Netzstörungen besondere Aufmerksamkeit zu widmen.

Untersynchrone Stromrichterkaskade

Bei dieser Kaskadenschaltung, deren Prinzipschaltplan in Bild 3-11 dargestellt ist, werden Läuferspannung und Läuferstrom des Asynchronmotors zunächst in einer Brückenschaltung aus ungesteuerten Ventilen

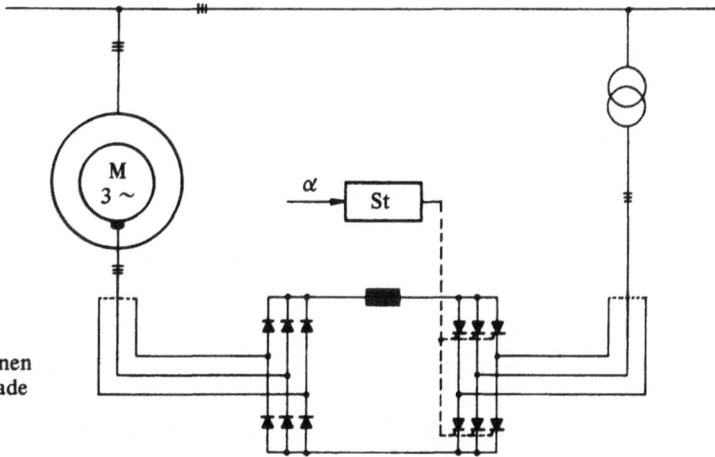

Bild 3-11:
Prinzipschaltplan
der Untersynchronen
Stromrichterkaskade

gleichgerichtet. Über eine zweite Brückenschaltung mit Thyristoren, die im Wechselrichterbetrieb arbeitet, wird die Schlupfleistung ins Netz zurückgespeist. Mit dem Wechselrichter wird eine Gegenspannung gebildet, mit deren je nach Aussteuerung veränderlicher Höhe sich die Drehzahl verlustarm beeinflussen läßt. Im allgemeinen wird der Strom im Gleichstromkreis durch eine Stromregelung geregelt, der eine Drehzahlregelung überlagert wird. Da der Energiefluß durch den Gleichrichter nur in einer Richtung möglich ist, läßt sich diese Kaskade nur untersynchron betreiben. Die Stromrichter der Kaskade müssen für die Schlupfleistung bemessen werden, die mit größer werdendem Drehzahlstellbereich ebenfalls immer größer wird. Die untersynchrone Stromrichterkaskade ist deshalb nur für einen begrenzten Drehzahlstellbereich wirtschaftlich, der etwa zwischen 100% und 50% der synchronen Drehzahl des verwendeten Asynchronmotors liegt.

Der Anwendungsbereich der Schaltung ist recht vielfältig. Insbesondere kommen Antriebe für Pumpen, Ventilatoren und Gebläse in Betracht, wo der begrenzte Drehzahlstellbereich ausreicht. Wesentlich ist auch, daß Schleifringläufermotoren hinsichtlich ihrer Wartung anspruchsloser sind als Gleichstrommotoren; dies kann eine Rolle spielen bei betrieblichen Erschwernissen wie z. B. große Luftfeuchtigkeit oder aggressive Atmosphäre in chemischen Betrieben. Eine Glättungsdrossel im Gleichstromzwischenkreis nimmt die von den Stromrichtern erzeugten Spannungsoberwellen auf und vermindert damit die effektive Strombelastung der Anlage. Trotzdem muß die Typenleistung des Motors mit Rücksicht auf die im Kaskadenbetrieb verwendete Gleichrichterschaltung um ca. 15% höher gewählt werden als der abgegebenen Motorleistung an der

Welle entspricht [45]. Außerdem ist die bei Herabsteuerung der Drehzahl verminderte Eigenbelüftung des Motors zu beachten.

3.1.3 Zweiphasen-Servomotoren

Über den Einsatz und die Aufgaben von Servomotoren wurde bei der Behandlung der Gleichstrom-Servomotoren im Abschnitt 2.2 bereits berichtet. Neben Gleichstrommotoren werden auch Asynchronmotoren als
Servomotoren eingesetzt, und auch hier unterscheiden sich die verwendeten Motoren deutlich von den sonst üblichen. Die Motoren besitzen
einen Kurzschlußläufer, der Ständer trägt eine Zweiphasenwicklung;
Bild 3-12 zeigt den Prinzipschaltplan des Motors. Die Spannungen u_1
und u_2 an den beiden Ständerwicklungen sind von gleicher Frequenz,
u_1 hat konstante Amplitude, u_2 ist in seiner Amplitude über einen Verstärker stetig verstellbar und dient als Stellgröße für die Einstellung
von Drehmoment und Drehzahl. Die beiden Spannungen sind um 90° gegeneinander phasenverschoben. Diese Phasenverschiebung kann durch
Vorschalten eines Kondensators vor die Wicklung 1 erreicht werden,
jedoch wird dann die Phasenverschiebung etwas durch den Belastungszustand des Motors beeinflußt. Eine andere Möglichkeit besteht darin,
den Verstärker mit einem entsprechenden Netzwerk zu versehen.

Bild 3-12:
Prinzipschaltplan des Zweiphasen-Servomotors

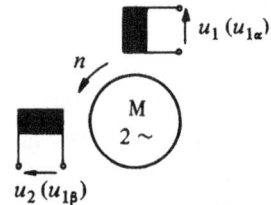

Die Wirkungsweise des Motors läßt sich leicht mit Hilfe der Drehfeld-
theorie erklären. Ist die Amplitude von u_2 ebenso groß wie die von u_1,
so entsteht - zwei gleiche Wicklungen vorausgesetzt - im Motor ein
symmetrisches Drehfeld, und es ergibt sich das beim Asynchronmotor
übliche Drehmoment-Drehzahlverhalten. Wird die Amplitude von u_2
verkleinert, so wird das Drehfeld elliptisch; man kann sich dieses el-
liptische Drehfeld in zwei symmetrische, gegensinnig umlaufende Drehfelder zerlegt denken, in ein größeres mitläufiges und ein kleineres ge-
genläufiges. Wird die Spannung u_2 Null, so ist nur noch ein stehendes
Wechselfeld vorhanden, das man sich in zwei gleichgroße, gegensinnig
umlaufende Drehfelder zerlegt denken kann. In diesem Falle liegen die
Betriebsverhältnisse des bekannten Einphasen-Asynchronmotors vor.

Einen Überblick über das Verhalten des Zweiphasen-Servomotors bei
verschieden großen Steuerspannungen u_2 erhält man, wenn man jeweils die Wirkung der beiden Einzeldrehfelder auf den Läufer bestimmt
und anschließend die beiden Drehmomentkurven addiert. Bild 3-13 zeigt
zunächst die Kennlinie des Motors bei symmetrischem Betrieb; der
Läuferwiderstand wird so groß bemessen, daß im motorischen Bereich
kein Kippmoment auftritt. Dies ergibt günstige Stellgliedeigenschaften,

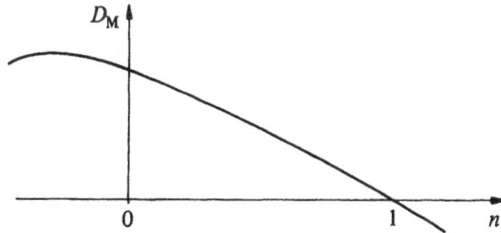

Bild 3-13:
Drehmoment-Drehzahlkennlinie des
Zweiphasen-Servomotors bei sym-
metrischem Betrieb

wie hohes Stillstandsmoment für Lageregelungen und Stabilität des Be-
triebsbereiches. In Bild 3-14 ist schließlich die Ermittlung der Drehmomentenkennlinie für $\hat{U}_2 < \hat{U}_1$ aus den beiden Einzelkennlinien vom
mit- und gegenläufigen Drehfeld skizziert. Wie man erkennt, ist durch
Verstellen von $\hat{u}_2$ eine echte Drehzahlsteuerung möglich; auch bei völlig unbelastetem Motor findet eine Bremsung auf den kleineren Drehzahl-
wert statt, wenn $\hat{u}_2$ während des Betriebes verkleinert wird. Sehr interessant ist, daß der Motor stehen bleibt, wenn während des Betriebes u_2 zu Null gemacht wird, wogegen man im allgemeinen gewohnt ist,
daß ein Asynchronmotor weiter läuft, wenn er in den Einphasenbetrieb
übergeht, z.B. beim Durchschmelzen einer Sicherung. Diese Erscheinung ist durch die Form der Drehmomentenkennlinien infolge des ver-
größerten Läuferwiderstandes bedingt. Bei einer Verschiebung der
Steuerspannung in der Phasenlage um 180° wird die Drehrichtung des
elliptischen Drehfeldes geändert, so daß auf diese Weise die Drehrichtung des Motors geändert werden kann. Aufgrund der vorstehenden

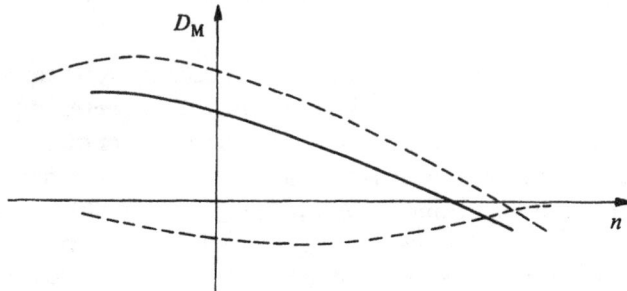

Bild 3-14:
Zusammensetzung der
Drehmomentenkenn-
linie aus den Kennli-
nien für Mit- und Ge-
genfeld

Überlegungen läßt sich schließlich das gesamte Kennlinienfeld des Zweiphasen-Servomotors für verschiedene Werte von $\hat{u}_2$ skizzieren, wie
dies in Bild 3-15 geschehen ist.

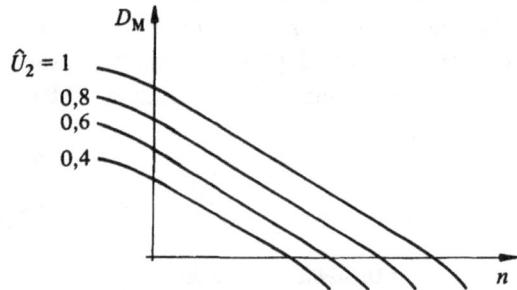

Bild 3-15:
Kennlinienfeld für verschiedene
Amplituden der Steuerspannung

Das hier angewandte Verfahren der Drehzahlsteuerung ist natürlich verlustbehaftet, die Schlupfleistung $P_\delta\,s$ fällt im Läufer als Verlustwärme
an. Wenn der Motor oft längere Zeit in der Nähe des Stillstandes mit
großem Drehmoment betrieben werden soll, kann eine Fremdbelüftung
erforderlich werden. Zweiphasen-Servomotoren werden nur für kleine
Leistungen eingesetzt, wo der schlechte Wirkungsgrad des Motors praktisch ohne Bedeutung ist. Ein großer Vorteil dieser Motoren ist, daß
keinerlei elektrische Verbindungen zum Läufer vorhanden sind, wie
Bürsten oder Schleifringe. Dies hat geringe Störanfälligkeit und kleine
Reibungskräfte zur Folge. Ein weiterer wichtiger Grund für den häufi-
gen Einsatz dieser Motoren ist, daß ein einfacher Wechselstromver-
stärker als Regler eingesetzt werden kann, wodurch die bei Gleich-
stromverstärkern vorhandenen Probleme der Nullpunktstabilität um-
gangen werden. In Verbindung mit Synchros liefert der Zweiphasen-
Servomotor die Möglichkeit zum Aufbau sehr einfacher Lageregelungen, bei denen sämtliche Signale innerhalb des Regelkreises Wechselspannungen sind. Es ist auch keine Diskriminatorschaltung zur Erfassung der Richtung nötig, wie z.B. eine phasenempfindliche Gleichrich-
tung, sondern der Motor übernimmt selbst diese Funktion, indem er
seine Drehrichtung ändert, wenn die Steuerspannung ihre Phasenlage
um 180° dreht.

Die beiden Wicklungen liegen räumlich verteilt im Ständer, wobei eine
möglichst weitgehende sinusförmige Feldverteilung angestrebt wird, da
räumliche Oberwellen in der Feldkurve unerwünschte Unregelmäßigkei-
ten in den Drehmomentenkennlinien zur Folge haben. Für den Läufer
sind drei verschiedene Ausführungsformen üblich. Neben dem Käfigläufer, der im allgemeinen zur Erzielung eines möglichst winkelunabhängigen Drehmomentes mit geschrägten Nuten ausgeführt wird, werden

auch Massivläufer eingesetzt, wobei das verwendete Material neben guten magnetischen Eigenschaften auch ausreichend hohe elektrische Leitfähigkeit aufweisen muß. Zur Erzielung eines kleinen Trägheitsmomentes werden die Läufer mit kleinem Durchmesser und entsprechend vergrößerter Länge hergestellt. Wenn besonderer Wert auf ein extrem niedriges Trägheitsmoment gelegt wird, kann man einen Motor mit Glokkenläufer einsetzen. Hier ist der Läufer als Hohlzylinder ausgebildet, er ragt in den Luftspalt zwischen dem Ständer und einem inneren, ebenfalls feststehenden Zylinder, der für den magnetischen Rückschluß sorgt, hinein. Bild 3-16 zeigt den prinzipiellen Aufbau eines derartigen Motors im Schnitt. Der Luftspalt des Motors mit Glockenläufer ist deutlich größer als bei Verwendung der beiden erstgenannten Läuferarten;

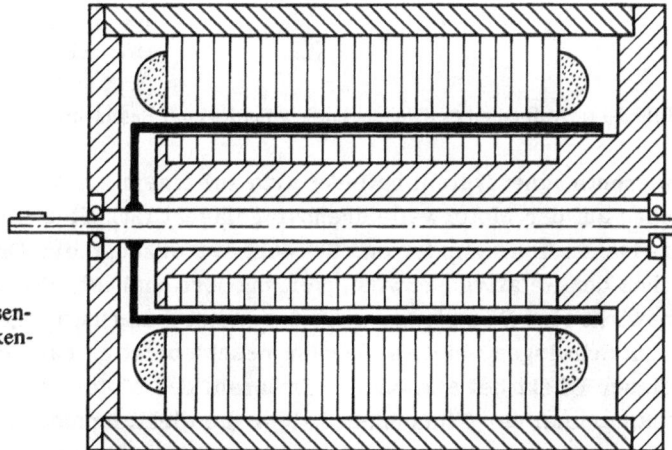

Bild 3-16:
Aufbau eines Zweiphasen-Servomotors mit Glockenläufer

deshalb ist das von einem Glockenläufermotor entwickelte Drehmoment verhältnismäßig klein. Da jedoch das Trägheitsmoment extrem niedrig gehalten wird, hat dieser Motor trotzdem ein wesentlich günstigeres Verhältnis Drehmoment : Trägheitsmoment aufzuweisen. Zu erwähnen wäre noch, daß die Zweiphasen-Servomotoren auch hin und wieder als Ferrarismotoren bezeichnet werden, nach dem von FERRARIS erstmals durchgeführten Versuch, bei dem eine Scheibe aus leitendem Material durch ein magnetisches Drehfeld in Rotation versetzt wird.

Schließlich sei noch eine weitere Ausführungsform erwähnt, ein Zweiphasen-Servomotor mit Beschleunigungsdämpfung; Bild 3-17 zeigt den Aufbau eines solchen Servomotors. Auf dem rechten Wellenende ist ein Hohlzylinder aus leitendem Material (Aluminium) angebracht, der in ein von Permanentmagneten erzeugtes Magnetfeld hineinragt. Das Per-

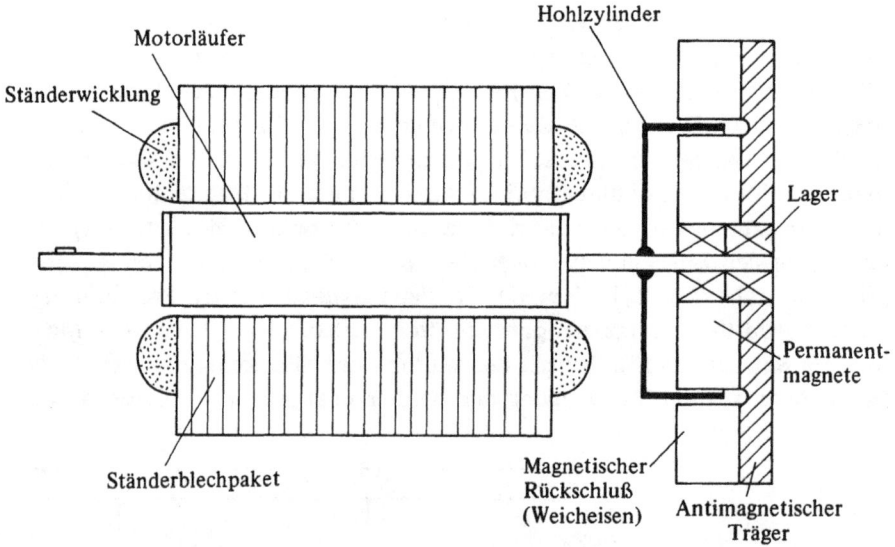

Bild 3-17: Aufbau eines Zweiphasen-Servomotors mit Beschleunigungsdämpfung

manentmagnetsystem befindet sich auf einem kleinen Schwungrad, welches auf der Motorwelle drehbar gelagert ist. Eine Drehzahldifferenz zwischen Hohlzylinder und Schwungrad erzeugt ein Drehmoment, welches der Relativgeschwindigkeit proportional ist. Dieses Drehmoment bewirkt eine Dämpfung, wenn der Motor innerhalb eines Regelkreises zum Schwingen neigt, außerdem beschleunigt es das Schwungrad, so daß dieser Effekt bei stationärer Drehzahl des Motors verschwindet. Wenn man einmal der Einfachheit halber die elektrischen Zeitkonstanten des Motors vernachlässigt und von einem Kennlinienfeld nach Bild 3-15 ausgeht, so läßt sich für das dynamische Verhalten des üblichen Zweiphasen-Servomotors das in Bild 3-18 dargestellte, vereinfachte Struk-

Bild 3-18:
Vereinfachtes Strukturbild des
Zweiphasen-Servomotors

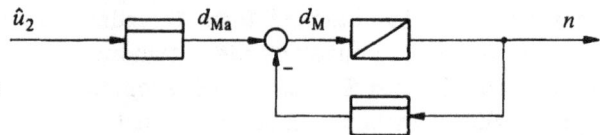

turbild aufstellen. Beim Motor mit Beschleunigungsdämpfung gilt für die Erzeugung des dämpfenden Drehmomentes

$$d_{MD} = c_1 \, (n - n_S),$$

wobei n die Motordrehzahl und n_S die Drehzahl des Schwungrades ist. Außerdem gilt

$$n_S = \frac{1}{2 \pi \Theta_S} \int\limits_0^t d_{MD}\, dt,$$

so daß der Zusammenhang zwischen d_{MD} und n durch ein VD-Glied gegeben ist.

$$d_{MD}(s) = \frac{k\,T\,s}{1 + T\,s}\, n(s). \qquad k = c_1; \quad T = \frac{2 \pi \Theta_S}{c_1}.$$

Damit ergibt sich das in Bild 3-19 dargestellte, vereinfachte Strukturbild des Servomotors mit Beschleunigungsdämpfung. In Bild 3-20 sind
die Frequenzkennlinien, die sich mit und ohne Beschleunigungsdämpfung
ergeben, einander gegenübergestellt. Man erkennt den für die Stabili-
sierung günstigen Einfluß der Beschleunigungsdämpfung im Hinblick auf
einen Einsatz des Motors in einem Lageregelkreis. Gegenüber der sonst
üblichen geschwindigkeitsproportionalen Rückführung über eine Ferraris-
tachomaschine hat diese Lösung den Vorteil, daß für kleine Frequenzen
die volle Verstärkung erhalten bleibt. Eine Verringerung der Bandbrei-
te, wie sie durch die Beschleunigungsdämpfung verursacht werden kann,
ist in den meisten Fällen sogar erwünscht, da eine unnötig große Band-
breite die Empfindlichkeit des Systems gegen hochfrequente Störungen
erhöht und außerdem zu Stabilitätsschwierigkeiten führen kann, da weitere kleine Zeitkonstanten (elektrische und mechanische) im System

Bild 3-19:
Vereinfachtes Strukturbild eines Servomotors mit Beschleunigungsdämpfung

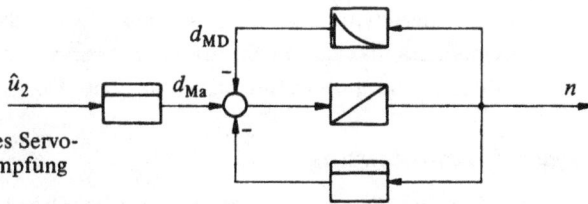

Bild 3-20:
Vergleich der Frequenz-
kennlinien

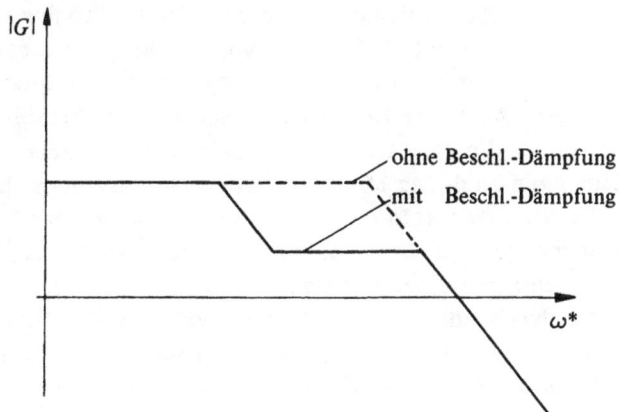

vorhanden sind, die bei der vorliegenden Betrachtung nicht berücksichtigt wurden.

3.1.4 Elektrisches Bremsen

Es gibt verschiedene Möglichkeiten, mit Asynchronmotoren Bremsmomente zu erzeugen, die im folgenden kurz diskutiert werden sollen.

Generatorische Bremsung

Bei Betrachtung der Drehmomenten-Drehzahlkennlinie in Bild 3-1 erkennt man, daß im übersynchronen Drehzahlbereich ein Bremsmoment entwickelt wird. Es handelt sich dabei um eine Nutzbremsung, das heißt, die an der Welle zugeführte mechanische Energie wird als elektrische Energie in das Netz abgegeben. Die Maschine gelangt in diesen Betriebsbereich, wenn das von außen an der Welle des Motors angreifende Drehmoment in Drehrichtung wirkt, wie es vorzugsweise im Hebezeugbetrieb beim Absenken von Lasten vorkommt. Außerdem tritt diese Betriebsart auf, wenn bei Speisung des Motors mit veränderlicher Frequenz die Frequenz während des Betriebes abgesenkt wird. Dann wird die Drehmomentenkennlinie relativ schnell nach links verschoben, der Motor bleibt wegen der Trägheit der rotierenden Schwungmassen zunächst auf seiner ursprünglichen Drehzahl und gelangt somit in den Bereich der übersynchronen Bremsung. Derselbe Vorgang tritt auf, wenn bei polumschaltbaren Motoren während des Betriebes auf eine höhere Polzahl umgeschaltet wird.

Gegenstrombremsung

Der Bereich der Gegenstrombremsung ist ebenfalls in Bild 3-1 eingezeichnet. Er ist dadurch gekennzeichnet, daß der Läufer des Motors gegen das Drehfeld läuft. Schaltungsmäßig kann dieser Betriebszustand durch Vertauschen zweier Zuleitungen des laufenden Motors hergestellt werden. Auch der Betrieb des Motors mit variabler Speisefrequenz bietet meist die Möglichkeit zur Änderung der Drehfeldrichtung. Schließlich kann auch der Motor durch ein entsprechend hohes äußeres Drehmoment gegen sein Drehfeld angetrieben werden. Dies kann leicht bei Hebezeugen vorkommen, wenn beispielsweise nach Lösen der mechanischen Bremse das Anlaufmoment des Motors nicht ausreicht, eine freischwebende Last anzuheben. Während die vorher genannte übersynchrone Bremsung nur im Bereich relativ hoher Drehzahlen durchgeführt werden kann, ist die Gegenstrombremsung auch im Bereich kleinster

Drehzahlen wirksam. Allerdings ist die Gegenstrombremsung keine Nutzbremsung, es entsteht eine verhältnismäßig hohe Verlustleistung in der Maschine, zumal der Schlupf ja hier Werte über Eins annimmt. Beim Schleifringläufermotor läßt sich durch äußere Widerstände die gewünschte Bremskennlinie einstellen, außerdem wird die anfallende Verlustwärme zum Teil aus dem Motor in die Widerstände verlagert. Zu beachten ist noch, daß der Motor nach erfolgtem Abbremsen die Tendenz hat, in Gegenrichtung wieder hochzulaufen.

Gleichstrombremsung

Die Gleichstrombremsung eignet sich besonders für das rasche Still-setzen von Asynchronmotoren. Die im Läuferkreis anfallende Verlust-wärme ist hier wesentlich geringer als beim Gegenstrombremsen. Die Maschine wird dabei vom Netz getrennt und der Ständer durch Gleich-strom erregt, bzw. bei Speisung über eine in der Frequenz verstellbare Stromrichterschaltung wird zur Frequenz Null übergegangen. Bei Spei-sung des Ständers aus einer einfachen Gleichspannungsquelle gibt es verschiedene Möglichkeiten zur Schaltung der Ständerwicklung; in je-dem Falle wird durch den Gleichstrom ein räumlich feststehendes Feld in der Maschine erzeugt, das eine Bremswirkung auf den rotierenden Läufer ausübt. Bei Stillstand tritt im Gegensatz zur Gegenstrombrem-sung kein Bremsmoment auf. Durch Veränderung der Gleichstromerre-gung und durch zusätzliche Läuferwiderstände beim Schleifringläufer kann das Bremsmoment auch während des Bremsvorganges variiert und mit Hilfe einer Regelung den Forderungen des Antriebssystems weit-gehend angepaßt werden. Der prinzipielle Verlauf der Bremsmoment-kennlinien für konstante Erregung und verschiedene Läuferwiderstände ist in Bild 3-21 skizziert. Bei einer Berechnung dieser Kennlinien muß die Sättigung der Maschine in Betracht gezogen werden.

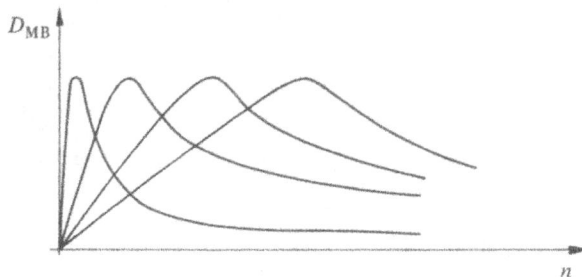

Bild 3-21:
Bremsmomentkennlinien
bei Gleichstrombremsung
des Asynchronmotors

Unsymmetrische Bremsschaltungen

Durch Speisung der Maschine mit einem unsymmetrischen Spannungssystem entsteht ein elliptisches Drehfeld, das sich in ein mit- und ge-
genläufiges Drehfeld zerlegen läßt. Bei entsprechender Unsymmetrie
lassen sich auf diese Weise Bremsmomente erzeugen. Eine Bremswirkung wird beispielsweise dann erreicht, wenn man einen Strang der
in Dreieckschaltung am Netz liegenden Ständerwicklung umpolt. Daneben gibt es noch eine ganze Reihe anderer Schaltungen; sie sind für geregelte Antriebe kaum von Interesse und werden hier nur der Vollständigkeit halber erwähnt. Die Berechnung der Bremskennlinien kann durch
Anwendung der Methode der Symmetrischen Komponenten erfolgen.

3.2 Allgemeines Gleichungssystem der Asynchronmaschine

3.2.1 Prinzipielle Probleme bei der mathematischen Behandlung von Drehstrommaschinen

Die wichtigsten Drehstrommaschinen sind die Asynchronmaschine und
die Synchronmaschine. Sie werden meist mit einer symmetrischen
Ständerwicklung ausgeführt, und hinsichtlich der Anordnung dieser Ständerwicklung unterscheiden sie sich nicht voneinander. Diese Drehstromwicklung besteht aus drei einzelnen Wicklungssträngen, die in bekannter Weise in Stern- oder Dreieckschaltung mit den drei Leitern des
Drehstromnetzes verbunden werden. Die Wicklung wird als verteilte
Wicklung längs des Luftspaltes untergebracht, so daß der gesamte Umfang mit Nuten und darin liegenden Leitern ausgefüllt ist; in Bild 3-22
ist die räumliche Verteilung der einzelnen Wicklungsstränge skizziert,
die fortan durch die Buchstaben a, b, c unterschieden werden sollen.

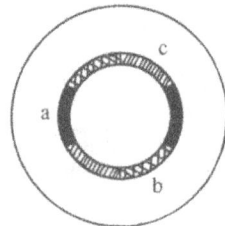

Bild 3-22:
Räumliche Verteilung einer Drehstromwicklung

Die Verteilung gilt für eine Maschine mit einem Polpaar; hier sind die
Wicklungen der einzelnen Stränge um 120 räumliche Grade gegenein-

ander versetzt, bei Maschinen mit Z_p Polpaaren sind sie um $\dfrac{120}{Z_p}$ räumliche Grade gegeneinander versetzt.

Infolge dieser verteilt angeordneten Wicklungen können die von diesen erzeugten Felder in ihrer rämlichen Verteilung längs des Luftspaltes mit guter Annäherung als sinusförmig angenommen werden, was eine wesentliche Erleichterung für die mathematische Erfassung der Zusammenhänge bedeutet. Man setzt daher bei der Untersuchung der dynamischen Vorgänge in Drehstrommaschinen im allgemeinen eine räumlich sinusförmige Feldverteilung voraus, vernachlässigt also die Oberwellenerscheinungen. Beim Zeichnen der Prinzipschaltpläne von Drehstrommaschinen benutzt man aber normalerweise nicht die in Bild 3-22 verwendete Art der Darstellung, sondern man stellt die einzelnen Wicklungsstränge schematisch als konzentrierte Wicklungen in den jeweiligen Wicklungsachsen dar. Bild 3-23 zeigt eine derartige schematische Darstellung der Wicklungsanordnung bei einer Asynchronmaschine mit Schleifringläufer, die ja im Läufer ebenfalls eine symmetrische Drehstromwicklung besitzt. Gleichzeitig sind die Zählpfeile für die einzelnen Strangspannungen und Strangströme eingetragen, wobei die Ständer- und Läufergrößen durch die Indizes 1 und 2 voneinander unterschieden werden. Entsprechende Stränge von Ständer und Läufer bilden den mit der Läuferstellung veränderlichen Winkel ϑ miteinander. Vor Beginn der weiteren Überlegungen sei noch erwähnt, daß die Eisensättigung vernachlässigt werden soll.

Die folgenden grundsätzlichen Überlegungen sollen am Beispiel der Asynchronmaschine mit Schleifringläufer aus Bild 3-23 angestellt wer-

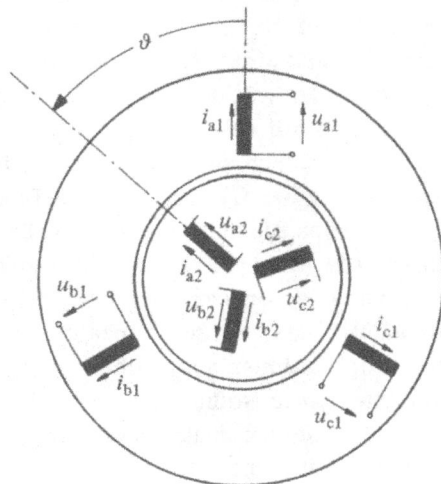

Bild 3-23:
Schematische Darstellung der Wicklungen
einer Asynchronmaschine

den. Zunächst wird man für die verschiedenen Stromkreise sechs verschiedene Spannungsgleichungen aufstellen, welche die prinzipielle Form

$$u = R\,i + \frac{\mathrm{d}\psi}{\mathrm{d}t} \tag{3.2}$$

haben, wobei ψ die Flußverkettung der betreffenden Phasenwicklung bedeutet. Schwieriger wird die Formulierung der Gleichungen für diese Flußverkettungen, denn der Fluß, den eine Phasenwicklung umfaßt, wird von der gemeinsamen Wirkung aller in der Maschine fließenden Ströme erzeugt. Alle Wicklungen der Maschine sind magnetisch miteinander verkettet, es sei denn, daß eine Ständer- und eine Läuferwicklung gerade senkrecht zueinander stehen. Es sei die Hauptinduktivität eines Wicklungsstranges mit l_h, seine Streuinduktivität mit l_σ bezeichnet, die Windungszahlen von Ständer und Läufer seien gleich. Hier sollen ausnahmsweise kleine Buchstaben verwendet werden, obwohl die Induktivitäten als konstant angenommen werden. Die entsprechenden Großbuchstaben sollen für die Drehfeldinduktivitäten reserviert werden, mit denen dann später ausschließlich gerechnet werden wird.

Unter der Voraussetzung, daß die Maschine hinsichtlich ihrer drei Stränge vollkommen symmetrisch aufgebaut ist, gilt dann beispielsweise für die Flußverkettung der Ständerwicklung a die Gleichung

$$\psi_{a1} = (l_h + l_\sigma)\,i_{a1} + l_h\,i_{b1}\,\cos\frac{2\,\pi}{3} + l_h\,i_{c1}\,\cos\frac{4\,\pi}{3} +$$

$$+\, l_h\,i_{a2}\,\cos\vartheta + l_h\,i_{b2}\,\cos\left(\vartheta + \frac{2\,\pi}{3}\right) + l_h\,i_{c2}\,\cos\left(\vartheta - \frac{2\,\pi}{3}\right). \tag{3.3}$$

In entsprechender Form ergeben sich die Gleichungen für die Flußverkettungen der übrigen fünf Stränge. Man erkennt, daß diese Flußgleichungen stark nichtlinear sind; sie enthalten in großer Anzahl Cosinusfunktionen des mit der Läuferstellung veränderlichen Winkels ϑ, die zudem noch mit den zeitlich veränderlichen Strömen multipliziert werden. Es ist schon an dieser Stelle leicht einzusehen, daß eine geschlossene Lösung der Gleichungen von Drehstrommaschinen für den allgemeinen, dynamischen Fall nicht möglich sein wird. Betrachtet man aber einmal die bisher diskutierten Flußgleichungen im Hinblick auf eine Simulation, so erkennt man, daß neben der Bildung einer Reihe von Cosinusfunktionen, deren Frequenz von der Drehzahl abhängt, insgesamt 18 Multiplikationen ausgeführt werden müssen. Abgesehen davon käme noch eine ganze Reihe weiterer Produkte bei der Drehmomentenbildung hinzu. Die Nachbildung einer einzigen Asynchronmaschine würde also sehr aufwendig und würde sehr viel Rechnerkapazität erfordern.

Abgesehen davon müßten an die Nachbildung drei zeitlich gegeneinander versetzte Wechselspannungen mit der entsprechenden Netzfrequenz gelegt werden, deren Erzeugung auch einen gewissen Aufwand erfordert. Dabei ist die Asynchronmaschine noch eine Maschine, die in ihrem Aufbau völlig symmetrisch ist und einen konstanten Luftspalt besitzt. Bei der synchronen Schenkelpolmaschine dagegen sind die Verhältnisse noch komplizierter. Bisher konnte man die Induktivitäten der einzelnen Wicklungen bei Vernachlässigung der Eisensättigung als konstant ansehen. Bei der Synchronmaschine mit ausgeprägten Polen ist jedoch kein konstanter Luftspalt mehr vorhanden, so daß hier die Induktivitäten der Ständerwicklung ebenfalls von der Stellung des Läufers abhängig sind, und zwar ändern sie sich periodisch mit dem Winkel 2ϑ zwischen einem Maximal- und einem Minimalwert, je nachdem, ob sich die Polachse oder die Pollücke in der Wicklungsache befindet.

Diese Betrachtungen zeigen schon, daß die Gleichungen von Drehstrommaschinen in ihrem Aufbau wesentlich komplizierter sind als die der Gleichstrommaschinen. Das liegt nicht so sehr an der größeren Anzahl der Wicklungen und Stromkreise, sondern vor allem daran, daß hier die magnetische Kopplung einer ganzen Reihe von Wicklungen beschrieben werden muß, deren Lage zueinander veränderlich ist. Bei der Gleichstrommaschine dagegen hatte man es immer nur mit räumlich feststehenden Wicklungen zu tun, denn auch die Ankerwicklung konnte immer als in der Bürstenachse fest angeordnete, konzentrierte Wicklung aufgefaßt werden. Diese größere Kompliziertheit des Gleichungssystems hat zur Folge, daß auch der Aufwand bei der Gewinnung von Lösungen für dynamische Vorgänge bei Drehstrommaschinen größer ist als bei Gleichstrommaschinen. Im allgemeinen sind hier zunächst erst einmal gewisse mathematische Operationen erforderlich, die das ursprüngliche Gleichungssystem in eine geeignetere Form bringen, bevor man an seine eigentliche Lösung herangehen kann.

Ein erster Schritt in dieser Richtung ist die Anwendung der Methode der Raumvektoren, die in der hier verwendeten Form von KOVACS [6] eingeführt wurde. Dieser Methode liegt die Überlegung zugrunde, daß durch das Zusammenwirken der einzelnen Stranggrößen letzten Endes nur eine resultierende Größe entsteht und daß die Berechnung einfacher und übersichtlicher wird, wenn man nur diese resultierenden Drehstromgrößen betrachtet, zu denen sich die einzelnen Phasengrößen zusammensetzen. So setzen sich beispielsweise die von den einzelnen Wicklungen bei stationärem und symmetrischem Betrieb erzeugten Felder zu einem resultierenden Drehfeld zusammen, welches mit konstanter Amplitude und einer der Netzfrequenz entsprechenden Drehzahl in der Maschine umläuft. Da die Felder der Einzelwicklungen als räumlich sinusförmig verlaufend vorausgesetzt wurden, wird auch das resultierende Feld einen räumlich sinusförmigen Verlauf haben. Dieses Feld läßt sich, auch für nichtstationäre Vorgänge, durch einen einzigen Vektor beschreiben, dessen Lage den jeweiligen Ort der höchsten Induktion angibt und dessen Betrag diesem Höchstwert entspricht; diesen Vektor müßte man sich räumlich, in der Maschine liegend, vorstellen. Es erweist sich als vorteilhaft, wenn man ebenso wie die Felder auch die sie erzeugenden Durchflutungen und die zugehörigen Ströme sowie die an den Wicklungen liegenden Spannungen durch derartige Raumvektoren beschreibt. Diese Vektoren liegen alle in einer gemeinsamen Ebene, die senkrecht auf der Welle der Maschine steht, da die Feldverteilung in der Längsachse als unveränderlich angesehen werden kann. Aus diesem Grunde ist es möglich, diese Raumvektoren als komplexe Veränderliche darzustellen und beim Umgang mit diesen die komplexe Rechnung mit all ihren Vorzügen zu benutzen.

In Bild 3-24 wird die Maschinenebene als komplexe Zahlenebene aufgefaßt, wobei deren reelle Achse mit der Wicklungsache der Phasenwicklung a der zu betrachtenden Drehstromwicklung zusammenfällt. Die räumliche Lage der einzelnen Wicklungen ist im Bild eingezeichnet, ebenso die jeweiligen positiven Zählrichtungen für die Ströme, Durchflutungen, Felder und Spannungen. Eine bestimmte Stromverteilung in der Drehstromwicklung läßt sich nun also nach den obigen Ausführungen durch Raumvektoren i_a, i_b, i_c der Ströme darstellen, die immer in den Wicklungsachsen der zugehörigen Phasenwicklungen liegen. Bei der hier angenommenen Stromverteilung haben i_a und i_c po-

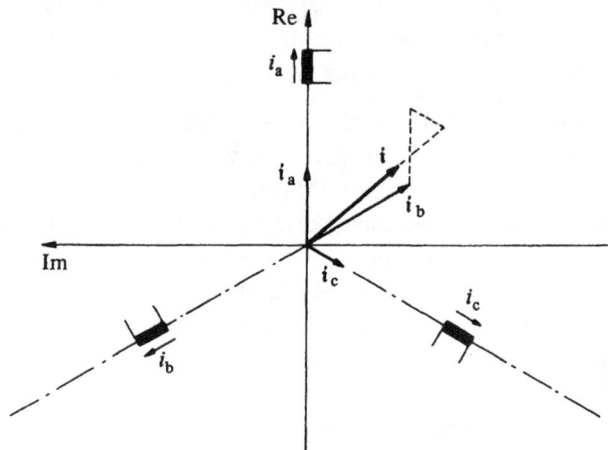

Bild 3-24:
Bildung eines resultierenden Stromvektors i

sitive Werte, während i_b negativ ist. Die Werte der Ströme kommen in der Länge der Vektoren zum Ausdruck. Diese Einzelvektoren setzen sich zu einem resultierenden Stromvektor zusammen; im Bild ist diese geometrische Addition ebenfalls durchgeführt. Es hat sich als zweckmäßig erwiesen, bei der geometrischen Addition der Einzelvektoren zu dem resultierenden Stromvektor $\mathfrak{i}$ noch den Faktor $\frac{2}{3}$ einzuführen, so daß

$$\mathfrak{i} = \frac{2}{3} (\mathfrak{i}_a + \mathfrak{i}_b + \mathfrak{i}_c) \tag{3.4}$$

ist. Die Einführung dieses Faktors bietet gewisse Vorteile bei der späteren Aufstellung der Leistungs- und Drehmomentengleichungen. Außerdem hat er zur Folge, daß die Projektion des resultierenden Stromvektors auf die verschiedenen Wicklungsachsen gerade den Vektor der betreffenden Wicklung liefert, wie im Bild auch zu erkennen ist; das gilt allerdings nur, solange die Summe der drei Strangströme gleich Null ist, also bei Sternschaltung ohne Nulleiter oder symmetrischem Betrieb der Maschine. Falls ein Nullstrom vorhanden ist, so liefert er einerseits keinen Beitrag zu dem resultierenden Stromvektor, ist aber andererseits in den Werten der einzelnen Strangströme enthalten.

In Bild 3-24 ist keinerlei zeitliche Veränderlichkeit der Ströme berücksichtigt; bei der angenommenen Stromverteilung kann es sich ebensogut um Gleichströme handeln wie um die Darstellung eines bestimmten Augenblickzustandes. Die obigen Betrachtungen beziehen sich vielmehr einzig und allein auf die räumliche Auswirkung der verschiedenen Veränderlichen, und deshalb müssen die hier eingeführten Raumvektoren ganz klar unterschieden werden von den in Zeigerdiagrammen verwendeten Zeigern, die dort zur Beschreibung des Zeitverlaufes der Größen dienen und im allgemeinen nur für stationäre Betriebsverhältnisse anwendbar sind. Bei der Einführung der Raumvektoren dagegen wurden in dieser Beziehung keinerlei Einschränkungen gemacht, sie lassen sich bei beliebigem zeitlichen Verlauf der Phasengrößen anwenden.

Die mathematische Beschreibung der in Bild 3-24 dargestellten Zusammenhänge liefert eine Beziehung zwischen dem resultierenden Raumvektor $\mathfrak{i}$ und den Augenblickswerten der Ströme i_a, i_b, i_c. Es gilt

$$\mathfrak{i} = \operatorname{Re} \mathfrak{i} + j \operatorname{Im} \mathfrak{i}, \tag{3.5}$$

$$\mathfrak{i} = \frac{2}{3} \left(i_a + i_b \cos \frac{2\pi}{3} + i_c \cos \frac{4\pi}{3} \right) + j \frac{2}{3} \left(i_b \sin \frac{2\pi}{3} + i_c \sin \frac{4\pi}{3} \right). \tag{3.6}$$

Unter Anwendung der Eulerschen Formel ergibt sich daraus

$$i = \frac{2}{3}(i_a + a\, i_b + a^2\, i_c) \tag{3.7}$$

mit $a = e^{j\frac{2\pi}{3}}$.

Ganz entsprechende Beziehungen gelten auch für die übrigen Veränderlichen, also

$$\vec{\psi} = \frac{2}{3}(\psi_a + a\,\psi_b + a^2\,\psi_c), \tag{3.8}$$

$$u = \frac{2}{3}(u_a + a\, u_b + a^2\, u_c). \tag{3.9}$$

Die Zusammenfassung der Stranggrößen zu resultierenden Raumvektoren ist nur der erste Schritt bei dem Bestreben, die ursprünglichen Gleichungen der Drehstrommaschine in eine für die Lösung geeignetere Form zu überführen. Bisher wurde für die mathematische Beschreibung der Raumvektoren ein Koordinatensystem verwendet, das mit der betreffenden Drehstromwicklung fest verbunden war. Oft ist es jedoch zweckmäßig, in ein gegenüber der Wicklung bewegliches Koordinatensystem überzugehen. In Bild 3-25 ist neben dem bisher benutzten, festen Koordinatensystem ein zweites System eingezeichnet, das mit dem ursprünglichen den zeitlich veränderlichen Winkel γ bildet und daher mit der Winkelgeschwindigkeit $\dfrac{d\gamma}{dt}$ im Raume umläuft. Die Bildebene ist wie immer als Maschinenebene senkrecht zur Maschinenwelle aufzufassen, und der eingezeichnete Stromvektor i stellt die resultierende Wirkung der Phasenströme einer Drehstromwicklung dar. Er wird durch die Gleichung (3.7) beschrieben, also unter Zugrundelegung des

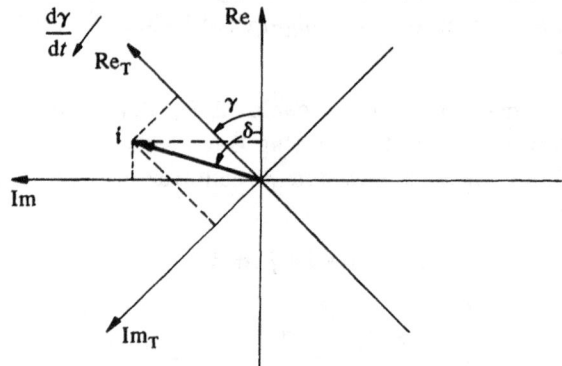

Bild 3-25:
Transformation eines Raumvektors in ein neues Koordinatensystem

festen Koordinatensystems, mit dessen reeller Achse er den Winkel δ bilden möge. Der Stromvektor i besitzt eine reelle und eine imaginäre Komponente, also

$$i \;=\; |i|\,(\cos \delta + j \sin \delta) \;=\; |i|\; e^{j\delta}.$$

Bei der Darstellung im rotierenden Koordinatensystem, wobei diese durch den Index T kenntlich gemacht werden soll, gilt entsprechend die Beziehung

$$i_T \;=\; |i|\,[\cos (\delta - \gamma) + j \sin (\delta - \gamma)] \;=\; |i|\; e^{j\delta}\, e^{-j\gamma}.$$

Aus dem Vergleich der beiden Gleichungen folgt

$$i_T \;=\; i\; e^{-j\gamma}. \tag{3.10}$$

Diese Gleichung stellt somit die Transformationsformel dar, mit deren Hilfe die Raumvektoren von dem ursprünglichen Koordinatensystem in ein neues transformiert werden können, welches mit diesem den Winkel γ bildet; der Winkel γ kann dabei zeitlich veränderlich sein. Entsprechende Transformationsgleichungen gelten natürlich auch für die Spannungs- und Flußvektoren.

Die Wahl des neuen Koordinatensystems erfolgt im Hinblick auf die zu erwartende Vereinfachung bzw. die leichtere Handhabung des Gleichungssystems. Beispielsweise ist leicht einzusehen, daß beim Übergang in ein mit synchroner Winkelgeschwindigkeit rotierendes System die Raumvektoren bei stationärem Betrieb in diesem System stillstehen, so daß also die zeitliche Veränderlichkeit der Variablen beseitigt wird. Noch wesentlich wertvollere Dienste leistet eine geschickt gewählte Koordinatentransformation bezüglich der weiter oben geschilderten Schwierigkeiten, die durch die veränderliche magnetische Kopplung zwischen Ständer- und Läuferwicklungen zustande kommen. Hier zeigt es sich, daß die gemeinsame Darstellung aller Raumvektoren in einem einzigen Koordinatensystem wesentliche Vereinfachungen mit sich bringt. Dies wird bei der weiter unten folgenden Aufstellung der Gleichungen und Strukturbilder noch deutlicher ersichtlich werden.

Natürlich ist es auch möglich, die oben angedeutete Vorgehensweise als rein formale mathematische Operation darzustellen, ohne Einführung des Raumvektors und ohne die Deutung als Koordinatentransformationen. Jedoch ist insbesondere bei einer Einarbeitung in dieses Gebiet die Anschaulichkeit dieser Darstellung von großem Wert. Sie vermittelt eine schnellere Einsicht in das Verfahren und erleichtert das Auffinden der am besten geeigneten Transformation für die verschiedenen Maschinen erheblich. Grundsätzlich wäre noch zu bemerken, daß unabhängig von der Art der Darstellung durch die Anwendung derartiger Transformationen neue Veränderliche eingeführt werden, also fiktive Spannungen, Ströme und Flüsse, die mit den tatsächlich meßbaren Größen nur in einem mehr oder weniger verwickelten Zusammenhang stehen.

3.2.2 Die Verwendung bezogener Größen

Bei der Untersuchung und gleichungsmäßigen Darstellung des Betriebsverhaltens elektrischer Maschinen werden häufig bezogene Größen verwendet, weniger bei der Betrachtung von Gleichstrommaschinen, sondern vor allem bei der Behandlung von Drehstrommaschinen, und hier insbesondere bei der Synchronmaschine. Gerade bei dieser Maschine wurde das System der bezogenen Größen erstmals verwendet, und zwar in Amerika von DOHERTY und NICKLE, wo es dann insbesondere von PARK und ROBERTSON weiter ausgebaut wurde. Inzwischen hat es in starkem Maße Eingang in die einschlägige Literatur gefunden, und man findet auch im deutschen Schrifttum häufig die aus dem Amerikanischen übernommene Bezeichnung *"per-unit-System"* oder man spricht von *"per-unit-Werten"*.

Bei Anwendung dieses Systems werden alle Größen durch passend gewählte Bezugsgrößen gleicher Dimension dividiert und auf diese Weise in dimensionslose, bezogene Größen umgewandelt. Als Bezugsgrößen werden in erster Linie die Nenndaten der Maschine sowie aus diesen abgeleitete Größen verwendet. Die Vorteile eines derartigen "Nenndatenbezugssystems" bestehen darin, daß die interessierenden Größen sich, unabhängig von der Größe der Maschine, stets nur in einem relativ engen, für sie charakteristischen Bereich von Zahlenwerten bewegen. Auf diese Weise nehmen durchgeführte Rechnungen auch einen allgemeinen Charakter an, und die Rechenergebnisse können als Näherungen für andere Maschinen angesehen werden. Abgesehen davon ergeben sich Vereinfachungen im Aufbau mancher Gleichungen und damit eine größere Übersichtlichkeit. Allerdings besteht keine Möglichkeit mehr, mit Hilfe der Dimensionen die Richtigkeit der Gleichungen zu kontrollieren. Es können im Gegenteil dabei Gleichungen entstehen, die bei einer ersten Beschäftigung mit dem Problemkreis gewisse Schwierigkeiten bereiten, weil sie dimensionsmäßig falsch zu sein scheinen. Trotzdem hat sich dieses System wegen der genannten Vorteile weitgehend Eingang in die Literatur über die Dynamik der Drehstrommaschinen verschafft.

Die wichtigsten Bezugsgrößen, die im Schrifttum im allgemeinen verwendet werden und die auch in den folgenden Kapiteln benutzt werden sollen, seien im folgenden zusammengestellt. Nach einer Zusammenstellung bei LAIBLE [144] werden in erster Linie verwendet:

Die Amplitude der Ständernennspannung und des Ständernennstromes (Strangspannung und Strangstrom) für alle Spannungen und Ströme, also $U_n \sqrt{2}$ und $I_n \sqrt{2}$.

Die Flußverkettung $U_n \sqrt{2}/2 \pi f_n$ für alle Flußverkettungen.

Die Nennimpedanz $Z_n = U_n/I_n$ für alle Widerstände, Reaktanzen und Impedanzen.

Die Nennscheinleistung $3 U_n I_n$ für alle Wirk-, Blind- und Scheinleistungen.

Das einer Wirkleistung von $3 U_n I_n$ bei synchroner Drehzahl entsprechende Drehmoment für alle Drehmomente.

Die synchrone Drehzahl der Maschine für alle Drehzahlen sowie die der Nennfrequenz f_n entsprechende synchrone Winkelgeschwindigkeit (elektr. Winkel) für alle Winkelgeschwindigkeiten.

Außerdem wird mit einer bezogenen Zeit gerechnet, wobei als Bezugswert die Zeiteinheit $1/2 \pi f_n$ verwendet wird; das ist die Zeit, die der Läufer einer im Synchronismus befindlichen Maschine benötigt, um einen elektrischen Winkel von 1 Radian zurückzulegen.

Bei der Asynchronmaschine wird man alle Läufergrößen grundsätzlich auf die Primärseite umrechnen, also immer eine Maschine mit dem Übersetzungsverhältnis $\ddot{u} = 1$ betrachten. Somit ist es zweckmäßig, für die Läufergrößen die gleichen Bezugswerte zu benutzen wie für die Ständergrößen, also die Ständernennwerte. In der gleichen Weise kann man mit der Dämpferwicklung der Synchronmaschine verfahren. Lediglich bei der Feldwicklung der Synchronmaschine sind einige zusätzliche Überlegungen und Umrechnungen erforderlich, die jedoch erst bei der Behandlung dieser Maschine durchgeführt werden sollen.

Die Benutzung der Maximalwerte als Bezugswerte für die Spannungen und Ströme erscheint auf den ersten Blick etwas umständlich. Sie ist jedoch recht zweckmäßig, wenn man bedenkt, daß bei der Anwendung des Raumvektors dessen Betrag im stationären Betrieb immer dem Maximalwert der betreffenden Phasengröße entspricht. Deshalb haben die Raumvektoren dann auch den Betrag Eins bei Nennbetrieb, während sonst der Faktor $\sqrt{2}$ auftreten würde, wenn man die Effektivwerte, die ja wesentlich geläufiger sind, als Bezugswerte gewählt hätte.

Die Einführung dimensionsloser, bezogener Größen hat unmittelbar nichts mit der Behandlung dynamischer Vorgänge in elektrischen Maschinen zu tun und ist hierzu nicht unbedingt erforderlich. Ihre Benutzung empfiehlt sich lediglich wegen der bereits geschilderten Vorteile. Bei der Behandlung der Gleichstrommaschine wurde nicht damit gearbeitet, dort ist es auch weniger üblich. Bei der folgenden Beschäftigung mit Drehstrommaschinen soll weitgehend davon Gebrauch gemacht werden. Eine rein äußerliche Unterscheidung der bezogenen Größen von den echten durch die Schreibweise der Buchstaben bereitet Schwierigkeiten und soll daher vermieden werden. Dafür sollen die in bezogenen Größen geschriebenen Gleichungen durch die Abkürzung p. u. (*per unit*) bei der Gleichungsnummer gekennzeichnet werden.

3.2.3 Die Gleichungen der Asynchronmaschine

Bei der folgenden Aufstellung der Gleichungen wird von Bild 3-23 und den dort eingetragenen Bezeichnungen ausgegangen. Es wird angenommen, daß die Maschine hinsichtlich der drei Stränge vollkommen symmetrisch aufgebaut ist, die Eisensättigung und die Eisenverluste werden vernachlässigt. Weiterhin wird vorausgesetzt, daß räumlich sinusförmig verteilte Durchflutungen und Felder in der Maschine vorhanden sind und daß die ohmschen Widerstände der einzelnen Stromkreise konstant sind. Die genannten idealisierenden Annahmen sind nötig, wenn man zu einer übersichtlichen und nicht zu umfangreichen Darstellung kommen will. Sie sind allgemein üblich und führen im allgemeinen auch zu recht guten Ergebnissen.

Zunächst gelten für die einzelnen Stromkreise von Ständer und Läufer die folgenden Spannungsgleichungen.

Ständer:

$$u_{a1} = R_1 \, i_{a1} + \frac{d\psi_{a1}}{dt},$$

$$u_{b1} = R_1 \, i_{b1} + \frac{d\psi_{b1}}{dt}, \qquad\qquad (3.11)$$

$$u_{c1} = R_1 \, i_{c1} + \frac{d\psi_{c1}}{dt}.$$

Läufer:

$$u_{a2} = R_2\, i_{a2} + \frac{\mathrm{d}\psi_{a2}}{\mathrm{d}t}\,,$$

$$u_{b2} = R_2\, i_{b2} + \frac{\mathrm{d}\psi_{b2}}{\mathrm{d}t}\,, \qquad\qquad (3.12)$$

$$u_{c2} = R_2\, i_{c2} + \frac{\mathrm{d}\psi_{c2}}{\mathrm{d}t}\,.$$

Die Hauptinduktivität eines Wicklungsstranges soll mit l, seine Streu-induktivität mit l_σ bezeichnet werden, alle Läufergrößen seien von vorneherein auf die Ständerseite umgerechnet. Bei der Aufstellung der Gleichungen für die Flußverkettungen ist zu beachten, daß die Flußverkettung eines Stranges durch die gemeinsame Wirkung aller sechs Strangströme zustande kommt.

Ständer:

$$\psi_{a1} = (l+l_{\sigma1})\, i_{a1} - \frac{l}{2}\, i_{b1} - \frac{l}{2}\, i_{c1} + l\left[i_{a2}\,\cos\vartheta + i_{b2}\,\cos\left(\vartheta + \frac{2\pi}{3}\right) +\right.$$
$$\left. + i_{c2}\,\cos\left(\vartheta - \frac{2\pi}{3}\right)\right],$$

$$\psi_{b1} = (l+l_{\sigma1})\, i_{b1} - \frac{l}{2}\, i_{a1} - \frac{l}{2}\, i_{c1} + l\left[i_{a2}\,\cos\left(\vartheta - \frac{2\pi}{3}\right) +\right.$$
$$\left. + i_{b2}\,\cos\vartheta + i_{c2}\,\cos\left(\vartheta + \frac{2\pi}{3}\right)\right], \qquad (3.13)$$

$$\psi_{c1} = (l+l_{\sigma1})\, i_{c1} - \frac{l}{2}\, i_{a1} - \frac{l}{2}\, i_{b1} + l\left[i_{a2}\,\cos\left(\vartheta + \frac{2\pi}{3}\right) +\right.$$
$$\left. + i_{b2}\,\cos\left(\vartheta - \frac{2\pi}{3}\right) + i_{c2}\,\cos\vartheta\right].$$

Läufer:

$$\psi_{a2} = (l+l_{\sigma2})\, i_{a2} - \frac{l}{2}\, i_{b2} - \frac{l}{2}\, i_{c2} + l\left[i_{a1}\,\cos\vartheta + i_{b1}\,\cos\left(\vartheta - \frac{2\pi}{3}\right) +\right.$$
$$\left. + i_{c1}\,\cos\left(\vartheta + \frac{2\pi}{3}\right)\right],$$

$$\psi_{b2} = (l+l_{\sigma2})\, i_{b2} - \frac{l}{2}\, i_{c2} - \frac{l}{2}\, i_{a2} + l\left[i_{a1}\, \cos\left(\vartheta+\frac{2\,\pi}{3}\right) + \right.$$

$$\left. + i_{b1}\, \cos\vartheta + i_{c1}\, \cos\left(\vartheta-\frac{2\,\pi}{3}\right) \right], \tag{3.14}$$

$$\psi_{c2} = (l+l_{\sigma2})\, i_{c2} - \frac{l}{2}\, i_{a2} - \frac{l}{2}\, i_{b2} + l\left[i_{a1}\, \cos\left(\vartheta-\frac{2\,\pi}{3}\right) + \right.$$

$$\left. + i_{b1}\, \cos\left(\vartheta+\frac{2\,\pi}{3}\right) + i_{c1}\, \cos\vartheta \right].$$

Nun werden die Phasengrößen zu resultierenden Raumvektoren zusammengefaßt, wie im Abschnitt 3.2.1 beschrieben wurde. Multipliziert man bei den Gleichungen (3.11) und (3.12) jeweils die erste mit $\frac{2}{3}$, die zweite mit $\frac{2}{3}\,\mathfrak{a}$ und die dritte mit $\frac{2}{3}\,\mathfrak{a}^2$, so erhält man nach Aufsummieren der Gleichungen die beiden folgenden komplexen Spannungsgleichungen für Ständer und Läufer.

$$\mathfrak{u}_1 = R_1\, \mathfrak{i}_1 + \frac{d\vec{\psi}_1}{dt}, \tag{3.15}$$

$$\mathfrak{u}_2 = R_2\, \mathfrak{i}_2 + \frac{d\vec{\psi}_2}{dt}. \tag{3.16}$$

Etwas umständlicher wird die Rechnung bei den Flußverkettungen; auch hier wird die genannte Multiplikation und Summation durchgeführt. Führt man außerdem die Drehfeldinduktivitäten

$$L = \frac{3}{2}\, l + l_\sigma \tag{3.17}$$

und

$$L_h = \frac{3}{2}\, l \tag{3.18}$$

ein, so erhält man nach einer nicht weiter schwierigen Zwischenrechnung die resultierenden Flußvektoren von Ständer und Läufer.

$$\vec{\psi}_1 = L_1\, \mathfrak{i}_1 + L_h\, \mathfrak{i}_2\, e^{j\vartheta}, \tag{3.19}$$

$$\vec{\psi}_2 = L_2\, \mathfrak{i}_2 + L_h\, \mathfrak{i}_1\, e^{-j\vartheta}. \tag{3.20}$$

Es sei daran erinnert, daß für die Darstellung der Ständer- und Läufer-fervektoren verschiedene, mit den jeweiligen Wicklungen fest verbun-

dene Koordinatensysteme verwendet werden. Die erwähnten Schwierigkeiten bei der Weiterbehandlung der Gleichungen, die durch die mit der
Läuferstellung veränderliche magnetische Kopplung zwischen Ständer-
und Läuferwicklungen verursacht werden, kommen in den Flußgleichungen durch den Faktor $e^{j\vartheta}$ bzw. $e^{-j\vartheta}$ zum Ausdruck.

Das auf eine Drehstromwicklung ausgeübte Drehmoment ist dem vektoriellen Produkt aus ihrem Strom- und Flußverkettungsvektor proportional, wie beispielsweise in [6] ausführlich abgeleitet wird. Das Drehmoment des Asychronmotors läßt sich demnach in der folgenden Form
angeben.

$$d_{\mathrm{M}} = \frac{3}{2} Z_{\mathrm{p}} \, \vec{\psi}_1 \times \vec{i}_1 = -\frac{3}{2} Z_{\mathrm{p}} \, \vec{\psi}_2 \times \vec{i}_2 \; *).$$
(3.21)

Dabei ist Z_{p} die Polpaarzahl der Maschine, und die beiden Vektoren
sind jeweils im gleichen Koordinatensystem anzuschreiben. Bei der
Weiterbehandlung der Gleichungen wird man von der Vektordarstel-
lung ab- und zu reellen Größen übergehen. Bei dem in der Drehmomentengleichung auftretenden vektoriellen Produkt der komplexen
Vektoren kann man dies mit Hilfe einer der folgenden Formeln erreichen.

$$\vec{\psi} \times \vec{i} = \mathrm{Im} \, (\widetilde{\vec{\psi}} \, \vec{i}) = -\mathrm{Im} \, (\vec{\psi} \, \widetilde{\vec{i}}) = \mathrm{Re} \, (-j\widetilde{\vec{\psi}} \, \vec{i}) = \mathrm{Re} \, (j\vec{\psi} \, \widetilde{\vec{i}}). \quad (3.22)$$

Durch das Zeichen $\sim$ soll der "konjugiert komplexe Vektor" bezeichnet werden.

Nun fehlt lediglich noch die Bewegungsgleichung, die ebenso wie schon
beim Gleichstrommotor durch die Beziehung

$$d_{\mathrm{M}} - d_{\mathrm{L}} = 2 \pi \Theta \frac{\mathrm{d}n}{\mathrm{d}t}$$
(3.23)

gegeben ist.

An dieser Stelle soll nun aber für das weitere Arbeiten mit den Gleichungen des Asynchronmotors zu bezogenen Größen übergegangen werden, wie im Abschnitt 3.2.2 bereits erläutert und angekündigt. Bei
den Spannungsgleichungen hat dies keinerlei Veränderungen zur Folge,
bei den Flußgleichungen treten an die Stelle der Induktivitäten die entsprechenden Reaktanzen bei Nennfrequenz. Die Drehmomentengleichung nimmt bei Hinzufügen der jeweiligen Bezugswerte die folgende
Form an

---

*) Streng genommen ist d_{M} ein Vektor, der senkrecht auf der Maschinenebene steht.

$$d_M \frac{3\, U_n\, I_n\, Z_p}{2\, \pi\, f_n} = \frac{3}{2}\, Z_p\, \vec{\psi}_1 \times \mathfrak{i}_1\, \frac{U_n\, \sqrt{2}\, I_n\, \sqrt{2}}{2\, \pi\, f_n},$$

so daß sich nach Wegkürzen der verschiedenen Faktoren die einfache Beziehung

$$d_M = \vec{\psi}_1 \times \mathfrak{i}_1 \tag{3.24 p.u.}$$

ergibt. Bei einer entsprechenden Behandlung der Bewegungsgleichung wird der bezogene Wert der Anlaufzeit T_A eingeführt, der durch

$$T_A = \frac{\Theta\, (2\, \pi\, f_n)^3}{3\, U_n\, I_n\, Z_p^2} \tag{3.25}$$

gegeben ist. Damit wird die Bewegungsgleichung zu

$$d_M - d_L = T_A\, \frac{dn}{dt}. \tag{3.26 p.u.}$$

Bisher wurden zwei verschiedene Koordinatensysteme verwendet, ein ständerfestes System zur Darstellung der Ständervektoren und ein läuferfestes für die Läufervektoren. Wie im Abschnitt 3.2.1 ausgeführt, ist es vorteilhaft, alle Vektoren in einem gemeinsamen Koordinatensystem darzustellen. Für die Wahl dieses Koordinatensystems spielt der zu untersuchende Betriebsfall eine wesentliche Rolle, so daß in den späteren Abschnitten verschiedene Systeme verwendet werden, je nachdem, welche Betriebszustände der Maschine untersucht werden sollen. An dieser Stelle soll jedoch bereits die Transformation aller Vektoren in ein neues, gemeinsames System durchgeführt werden; die Lage und Winkelgeschwindigkeit dieses Systems kann anschließend immer noch frei gewählt werden. In Bild 3-26 ist neben den bisher verwendeten

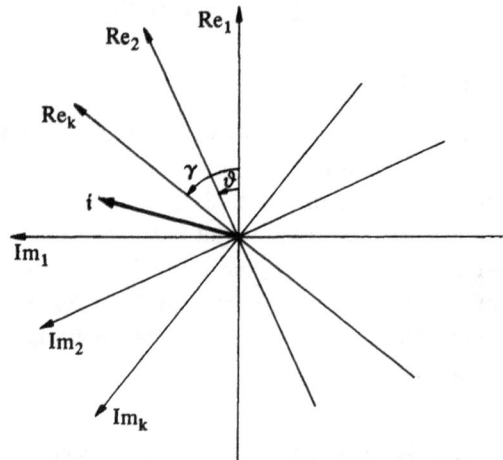

Bild 3-26:
Transformation der Ständer- und Läufervektoren in ein neues, gemeinsames Koordinatensystem

Ständer- und Läufersystemen das neue Koordinatensystem eingezeichnet (Index k), das mit dem Ständersystem den Winkel γ (t) bilden möge. Entsprechend Gl. (3.10) und den dort durchgeführten Überlegungen ergeben sich dann für den vorliegenden Fall die folgenden Transformationsformeln:

$$i_{1T} = i_1 e^{-j\gamma}, \tag{3.27}$$

$$i_{2T} = i_2 e^{-j(\gamma-\vartheta)}. \tag{3.28}$$

Natürlich gelten für die Spannungs- und Flußvektoren entsprechende Gleichungen. Geht man mit diesen Transformationsformeln in die oben aufgestellten Gleichungen hinein, so erhält man das folgende Gleichungssystem. Hier sind alle Vektoren in dem neuen System dargestellt, das mit dem bezogenen Wert der Drehzahl n_k im Raume umläuft, entsprechend der Beziehung

$$n_k = \frac{d\gamma}{dt}. \tag{3.29. p.u.}$$

Außerdem wird auch der bezogene Wert der Maschinendrehzahl n eingeführt, für den die Gleichung

$$n = \frac{d\vartheta}{dt} \tag{3.30 p.u.}$$

gilt.

$$u_{1T} = R_1 i_{1T} + \frac{d\vec{\psi}_{1T}}{dt} + j\vec{\psi}_{1T} n_k, \tag{3.31 p.u.}$$

$$u_{2T} = R_2 i_{2T} + \frac{d\vec{\psi}_{2T}}{dt} + j\vec{\psi}_{2T} (n_k-n), \tag{3.32 p.u.}$$

$$\vec{\psi}_{1T} = X_1 i_{1T} + X_h i_{2T}, \tag{3.33 p.u.}$$

$$\vec{\psi}_{2T} = X_2 i_{2T} + X_h i_{1T}. \tag{3.34 p.u.}$$

Die Drehmomentengleichung gilt unabhängig vom verwendeten Koordinatensystem, man muß nur darauf achten, daß beide Vektoren im gleichen System dargestellt sind. Ebenso bleibt die Bewegungsgleichung unbeeinflußt, da Drehmomente und Drehzahlen hier als skalare Größen behandelt werden.

$$d_M = \vec{\psi}_{1T} \times i_{1T}, \tag{3.24 p.u.}$$

$$d_M - d_L = T_A \frac{dn}{dt}. \tag{3.26 p.u.}$$

Man erkennt, daß der störende Einfluß der mit der Läuferstellung veränderlichen magnetischen Kopplung zwischen Ständer und Läufer, der sich in den Gleichungen (3.19) und (3.20) in den Faktoren $e^{j\vartheta}$ äußerte, durch die Koordinatentransformationen beseitigt wurde. Die wesentlichsten in diesen Gleichungen enthaltenen Vereinfachungen sind die Vernachlässigung der Eisensättigung sowie der Stromverdrängungseffekte, wie sie insbesondere bei Motoren mit Hochstabläufern auftreten. Es kann jedoch gesagt werden, daß die Gleichungen in der vorliegenden Form bereits in einer großen Anzahl interessierender Fälle zufriedenstellende Ergebnisse liefern. Bezüglich einer Berücksichtigung der Eisensättigung und der Stromverdrängung muß hier auf die spezielle Literatur verwiesen werden, insbesondere auf [81], [126], [127], [60].

3.3 Strukturbild des Asynchronmotors bei synchron umlaufendem Koordinatensystem

Die Verwendung eines synchron mit dem Raumvektor der angelegten Ständerspannung umlaufenden Koordinatensystems bietet bei der Untersuchung von Asynchronmotoren in vielen Fällen große Vorteile. Bei konstanter Amplitude und Symmetrie der Speisespannungen ruht der Spannungsvektor in diesem System, das gleiche gilt auch für die Vektoren der Ströme und Flüsse bei stationärem Betrieb.

An den Ständer seien die Spannungen eines symmetrischen Drehstromnetzes gelegt, deren Amplitude $\hat{u}_1$ und deren Frequenz zeitlich veränderlich sein mögen. Die Veränderlichkeit der Frequenz werde durch die Zeitabhängigkeit des Arguments λ der Cosinusfunktionen zum Ausdruck gebracht.

$$u_{a1} = \hat{u}_1(t) \cos \lambda(t),$$

$$u_{b1} = \hat{u}_1(t) \cos \left[\lambda(t) - \frac{2\pi}{3}\right], \tag{3.35}$$

$$u_{c1} = \hat{u}_1(t) \cos \left[\lambda(t) + \frac{2\pi}{3}\right].$$

Der resultierende Raumvektor der Ständerspannungen wird damit, in einem raumfesten Bezugssystem,

$$\mathfrak{u}_1 = \hat{u}_1 \, e^{j\lambda}, \tag{3.36}$$

er läuft also mit der Winkelgeschwindigkeit

$$\frac{\mathrm{d}\lambda}{\mathrm{d}t} = \omega\,(t) \tag{3.37}$$

im Raume um. Die Transformation dieses Spannungsvektors in ein ebenfalls mit ω umlaufendes System liefert gemäß Gl. (3.27) und unter der Annahme, daß im Zeitpunkt $t = 0$ auch $\lambda = 0$ ist,

$$\mathbf{u}_{1T} = \hat{u}_1, \tag{3.38}$$

d. h. der Ständerspannungsvektor liegt auf der reellen Achse des neuen Koordinatensystems. In den Systemgleichungen der Maschine (3.31) ff. ist nun $n_k = \omega$ zu setzen; gleichzeitig soll für die folgende Aufstellung des Strukturbildes jede komplexe Gleichung in zwei reelle Gleichungen aufgespalten werden. Man braucht hierzu nur einerseits die Realteile und andererseits die Imaginärteile auf beiden Seiten der Gleichung einander gleichzusetzen. Die Realteile der Vektoren sollen fortan durch den Index α, die Imaginärteile durch den Index β gekennzeichnet werden. Eine besondere Kennzeichnung der einzelnen Größen bezüglich des verwendeten Koordinatensystems wird nicht für notwendig erachtet, da im vorliegenden Abschnitt die Größen immer im mit der Kreisfrequenz $\omega\,(t)$ des speisenden Netzes rotierenden System betrachtet werden sollen. Man erhält unter diesen Voraussetzungen das folgende Gleichungssystem in der Zweiachsendarstellung.

$$\hat{u}_1 = R_1\,i_{1\alpha} + \frac{\mathrm{d}\psi_{1\alpha}}{\mathrm{d}t} - \omega\,\psi_{1\beta}, \tag{3.39 p.u.}$$

$$0 = R_1\,i_{1\beta} + \frac{\mathrm{d}\psi_{1\beta}}{\mathrm{d}t} + \omega\,\psi_{1\alpha}, \tag{3.40 p.u.}$$

$$u_{2\alpha} = R_2\,i_{2\alpha} + \frac{\mathrm{d}\psi_{2\alpha}}{\mathrm{d}t} - \psi_{2\beta}\,(\omega-n), \tag{3.41 p.u.}$$

$$u_{2\beta} = R_2\,i_{2\beta} + \frac{\mathrm{d}\psi_{2\beta}}{\mathrm{d}t} + \psi_{2\alpha}\,(\omega-n), \tag{3.42 p.u.}$$

$$\psi_{1\alpha} = X_1\,i_{1\alpha} + X_h\,i_{2\alpha}, \tag{3.43 p.u.}$$

$$\psi_{1\beta} = X_1\,i_{1\beta} + X_h\,i_{2\beta}, \tag{3.44 p.u.}$$

$$\psi_{2\alpha} = X_2\,i_{2\alpha} + X_h\,i_{1\alpha}, \tag{3.45 p.u.}$$

$$\psi_{2\beta} = X_2\,i_{2\beta} + X_h\,i_{1\beta}. \tag{3.46 p.u.}$$

Für das entwickelte Drehmoment ergibt sich unter Verwendung von Gl. (3.22)

$$d_{\mathrm{M}} = \psi_{1\alpha}\, i_{1\beta} - \psi_{1\beta}\, i_{1\alpha}, \qquad\qquad (3.47\ \mathrm{p.\,u.})$$

und die Bewegungsgleichung bleibt wie bisher

$$d_{\mathrm{M}} - d_{\mathrm{L}} = T_{\mathrm{A}}\, \frac{\mathrm{d}n}{\mathrm{d}t}. \qquad\qquad (3.48\ \mathrm{p.\,u.})$$

Diese Gleichungen ergeben das in Bild 3.27 gezeigte Strukturbild. Bei der Bildung der Ströme wurden die Beziehungen

$$\mathfrak{i}_1 = \frac{1}{X_1}\, \vec{\psi}_1 - \frac{X_{\mathrm{h}}}{X_1}\, \mathfrak{i}_2 \qquad\qquad (3.49\ \mathrm{p.\,u.})$$

und

$$\mathfrak{i}_2 = \frac{1}{\sigma X_2}\, \vec{\psi}_2 - \frac{X_{\mathrm{h}}}{\sigma X_1 X_2}\, \vec{\psi}_1 \qquad\qquad (3.50\ \mathrm{p.\,u.})$$

verwendet, wobei noch der totale Streukoeffizient

$$\sigma = 1 - \frac{X_{\mathrm{h}}^2}{X_1 X_2} \qquad\qquad (3.51\ \mathrm{p.\,u.})$$

eingeführt wurde.

Das Strukturbild weist eine gewisse Symmetrie auf, was auch in der Gleichheit der Konstanten entsprechender Blocks zum Ausdruck kommt. Die Konstanten haben folgende Werte:

$$k_1, k_9 = 1; \quad k_2, k_{10} = R_1; \quad k_3, k_{11} = \frac{X_{\mathrm{h}}}{X_1}; \quad k_4, k_{12} = \frac{R_2}{\sigma X_2};$$

$$k_5, k_{13} = \frac{1}{X_1}; \quad k_6, k_{14} = \frac{X_{\mathrm{h}}}{R_2 X_1}; \quad k_7, k_{15} = 1; \quad k_8, k_{16} = 1;$$

$$k_{17}, k_{18} = 1; \quad k_{19} = \frac{1}{T_{\mathrm{A}}}; \quad k_{20}, k_{21} = 1.$$

Dieses Strukturbild eignet sich für die Untersuchung vieler bei Asynchronmotoren interessierender Übergangsvorgänge. Als Eingangsgrößen sind vorhanden die Amplitude $\hat{u}_1$ sowie die Frequenz ω des speisenden, symmetrischen Netzes, das Lastmoment d_{L} sowie die beiden Komponenten $u_{2\alpha}, u_{2\beta}$ einer eventuell vorhandenen Läuferzusatzspannung, die jedoch nur bei der Untersuchung von Kaskadenschaltungen vorhanden ist. In vielen Fällen wird der Motor mit einem Spannungssystem der konstanten Nennfrequenz gespeist; dann ist $\omega = 1$, die Blocks 20 und 21 entfallen, und bei der Summierungsstelle hinter Block 19 wird die konstante Größe 1 zugeführt. Das Strukturbild enthält mit den multiplikativen Blocks mehrere Nichtlinearitäten, so daß

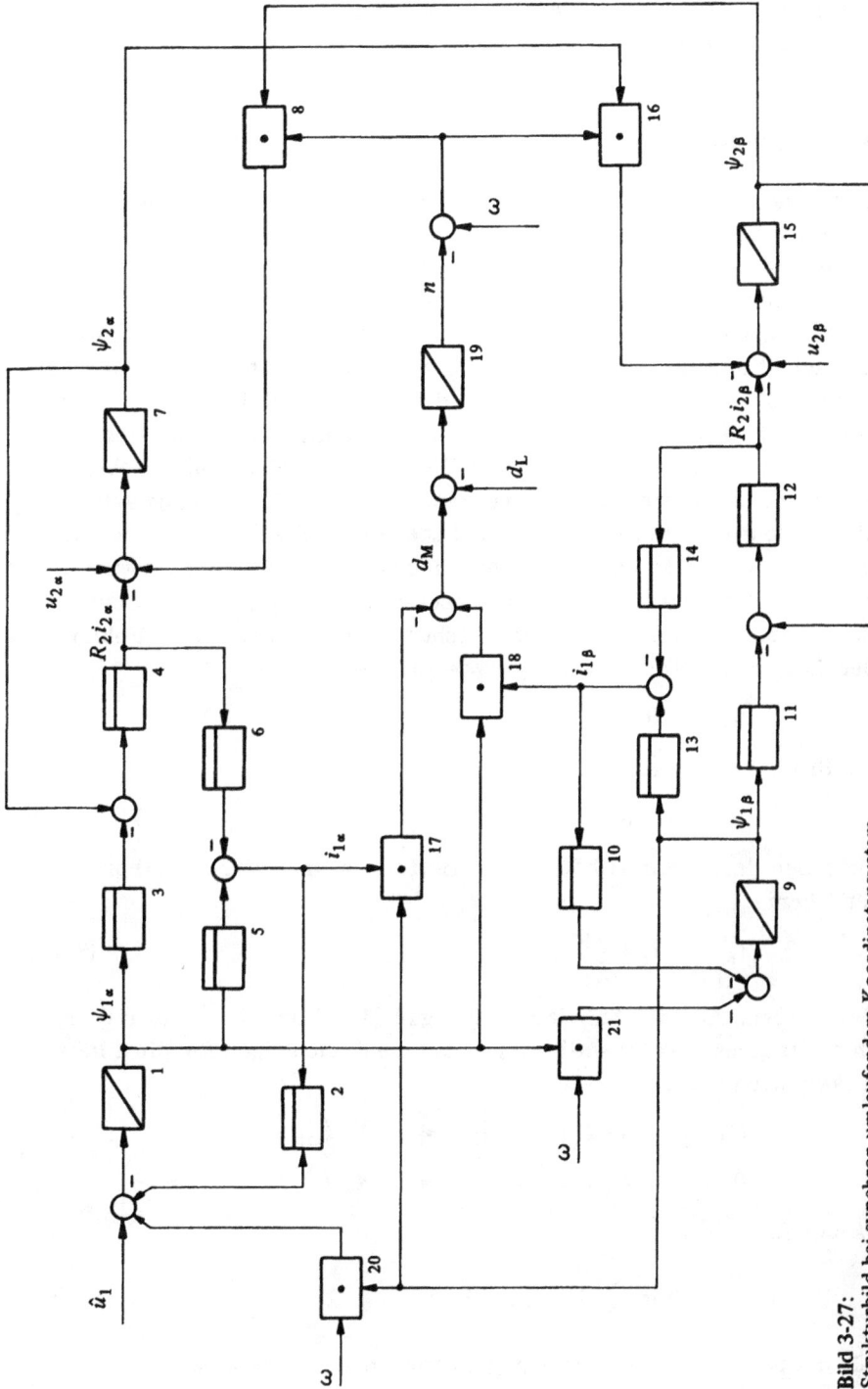

Bild 3-27:
Strukturbild bei synchron umlaufendem Koordinatensystem

Lösungen für Übergangsvorgänge im allgemeinen nur mit Hilfe einer Rechenanlage erhalten werden können.

3.4   Der Sonderfall des stationären Betriebes

Beim Entwurf von Antriebssystemen mit Asynchronmotoren ergibt sich zuweilen die Aufgabe, Ströme und Drehmomente des Motors für verschiedene, stationäre Betriebspunkte zu berechnen oder die Drehzahl zu bestimmen, die sich bei einem bestimmten Lastmoment ergibt. Solche Berechnungen lassen sich, ausgehend von den Maschinenkonstanten, leicht durchführen, wenn man die im vorigen Abschnitt zusammengestellten Gleichungen verwendet und darin alle Ableitungen nach der Zeit gleich Null setzt. Einige wichtige und häufig gebrauchte Beziehungen sollen im folgenden auf diesem Wege abgeleitet werden, wobei eine Speisung des Motors mit Nennfrequenz, also $\Omega = 1$, vorausgesetzt sei. Eine wesentliche Vereinfachung und übersichtliche Ergebnisse werden erreicht, wenn man den ohmschen Widerstand R_1 der Ständerwicklungen vernachlässigt. Dies ist bei Maschinen von einigen kW Leistung an ohne weiteres zulässig und verursacht keinen nennenswerten Fehler. Der Läufer der Maschine sei kurzgeschlossen, also

$$\mathfrak{u}_2 = 0,$$

der Schlupf s des Motors ist

$$s = 1 - n. \tag{3.52 p. u.}$$

Außerdem ist es vorteilhaft, einen fiktiven Magnetisierungsstrom von der Form

$$\mathfrak{i}_m = \mathfrak{i}_1 + \frac{X_h}{X_1}\, \mathfrak{i}_2 \tag{3.53}$$

einzuführen. Aus den Ständergleichungen (3.39) und (3.40) erhält man im stationären Betriebsfall, wenn man die Gleichungen für die Flußverkettungen sofort einsetzt:

$$\widehat{U}_1 = -X_1\, I_{1\beta} - X_h\, I_{2\beta} = -X_1\, I_{m\beta},$$

$$0 = X_1\, I_{1\alpha} + X_h\, I_{2\alpha} = X_1\, I_{m\alpha}.$$

Daraus folgt

$$I_{m\beta} = -\frac{\widehat{U}_1}{X_1}; \quad I_{m\alpha} = 0.$$

Für die beiden Läuferspannungsgleichungen ergibt sich dann

$$R_2 \, I_{2\alpha} - \sigma \, X_2 \, I_{2\beta} \, S + \frac{X_\mathrm{h}}{X_1} \, \hat{U}_1 \, S \;=\; 0, \qquad (3.54 \text{ p.u.})$$

$$R_2 \, I_{2\beta} + \sigma \, X_2 \, I_{2\alpha} \, S \qquad\quad = \; 0. \qquad (3.55 \text{ p.u.})$$

Das Drehmoment kann gemäß Gl. (3.21) auch aus dem Vektorprodukt von Läuferfluß und Läuferstrom ermittelt werden. Mit Gleichung (3.53) und unter Berücksichtigung der Tatsache, daß das vektorielle Produkt zweier gleichgerichteter Vektoren Null ergibt, erhält man für den stationären Wert des Drehmomentes

$$D_\mathrm{M} \;=\; - \frac{X_\mathrm{h}}{X_1} \, \hat{U}_1 \, I_{2\alpha}. \qquad (3.56 \text{ p.u.})$$

Nun kann man die Läuferströme und das Drehmoment in Abhängigkeit vom stationären Wert S des Schlupfes darstellen.

$$I_{2\alpha} \;=\; -R_2 \, \frac{X_\mathrm{h}}{X_1} \, \hat{U}_1 \, \frac{S}{R_2^2 + (\sigma \, X_2)^2 \, S^2},$$

$$I_{2\beta} \;=\; \sigma \, X_2 \, \frac{X_\mathrm{h}}{X_1} \, \hat{U}_1 \, \frac{S^2}{R_2^2 + (\sigma \, X_2)^2 \, S^2}. \qquad (3.57 \text{ p.u.})$$

$I_{2\alpha}$ und $I_{2\beta}$ sind die Wirk- und die Blindkomponente des Läuferstromes. Oft ist der Wert des Läuferscheinstromes von Interesse; man erhält ihn durch Zusammensetzen der beiden Komponenten.

$$I_2 \;=\; |\mathfrak{Z}_{2\mathrm{T}}| \;=\; \sqrt{I_{2\alpha}^2 + I_{2\beta}^2} \;=\; \frac{X_\mathrm{h}}{X_1} \, \hat{U}_1 \, \frac{|S|}{\sqrt{R_2^2 + (\sigma \, X_2)^2 \, S^2}}. \qquad (3.58 \text{ p.u.})$$

Für das von der Maschine entwickelte Drehmoment ergibt sich die Beziehung

$$D_\mathrm{M} \;=\; R_2 \, \frac{X_\mathrm{h}^2}{X_1^2} \, \hat{U}_1^2 \, \frac{S}{R_2^2 + (\sigma \, X_2)^2 \, S^2}. \qquad (3.59 \text{ p.u.})$$

Man erkennt, daß das Drehmoment des Asynchronmotors quadratisch von der angelegten Ständerspannung abhängt. Die Gleichung beschreibt den bekannten Verlauf der Drehmoment-Drehzahlkennlinie, wie sie z.B. in Bild 3-1 dargestellt ist. Der Schlupfwert, bei dem die Maschine das maximale Drehmoment, das sogenannte Kippmoment D_MK entwickelt, wird als Kippschlupf S_K bezeichnet. Man erhält ihn, wenn man das Drehmoment nach dem Schlupf differenziert und die erhaltene Ableitung gleich Null setzt.

$$\frac{\mathrm{d}D_\mathrm{M}}{\mathrm{d}S} \;=\; R_2 \, \frac{X_\mathrm{h}^2}{X_1^2} \, \hat{U}_1^2 \, \frac{R_2^2 + (\sigma \, X_2)^2 \, S^2 - 2 \, (\sigma \, X_2)^2 \, S^2}{[R_2^2 + (\sigma \, X_2)^2 \, S^2]^2}. \qquad (3.60 \text{ p.u.})$$

Daraus folgt für den Kippschlupf

$$S_K = \pm \frac{R_2}{\sigma X_2}. \qquad\qquad (3.61 \text{ p.u.})$$

Durch Einsetzen des Kippschlupfes in die Drehmomentengleichung erhält man für das stationäre Kippmoment

$$D_{MK} = \pm \frac{X_h^2 \hat{U}_1^2}{2 \sigma X_2 X_1^2}. \qquad\qquad (3.62 \text{ p.u.})$$

Bemerkenswert an dieser Gleichung ist, daß das Kippmoment völlig unabhängig vom ohmschen Widerstand im Läufer ist. Es sei noch erwähnt, daß bei Übergangsvorgängen, z.B. beim schnellen Hochlauf oder bei Abbremsvorgängen, deutliche Abweichungen von dem obigen, stationären Wert des Kippmomentes auftreten können [104].

Wenn man den Kippschlupf S_K als charakteristische Größe der Maschine in die Gleichungen einführt, so erhält man etwas übersichtlichere Beziehungen für die Ströme und das Drehmoment.

$$I_{2\alpha} = -\frac{X_h \hat{U}_1 S_K}{\sigma X_1 X_2} \frac{S}{S_K^2 + S^2}, \qquad\qquad (3.63 \text{ p.u.})$$

$$I_{2\beta} = \frac{X_h \hat{U}_1}{\sigma X_1 X_2} \frac{S^2}{S_K^2 + S^2}, \qquad\qquad (3.64 \text{ p.u.})$$

$$I_2 = \frac{X_h \hat{U}_1}{\sigma X_1 X_2} \frac{S}{\sqrt{S_K^2 + S^2}}. \qquad\qquad (3.65 \text{ p.u.})$$

$$D_M = \frac{X_h^2 \hat{U}_1^2 S_K}{\sigma X_2 X_1^2} \frac{S}{S_K^2 + S^2}. \qquad\qquad (3.66 \text{ p.u.})$$

In den Gleichungen (3.63) und (3.66) ist der positive Wert von S_K zu nehmen. Bezieht man das Drehmoment auf das Kippmoment, so kommt man zu der bekannten, von KLOSS angegebenen Formel [78]

$$\frac{D_M}{D_{MK}} = \frac{2}{\dfrac{S}{S_K} + \dfrac{S_K}{S}}. \qquad\qquad (3.67)$$

Man erkennt an dieser Formel sehr leicht, daß die Drehmomentenkennlinie im Bereich $S \ll S_K$ durch eine Gerade und im Bereich $S \gg S_K$ durch eine Hyperbel angenähert werden kann.

Aus den vorstehenden Gleichungen läßt sich auch leicht das bekannte

Kreisdiagramm der Asynchronmaschine herleiten. Eliminiert man den
Schlupf aus den Gleichungen (3.54) und (3.55), so erhält man

$$I_{2\alpha}^2 + I_{2\beta}^2 - \frac{X_h\,\widehat{U}_1}{\sigma\,X_1\,X_2}\,I_{2\beta} = 0. \qquad\qquad \text{(3.68 p.u.)}$$

Durch Hinzufügen der quadratischen Ergänzung kann man diese Beziehung in die Form einer Kreisgleichung bringen, wobei der Mittelpunkt
des Kreises außerhalb des Koordinatenursprunges liegt.

$$I_{2\alpha}^2 + \left(I_{2\beta} - \frac{X_h\,\widehat{U}_1}{2\,\sigma\,X_1\,X_2}\right)^2 = \frac{X_h^2\,\widehat{U}_1^2}{4\,(\sigma\,X_1\,X_2)^2}. \qquad\qquad \text{(3.69 p.u.)}$$

In Bild 3.28 ist das Kreisdiagramm skizziert; dabei wurde der Tatsache Rechnung getragen, daß $I_{2\alpha}$ bei motorischem Betrieb negativ ist.

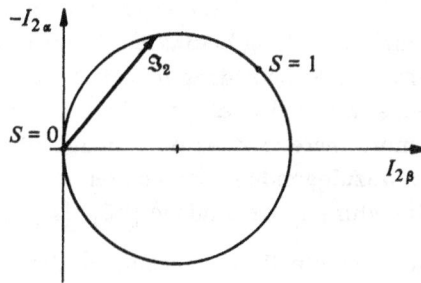

Bild 3-28:
Kreisdiagramm des Asynchronmotors

Der Kreis stellt die Ortskurve dar für den Läuferstromvektor $\mathfrak{J}_2$ für
die verschiedenen Schlupfwerte. Ausgezeichnete Punkte sind der Leer-
laufpunkt ($S = 0$) und der Kurzschluß- oder Anfahrpunkt ($S = 1$), dessen Lage bei festem Kreis durch die Größe des Läuferwiderstandes bestimmt wird. Die obere Hälfte des Bildes gilt für den Motorbetrieb, die
untere für den Generatorbetrieb der Maschine. Verschiebt man den
Kreis noch um den Betrag des Magnetisierungsstromes in der β-Achse
weiter, so erhält man das Primärstromdiagramm, wie es meistens angegeben wird.

3.5 Übergangsverhalten des Asynchronmotors bei Frequenzsteuerung

Geregelte Antriebe mit Asynchronmotoren, die über Stromrichterschaltungen mit veränderlicher Speisefrequenz betrieben werden, sind
inzwischen auf verschiedenen Gebieten im Einsatz, wie in einem früheren Abschnitt bereits erläutert wurde. Bei einer derartigen Regelung
sind zwei Steuergrößen des Motors vorhanden, die beeinflußt werden

müssen: die Frequenz und die Amplitude der angelegten Ständerspannung. Für eine Untersuchung des dynamischen Verhaltens eines solchen
Antriebes können die Gleichungen im synchron rotierenden Koordinatensystem verwendet werden, die im Abschnitt 3.3 abgeleitet wurden
und die auch die Grundlage für das in Bild 3.27 dargestellte Strukturbild sind. Man erkennt die beiden Eingangsgrößen ω (t) und $\hat{u}_1$ (t), die
neben dem Lastmoment d_L als unabhänge Veränderliche in das System
eingehen, man erkennt aber auch gleichzeitig, daß der in dieser Weise
betriebene Asynchronmotor eine komplizierte Mehrfachregelstrecke
darstellt, die wegen der verschiedenen multiplikativen Verknüpfungen
stark nichtlinear ist. Dieses Strukturbild kann also zur Simulation des
geregelten Antriebes verwendet werden; dabei muß man von Fall zu
Fall überlegen, ob man sich bei der Untersuchung mit der Annahme
eines sinusförmigen Verlaufes der Ständerspannungen entsprechend Gl.
(3.35) begnügen kann oder ob man die durch die Arbeitsweise der Stromrichterschaltung bedingten Oberwellen berücksichtigen muß, was eine
genauere Nachbildung des Umrichters erforderlich macht, beispielsweise mit Hilfe eines hybriden Analogrechners. Dabei ergeben sich
kompliziertere Zusammenhänge für die Bildung der in den beiden Achsen anzulegenden Spannungen $u_{1\alpha}$ und $u_{1\beta}$. Diesbezüglich sei auf die
Literatur, insbesondere [75], [103], [128], [86] verwiesen.

Die genannte Untersuchungsmethode, die sich des vollständigen Systems
bedient, hat jedoch den entscheidenden Nachteil, daß gewonnene Ergebnisse zunächst nur für das spezielle System gelten und nur bedingt auf
eine andere Anlage mit anderen Parametern übertragen werden können.
Für den Entwurf und für die Gewinnung eines Überblicks über den Einfluß verschiedener Parameter und für die Wahl geeigneter Reglerkon-
zeptionen wären einfachere und leichter überschaubare Übertragungsfunktionen zur Beschreibung des frequenzgesteuerten Motors von großem Vorteil. Es sind verschiedene Ansätze in dieser Richtung möglich,
die im folgenden behandelt werden sollen. Natürlich sind hierbei Vereinfachungen erforderlich, die dazu führen, daß das Systemverhalten
nur näherungsweise oder nur in bestimmten Betriebsbereichen mit ge-
nügender Genauigkeit beschrieben wird. Von Bedeutung ist hierbei auch,
welche Konzeption für den Aufbau der Anlage vorgesehen ist, ob beispielsweise der Motor innerhalb einer Gruppe von einem gemeinsamen
Umrichter gespeist wird oder ob ein Umrichter speziell für den betrachteten Motor vorhanden ist, so daß unterlagerte Regelkreise aufgebaut werden können. Im letzteren Falle können unter Umständen für
die eine oder andere Systemgröße bestimmte Annahmen gemacht werden, für deren Einhaltung eine spezielle Regelung sorgt, wie z.B. kon-

stante Ständerflußverkettung oder eingeprägter Ständerstrom, so daß
auf diesem Wege eine vereinfachte Systembeschreibung möglich wird
[68].

Berechnung der Stabilitätsgrenzen

Der weite Betriebsbereich, in dem sich bei derartigen frequenzgesteuerten Asynchronmotoren die Frequenz und die Amplitude der Ständerspannung bewegen, führt zu Erscheinungen im Verhalten des Motors,
die beim normalerweise vorliegenden Betrieb mit 50 Hz nicht auftreten. Eine dieser Erscheinungen ist die, daß der Motor in gewissen Betriebsbereichen zum Schwingen neigt und daß unter Umständen sogar
Dauerschwingungen auftreten können. Im folgenden soll daher eine Methode angegeben werden, die eine Berechnung der stabilen und instabi-
len Betriebsbereiche des frequenzgesteuerten Asynchronmotors gestattet.

Wenn man aus dem Gleichungssystem Aussagen über das dynamische
Verhalten des Motors ableiten will, hat man grundsätzlich immer mit
zwei Schwierigkeiten zu kämpfen: die erste ist die starke Nichtlinearität des Gleichungssystems infolge der auftretenden Produktbildungen,
die zweite ist die Zahl der Energiespeicher im System, die zu einem
Gleichungssystem fünfter Ordnung führt und deshalb ebenfalls eine Lösung in geschlossener Form verhindert. Bei der hier angestrebten
Stabilitätsuntersuchung kann man jedoch die erste Schwierigkeit durch
eine Linearisierung der Gleichungen umgehen. Die Gleichungen gelten
dann zwar nur noch für relativ kleine Abweichungen Δ von einem Ru-
hepunkt P_0, jedoch gestatten sie eine Aussage über die Stabilität des
Systems an diesem Betriebspunkt.

Wir nehmen an, daß die Maschine von einem symmetrischen System si-
nusförmiger Spannungen gespeist wird und betrachten das Verhalten in
einem synchron umlaufenden Koordinatensystem. Dann gelten die Gleichungen (3.39) bis (3.48). Setzt man die Flußgleichungen in die Spannungsgleichungen und in die Drehmomentengleichung ein und führt man
anschließend die Linearisierung durch, so läßt sich das dann entstehen-
de Gleichungssystem in der folgenden Matrizenform angeben:

$$\underline{A} \frac{\mathrm{d}}{\mathrm{d}t} \underline{\Delta v} = \underline{B} \underline{\Delta v} + \underline{C} \underline{\Delta m}. \qquad (3.70 \text{ p. u.})$$

Die Vektoren $\underline{\Delta v}$ und $\underline{\Delta m}$ sowie die Matrizen $\underline{A}$ bis $\underline{C}$ haben dabei die
folgende Form:

$$
\underline{\Delta v} = \begin{bmatrix} \Delta i_{1\alpha} \\ \Delta i_{1\beta} \\ \Delta i_{2\alpha} \\ \Delta i_{2\beta} \\ \Delta n \end{bmatrix} \qquad \underline{\Delta m} = \begin{bmatrix} \Delta \hat{u}_1 \\ \Delta \omega \\ \Delta d_L \end{bmatrix} \qquad \underline{A} = \begin{bmatrix} X_1 & 0 & X_h & 0 & 0 \\ 0 & X_1 & 0 & X_h & 0 \\ X_h & 0 & X_2 & 0 & 0 \\ 0 & X_h & 0 & X_2 & 0 \\ 0 & 0 & 0 & 0 & -1 \end{bmatrix}
$$

$$
\underline{B} = \begin{bmatrix} -R_1 & \Omega_0 X_1 & 0 & \Omega_0 X_h & 0 \\ -\Omega_0 X_1 & -R_1 & -\Omega_0 X_h & 0 & 0 \\ 0 & S_0 X_h & -R_2 & S_0 X_2 & -X_h I_{1\beta 0} - X_2 I_{2\beta 0} \\ -S_0 X_h & 0 & -S_0 X_2 & -R_2 & X_h I_{1\alpha 0} + X_2 I_{2\alpha 0} \\ \dfrac{X_h}{T_A} I_{2\beta 0} & -\dfrac{X_h}{T_A} I_{2\alpha 0} & -\dfrac{X_h}{T_A} I_{1\beta 0} & \dfrac{X_h}{T_A} I_{1\alpha 0} & 0 \end{bmatrix}
$$

$$
\underline{C} = \begin{bmatrix} 1 & X_1 I_{1\beta 0} + X_h I_{2\beta 0} & 0 \\ 0 & -X_1 I_{1\alpha 0} - X_h I_{2\alpha 0} & 0 \\ 0 & X_h I_{1\beta 0} + X_2 I_{2\beta 0} & 0 \\ 0 & -X_h I_{1\alpha 0} - X_2 I_{2\alpha 0} & 0 \\ 0 & 0 & 1 \end{bmatrix}
$$

Der Schlupf s der mit variabler Speisefrequenz betriebenen Maschine wird durch die Gleichung

$$
s = \omega - n \tag{3.71 p.u.}
$$

definiert.

Aus Gl. (3.70) erhält man leicht die Zustandsdifferentialgleichung des linearisierten Systems:

$$
\frac{\mathrm{d}}{\mathrm{d}t} \underline{\Delta v} = \underline{A}^{-1} \underline{B} \, \underline{\Delta v} + \underline{A}^{-1} \underline{C} \, \underline{\Delta m}. \tag{3.72 p.u.}
$$

Das System wird beeinflußt durch den Steuervektor $\underline{\Delta m}$, der Zustand des Systems wird durch den Zustandsvektor $\underline{\Delta v}$ beschrieben, während die Eigenschaften des Systems selbst durch die Systemmatrix $\underline{D} = \underline{A}^{-1} \underline{B}$ und durch die Steuermatrix $\underline{E} = \underline{A}^{-1} \underline{C}$ dargestellt werden. Für die Untersuchung der Stabilität muß die Systemmatrix $\underline{D}$ genauer betrachtet werden. Der Betriebspunkt P_0, von dem aus die kleinen Abweichungen Δ betrachtet werden, wird durch die Amplitude $\hat{U}_{10}$ der Speisespannung, deren Kreisfrequenz Ω_0 und das Lastmoment D_{L0} festgelegt.

Aus den Gleichungen der Maschine für den stationären Fall $\left(\dfrac{\mathrm{d}}{\mathrm{d}t} = 0\right)$ lassen sich mit Hilfe dieser Werte die in den Matrizen auftretenden Ruhewerte S_0 und I_0 berechnen.

Über die Stabilität der Maschine an dem betrachteten Arbeitspunkt geben die Eigenwerte der Systemmatrix $\underline{D}$ Aufschluß, oder mit anderen Worten, die Lage der Wurzeln der charakteristischen Gleichung, die im vorliegenden Falle vom fünften Grade ist. Die zweite der eingangs erwähnten Schwierigkeiten, nämlich die hohe Ordnungszahl des Gleichungssystems, ist also nach wie vor vorhanden und verhindert die Ermittlung geschlossener Formelausdrücke für die Eigenwerte der Systemmatrix. Man kann jedoch die Eigenwerte mit einem Digitalrechner berechnen lassen und so eine Aussage über die Stabilität des Systems im speziellen Fall erhalten. Darüber hinaus kann man durch Variation verschiedener interessierender Parameter einen gewissen Überblick über das Stabilitätsverhalten des Antriebes schaffen. Eine solche Untersuchung wurde von FALLSIDE und WORTLEY [59] durchgeführt; nachstehend sollen einige Ergebnisse aus dieser Arbeit erläutert werden.

Die Kurven in Bild 3-29 zeigen die Lage der Eigenwerte bei einer Maschine von ca. 20 kW Leistung bei einer konstanten Speisefrequenz von 10 Hz und variabler Amplitude der Ständerspannung; der Motor ist leicht belastet, der Schlupf S_0 beträgt 1%. Die Werte für ω^* auf der Imaginärachse sind auf die Nennkreisfrequenz des Motors, also auf

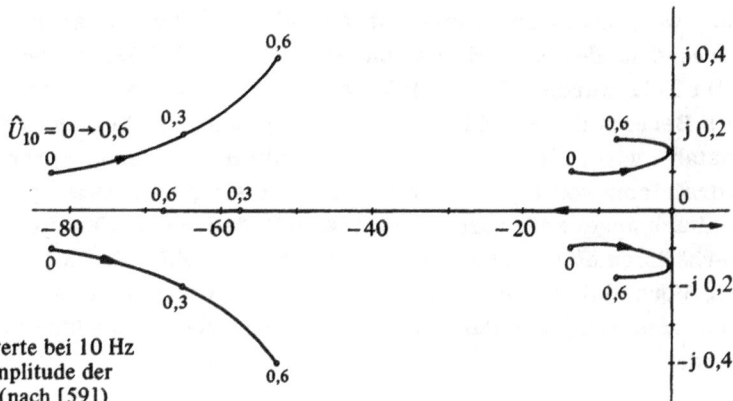

Bild 3-29:
Lage der Eigenwerte bei 10 Hz und variabler Amplitude der Speisespannung (nach [59])

2 π 50 bezogen. Bekanntlich wird das Verhalten des Systems vorwiegend durch die in der Nähe des Koordinatenursprunges liegenden Eigenwerte bestimmt (durch die sogenannten dominanten Pole), und eine Instabilität entsteht dann, wenn Eigenwerte mit positivem Realteil auftreten. Man erkennt, daß das System bei einer Spannung $\hat{U}_{10} = 0,3$ nur sehr wenig von der Stabilitätsgrenze entfernt und nur schwach gedämpft ist. Völlig ungedämpfte Schwingungen treten bei Asynchronmotoren üblicher Auslegung im allgemeinen nicht auf, wenn die Speisung durch ein starres Spannungssystem erfolgt. Die genannten Untersuchungen haben jedoch ergeben, daß Bereiche völliger Instabilität auftreten, wenn man einen Innenwiderstand des speisenden Umrichters bei der Rechnung berücksichtigt. In Bild 3-30 ist dies für den interessierenden Ast der Kennline veranschaulicht.

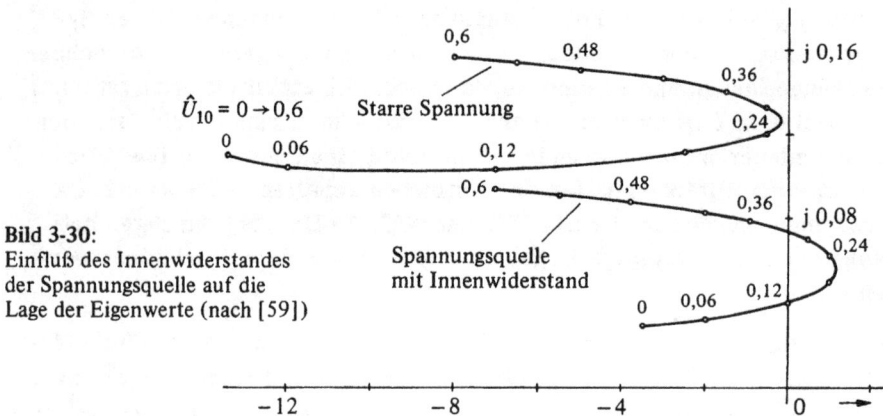

Bild 3-30:
Einfluß des Innenwiderstandes
der Spannungsquelle auf die
Lage der Eigenwerte (nach [59])

Die Stabilitätsverhältnisse des Antriebes lassen sich am besten darstellen, wenn man Grenzkurven berechnet. Dies kann beispielsweise unter Anwendung des Kriteriums von ROUTH und HURWITZ geschehen. Bild 3-31 wurde auf diesem Wege ermittelt; es zeigt sehr anschaulich den Bereich der Kombinationen von $\hat{U}_{10}$ und Ω_0, bei denen der Antrieb instabil wird. Gestrichelt ist die Kennlinie für frequenzproportionale Verstellung von $\hat{U}_{10}$ eingezeichnet, wie sie bei gesteuerten Antrieben vielfach angewandt wird. Man erkennt, daß diese Kennlinie in einem verhältnismäßig großen Bereich durch das Gebiet der Instabilität führt. Die Verhältnisse werden allerdings günstiger, wenn das Trägheitsmoment des Antriebes durch Ankuppeln der Arbeitsmaschine vergrößert wird.

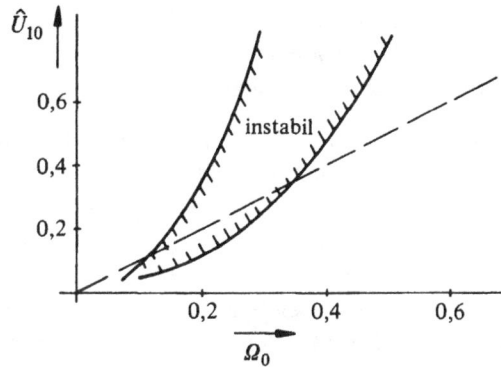

Bild 3-31:
Stabilitätsgrenzen des über Umrichter gespeisten Antriebes (nach [59])

Berücksichtigung des Umrichters

Bei den bisher geschilderten Berechnungen wurde die Ausgangsimpedanz des Umrichters als konstant angenommen und einfach zum Ständerwiderstand und zur Ständerstreuung des Motors addiert. Genauere Untersuchungen zeigen jedoch, daß eine genauere Berücksichtigung des Umrichters in vielen Fällen angebracht ist. Dies gilt insbesondere bei Speisung des Motors über einen Umrichter mit Gleichstromzwischenkreis, dessen Prinzipschaltplan in Bild 3.32 angegeben ist. Diese Schaltung ist allgemeiner verwendbar als der Direktumrichter, dessen Frequenz auf etwa 40% der Netzfrequenz begrenzt ist. Die folgenden Betrachtungen beziehen sich auf den Zwischenkreisumrichter nach Bild 3-32, bei dem die Amplitude der Motorspannung durch den Gleichrichter eingestellt und die Frequenz durch die Ansteuerung des Wechselrichters vorgegeben wird. Im Gleichstromzwischenkreis ist im allgemeinen ein LC-Filter vorhanden, und der Austausch der in den Elementen des Filters und in den Induktivitäten und im Läufer des Motors gespeicherten Energien kann die Stabilitätsverhältnisse des Antriebes wesentlich beeinflussen. Zu den oben angegebenen linearisierten Gleichungen des Asynchronmotors kommen nun also noch Gleichungen hin-

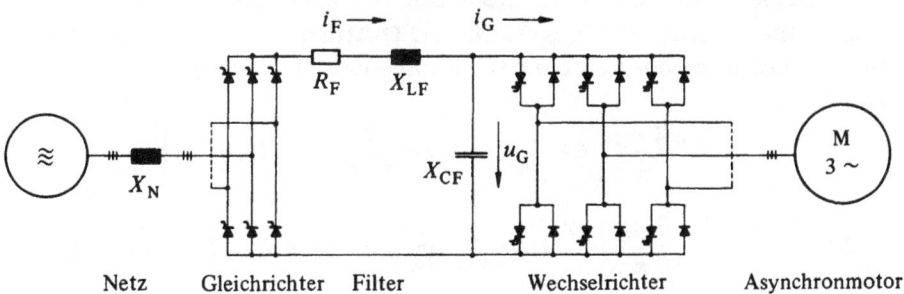

Bild 3-32: Prinzipschaltplan des Antriebes mit Zwischenkreisumrichter

zu, welche die Strom-Spannungsverhältnisse im Umrichter beschreiben. Die Untersuchung erfolgt nach wie vor im synchron mit der Motorspannung rotierenden Koordinatensystem.

Vom Wechselrichter werden die verketteten Spannungen des Motors vorgegeben. Die Ansteuerung erfolgt so, daß in Intervallen von jeweils 60° der Reihe nach eine Klemme des Motors mit dem Pluspol und die beiden anderen mit dem Minuspol des Gleichstromzwischenkreises verbunden sind. In Bild 3-33 ist der sich hierbei ergebende zeitliche Verlauf der verketteten Spannungen und der Strangspannungen bei Sternschaltung der Ständerwicklung skizziert; bei Vernachlässigung der Kommutierungszeiten kann der Verlauf durch Stufenfunktionen angenähert werden. Der resultierende Raumvektor $\mathbf{u}_1$ der Ständerspannungen kann demnach insgesamt nur sechs Positionen einnehmen, in die er der Reihe nach springt. Im synchron mit der Grundwelle umlaufenden

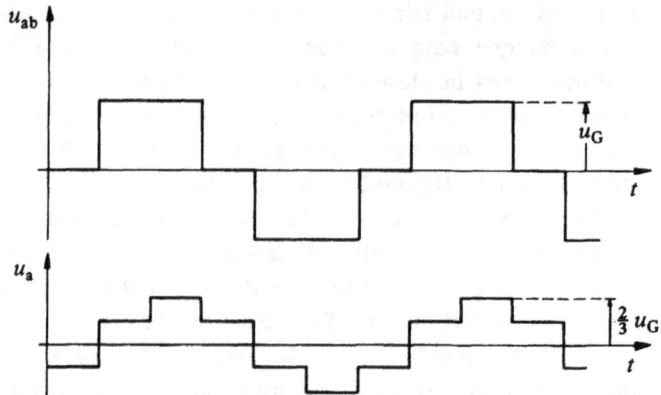

Bild 3-33:
Zeitlicher Verlauf der
Motorspannungen bei
Umrichterspeisung

Koordinatensystem wird er Bewegungen in einem Winkelbereich von $\pm 30°$ zur reellen Achse ausführen, wie man sich leicht vorstellen kann. Bei konstanter Gleichspannung u_G hat der Raumvektor konstante Amplitude, und seine beiden Komponenten haben den in Bild 3-34 dargestellten zeitlichen Verlauf. Nach FOURIER lassen sich dann für die Spannungskomponenten die beiden folgenden Gleichungen anschreiben:

$$u_{1\alpha} = \frac{2\,u_G}{\pi}\left(1 + \frac{2}{35}\cos 6\,\lambda - \frac{2}{143}\cos 12\,\lambda + \ldots\right),$$

$$u_{1\beta} = \frac{2\,u_G}{\pi}\left(\frac{12}{35}\sin 6\,\lambda - \frac{24}{143}\sin 12\,\lambda + \ldots\right).$$

(3.73)

Wie die Untersuchungen von LIPO und KRAUSE [93], über die hier

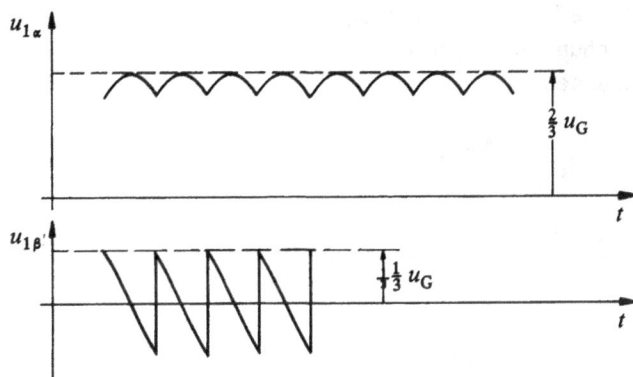

Bild 3-34:
Komponenten des Ständerspannungsvektors
bei Umrichterspeisung
im synchron umlaufenden Koordinatensystem

kurz berichtet werden soll, gezeigt haben, genügt es, für die vorliegende Stabilitätsuntersuchung nur die Grundwelle der angelegten Ständerspannung zu berücksichtigen. Unter dieser Voraussetzung wird

$$u_{1\alpha} = \frac{2}{\pi} u_G \quad \text{und} \quad u_{1\beta} = 0. \tag{3.74}$$

Für das Filter lassen sich die Gleichungen

$$u_F = u_G + X_{LF} \frac{d i_F}{d t} + R_F i_F \tag{3.75 p.u.}$$

sowie

$$u_G = X_{CF} \int_0^t (i_F - i_G) \, dt \tag{3.76 p.u.}$$

angeben. Unter der Voraussetzung, daß die vorgeschaltete Reaktanz X_N klein gegen die des Filters ist, läßt sich nach [93] der folgende Zusammenhang zwischen der Spanung u_F und der Netzspannung e_N ermitteln:

$$u_F = \frac{3\sqrt{3}}{\pi} \hat{e}_N \cos \alpha - \frac{3}{\pi} X_N i_F. \tag{3.77}$$

Darin ist $\hat{e}_N$ die Amplitude der Phasenspannung des speisenden Netzes und α der Zündverzögerungswinkel des Gleichrichters. Für die elektrische Leistung gilt in der Raumvektor-Darstellung die Beziehung [6]

$$p = \mathrm{Re} \, (u \, \tilde{i}).$$

Damit läßt sich im vorliegenden Fall für die Leistungsbilanz die Gleichung

$$u_G i_G = \frac{3}{2} u_{1\alpha} i_{1\alpha} \tag{3.78 p.u.}$$

anschreiben. Damit ist das Gleichungssystem zur vereinfachten Be-

schreibung der Vorgänge im Umrichter vollständig, und für die Untersuchung der Stabilität sind demnach die folgenden, linearisierten Gleichungen zu berücksichtigen.

$$\Delta u_{1\alpha} = \frac{2}{\pi} \Delta u_{\text{G}}, \qquad\qquad\qquad (3.79)$$

$$\Delta u_{\text{F}} = \Delta u_{\text{G}} + X_{\text{LF}} \frac{\mathrm{d}}{\mathrm{d}t} \Delta i_{\text{F}} + R_{\text{F}} \Delta i_{\text{F}}, \qquad (3.80 \text{ p. u.})$$

$$\Delta u_{\text{G}} = X_{\text{CF}} \int_0^t (\Delta i_{\text{F}} - \Delta i_{\text{G}}) \, \mathrm{d}t, \qquad (3.81 \text{ p. u.})$$

$$\Delta u_{\text{F}} = -\frac{3}{\pi} X_{\text{N}} \Delta i_{\text{F}}, \qquad\qquad (3.82 \text{ p. u.})$$

und aus den Gleichungen (3.74) und (3.78) ergibt sich

$$\Delta i_{\text{G}} = \frac{3}{\pi} \Delta i_{1\alpha}. \qquad\qquad\qquad (3.83 \text{ p. u.})$$

Hierbei wurden sofort die Eingangsgrößen $\widehat{e}_{\text{N}}$ und α als konstant angenommen. Sie bestimmen lediglich die Ruhewerte für den Arbeitspunkt
P_0, sind jedoch im übrigen für die Stabilitätsuntersuchung ohne Bedeutung.

Die Gleichungen (3.79) bis (3.83) kommen also noch zu den weiter oben
abgeleiteten linearisierten Gleichungen des Motors hinzu, so daß jetzt
eine Untersuchung über die Stabilität des Antriebes unter genauerer Berücksichtigung der Daten des Umrichters möglich wird. In [93] ist eine
ganze Reihe von Untersuchungsergebnissen zu finden, und zwar für eine
frequenzproportionale Verstellung der Amplitude der Speisespannung,
wie sie oft angewandt wird. In diesem Falle gilt für die Ermittlung der
Ruhewerte

$$U_{1\alpha 0} = \Omega_0 \qquad\qquad\qquad (3.84 \text{ p. u.})$$

und damit

$$U_{\text{F0}} = \frac{\pi}{2} \Omega_0. \qquad\qquad\qquad (3.85 \text{ p. u.})$$

Als Beispiel ist in Bild 3-35 dargestellt, wie der Einfluß der Filterkapazität auf den Stabilitätsbereich etwa aussehen kann. Parameter
sind die Speisefrequenz und eine konstante Belastung des Antriebes.

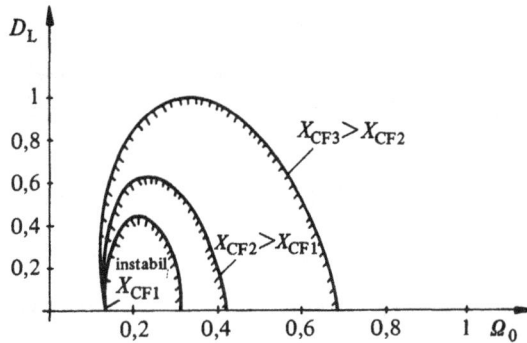

Bild 3-35:
Einfluß der Filterkapazität auf die Stabilität bei Umrichterspeisung (nach [93])

Vereinfachte Übertragungsfunktionen

Das vorstehend für die Stabilitätsuntersuchungen verwendete Gleichungssystem ist immer noch recht kompliziert. Zur Gewinnung eines Einblickes in das Zusammenwirken der dynamischen Vorgänge und das Zeitverhalten des frequenzgesteuerten Motors ist ein einfacheres Strukturbild sehr erwünscht. Um dieses Ziel zu erreichen, muß man allerdings eine Einschränkung bezüglich Genauigkeit und Gültigkeitsbereich der Ergebnisse in Kauf nehmen. Neben der schon durchgeführten Linearisierung der Gleichungen müssen weitere Vereinfachungen vorgenommen werden.

Für die folgende Untersuchung wird wieder der fiktive Magnetisierungsstrom

$$i_m = i_1 + \frac{X_h}{X_1} i_2 \qquad (3.53)$$

verwendet, der bereits im Abschnitt 3.4 eingeführt wurde und der sich natürlich auch in seine beiden Komponenten $i_{m\alpha}$ und $i_{m\beta}$ aufspalten läßt.

Es wird eine frequenzproportionale Verstellung der Amplitude der Ständerspannung vorausgesetzt, so daß im linearisierten Gleichungssystem

$$\Delta \hat{u}_1 = \Delta \omega \qquad (3.86 \text{ p. u.})$$

wird. Es wird nur der über sinusförmige, eingeprägte Spannungen betriebene Motor betrachtet, der außerdem unbelastet sein soll. Somit wird der nach Gleichung (3.71) definierte stationäre Wert des Schlupfes

$$S_0 = \Omega_0 - n_0 = 0, \qquad (3.87 \text{ p. u.})$$

außerdem verschwindet im stationären Zustand auch der Läuferstrom, so daß

$$I_{\alpha 20}, I_{\beta 20} = 0 \qquad\qquad (3.88)$$

gilt. Dann werden einige Elemente in den Matrizen $\underline{B}$ und $\underline{C}$ zu Null, und es gilt das folgende Gleichungssystem.

$$R_1 \left(\Delta i_{m\alpha} - \frac{X_h}{X_1} \Delta i_{2\alpha} \right) + X_1 \frac{d}{dt} \Delta i_{m\alpha} - \Omega_0 X_1 \Delta i_{m\beta} = (1 + X_1 I_{m\beta 0}) \Delta\omega,$$
$$(3.89 \text{ p. u.})$$

$$R_1 \left(\Delta i_{m\beta} - \frac{X_h}{X_1} \Delta i_{2\beta} \right) + X_1 \frac{d}{dt} \Delta i_{m\beta} + \Omega_0 X_1 \Delta i_{m\alpha} = -X_1 I_{m\alpha 0} \Delta\omega,$$
$$(3.90 \text{ p. u.})$$

$$\frac{d}{dt} \Delta i_{2\alpha} + \frac{R_2}{\sigma X_2} \Delta i_{2\alpha} + \frac{X_h}{\sigma X_2} \frac{d}{dt} \Delta i_{m\alpha} = \frac{X_h}{\sigma X_2} I_{m\beta 0} (\Delta\omega - \Delta n),$$
$$(3.91 \text{ p. u.})$$

$$\frac{d}{dt} \Delta i_{2\beta} + \frac{R_2}{\sigma X_2} \Delta i_{2\beta} + \frac{X_h}{\sigma X_2} \frac{d}{dt} \Delta i_{m\beta} = -\frac{X_h}{\sigma X_2} I_{m\alpha 0} (\Delta\omega - \Delta n),$$
$$(3.92 \text{ p. u.})$$

$$X_h (I_{m\beta 0} \Delta i_{2\alpha} - I_{m\alpha 0} \Delta i_{2\beta}) = T_A \frac{d}{dt} \Delta n. \qquad (3.93 \text{ p. u.})$$

Das System ist immer noch von fünfter Ordnung. Vor der Weiterbehandlung müssen noch zwei Vereinfachungen vorgenommen werden, um zu übersichtlichen Ergebnissen zu gelangen. So zeigt eine Abschätzung, daß der Klammerausdruck $(1 + X_1 I_{m\beta 0})$ auch bei verhältnismäßig kleinen Speisefrequenzen Ω_0 praktisch gleich Null ist; das bedeutet gleichzeitig, daß auch der stationäre Wert $I_{m\alpha 0}$ verschwindet. Bei den üblicherweise vorkommenden Werten von R_1 und X_1 hat also der Magnetisierungsstrom bei Leerlauf und stationärem Betrieb nur eine Blindkomponente; diese Voraussetzung ist bei Speisefrequenzen bis herab zu 10 bis 15% der Nennfrequenz noch gut erfüllt.

Eine weitere Überlegung zeigt, daß sich bei kleinen Frequenzänderungen $\Delta\omega$ in erster Linie nur die Wirkkomponente $i_{2\alpha}$ ändern wird, da die Frequenz im Läufer dann sehr gering ist, so daß man $\Delta i_{2\beta}$ vernachlässigen kann. Dies zeigt auch eine Betrachtung des Kreisdiagramms.

Mit diesen Vereinfachungen wird Gleichung (3.92) überflüssig, und es verbleibt zur Beschreibung der Vorgänge bei kleinen Abweichungen nach Anwendung der Laplace-Transformation das folgende Gleichungssystem [107]:

$$(1 + T_1\,s)\,\Delta i_{m\alpha} - \Omega_0\,T_1\,\Delta i_{m\beta} - \frac{X_h}{X_1}\,\Delta i_{2\alpha} \;=\; 0, \qquad \text{(3.94 p.u.)}$$

$$(1 + T_1\,s)\,\Delta i_{m\beta} + \Omega_0\,T_1\,\Delta i_{m\alpha} \;=\; 0, \qquad \text{(3.95 p.u.)}$$

$$(S_K + s)\,\Delta i_{2\alpha} + s\,\frac{X_h}{\sigma\,X_2}\,\Delta i_{m\alpha} \;=\; \frac{X_h}{\sigma\,X_2}\,I_{m\beta 0}\,(\Delta\omega - \Delta n), \qquad \text{(3.96 p.u.)}$$

$$X_h\,I_{m\beta 0}\,\Delta i_{2\alpha} \;=\; s\,T_A\,\Delta n. \qquad \text{(3.97 p.u.)}$$

Hier wurde der schon früher eingeführte stationäre Kippschlupf $S_K =$
$= \dfrac{R_2}{\sigma\,X_2}$ verwendet. Aus den Gleichungen (3.94) und (3.95) erhält man
zum Einsetzen in (3.96) einen Ausdruck von der Form

$$s\,\frac{X_h}{\sigma\,X_2}\,\Delta i_{m\alpha} \;=\; s\,k_a\,\frac{1 + T_1\,s}{1 + 2\,d_a\,T_a\,s + T_a^2\,s^2}\,\Delta i_{2\alpha}, \qquad \text{(3.98 p.u.)}$$

mit den Konstanten

$$k_a \;=\; \frac{X_h^2}{\sigma\,X_1\,X_2\,T_1^2}\,\frac{1}{\Omega_0^2 + \dfrac{1}{T_1^2}}; \quad d_a \;=\; \frac{1}{T_1\,\sqrt{\Omega_0^2 + \dfrac{1}{T_1^2}}}; \quad T_a \;=\; \frac{1}{\sqrt{\Omega_0^2 + \dfrac{1}{T_1^2}}}.$$

Nach Einsetzen erhält man schließlich für die Wirkkomponente des
Läuferstromes

$$\Delta i_{2\alpha} \;=\; \frac{X_h\,I_{m\beta 0}}{\sigma\,X_2\,S_K}\,.$$

$$\cdot\;\frac{1 + 2\,d_a\,T_a\,s + T_a^2\,s^2}{1 + \dfrac{1 + k_a + 2\,d_a\,T_a\,S_K}{S_K}\,s + \dfrac{2\,d_a\,T_a + k_a\,T_1 + S_K\,T_a^2}{S_K}\,s^2 + \dfrac{T_a^2}{S_K}\,s^3}\,(\Delta\omega - \Delta n).$$

$$\text{(3.99 p.u.)}$$

Im Nenner entsteht also ein Ausdruck dritten Grades in s. Da ein solcher immer eine reelle Wurzel hat, kann man einen Term von der Form
$(1 + T\,s)$ abspalten, so daß der Nennerausdruck durch die Reihenschaltung eines VZ_1-Gliedes mit einem VZ_2-Glied dargestellt werden kann.
Leider läßt sich diese Operation nicht in allgemeiner Form durchführen, sondern kann erst nach Einsetzen der Zahlenwerte erfolgen. Je-
denfalls läßt sich dann die obige Gleichung leicht auf die folgende, übersichtliche Form bringen:

$$\Delta i_{2\alpha} \;=\; \frac{X_h\,I_{m\beta 0}}{\sigma\,X_2\,S_K}\,\frac{1}{1 + T_c\,s}\,\frac{1 + 2\,d_a\,T_a\,s + T_a^2\,s^2}{1 + 2\,d_b\,T_b\,s + T_b^2\,s^2}\,(\Delta\omega - \Delta n). \quad \text{(3.100 p.u.)}$$

Dann kann das Verhalten des Motors durch das in Bild 3-36 gezeigte Strukturbild beschrieben werden. Eingangsgröße ist die Speisefrequenz ω, Ausgangsgröße die Drehzahl n; am Ausgang von Block 2 erscheint,

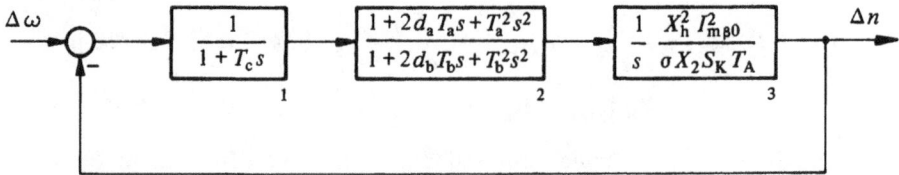

Bild 3-36: Vereinfachtes Strukturbild des Asynchronmotors bei Frequenzsteuerung

abgesehen von dem in Gleichung (3.99) vor dem Bruchstrich stehenden Faktor, die Wirkkomponente $i_{2\alpha}$ des Läuferstromes, die außerdem dem entwickelten Drehmoment entspricht. Es bietet keine Schwierigkeiten, zwischen den Blocks 2 und 3 noch ein Lastmoment d_L zu summieren, wenn man das Störverhalten des Motors untersuchen will. Das Strukturbild gilt nur für kleine Abweichungen Δ der Variablen von einem stationären Betriebspunkt P_0, für den der Leerlauf der Maschine vorausgesetzt wurde. Außerdem wurde eine frequenzproportionale Verstellung der Spannungsamplitude angenommen. Dieses Strukturbild unterscheidet sich von dem des konstant erregten Gleichstrommotors lediglich durch den Block 2. Der Frequenzgang dieses Blocks zeigt bei niedrigen und bei hohen Frequenzen ω^* Proportionalverhalten, lediglich in einem Zwischenbereich treten Abweichungen hiervon auf, wie dies in Bild 3-37 in der Betragskennlinie skizziert ist. Erfahrungsgemäß liegen die Zeitkonstanten T_a und T_b relativ nahe beieinander. Je nachdem, wohin diese Stelle im Frequenzgang des Gesamtsystems zu liegen kommt, kann der Einfluß von Block 2 verschieden stark sein. Die Untersuchungen zeigen, daß im Bereich höherer Speisefrequenzen der Einfluß von Block 2 verschwindet, so daß hier das Verhalten des Motors sehr gut durch ein Verzögerungsglied zweiter Ordnung beschrieben werden kann.

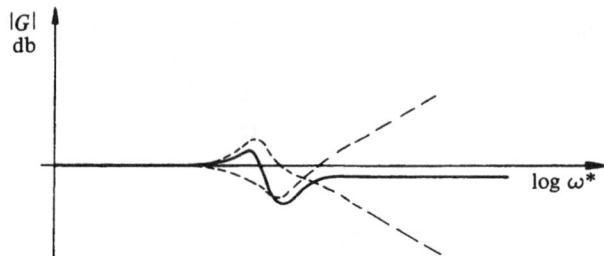

Bild 3-37:
Prinzipieller Verlauf der
Betragskennlinie von
Block 2

Gleichung (3.98) und der Aufbau der Konstanten k_2 zeigen, daß der Einfluß des Ausdruckes $s \dfrac{X_h}{\sigma X_2} \Delta i_{m\alpha}$ mit wachsender Speisefrequenz immer kleiner wird. Deswegen kann man für genügend hohe Speisefrequenzen die Vereinfachung des Gleichungssystems noch einen Schritt weiter treiben und auch noch diesen Ausdruck vernachlässigen, so daß zur Beschreibung des Systems nur noch die Gleichungen (3.96) und (3.97) verbleiben. Dies bedeutet physikalisch, daß nur noch das Verhalten eines Kurzschlußläufers in einem Drehfeld konstanter Amplitude untersucht wird, das mit der jeweiligen Speisefrequenz umläuft. Diese Betrachtungsweise ist in der Gegend der Nennfrequenz durchaus zulässig, so daß die in dieser Weise vereinfachte Übertragungsfunktion durchaus von praktischem Interesse ist. Man erhält dann für das Übertragungsverhalten die einfache Beziehung

$$\Delta n = \frac{1}{1 + \dfrac{\sigma X_2 T_A S_K}{X_h^2 I_{m\beta 0}^2} s + \dfrac{\sigma X_2 T_A}{X_h^2 I_{m\beta 0}^2} s^2} \Delta \omega. \qquad (3.101 \text{ p.u.})$$

Die Übertragungsfunktion wird also ein einfaches VZ_2-Glied, dessen Zeitkonstante und Dämpfung die Werte

$$T = \frac{1}{X_h I_{m\beta 0}} \sqrt{\sigma X_2 T_A}, \quad d = \frac{1}{2} \frac{S_K \sqrt{\sigma X_2 T_A}}{X_h I_{m\beta 0}}$$

haben.

Rechenbeispiel

Es wurde ein vierpoliger Motor mit einer Nennleistung von 10 kW und folgenden Kenngrößen untersucht.

$$U_n = 220 \,\text{V}; \quad I_n = 21 \,\text{A}; \quad Z_p = 2; \quad f_n = 50 \,\text{Hz};$$

$$R_1 = 0{,}04; \quad R_2 = 0{,}0505; \quad T_A = 55; \quad n_n = 1420 \,\text{U/min};$$

$$X_1 = X_2 = 2{,}61; \quad X_h = 2{,}5; \quad \sigma = 0{,}0825.$$

Der Ruhewert des Magnetisierungsstromes $I_{m\beta 0}$ ergibt sich, wenn man die Ausgangsgleichungen (3.39) ff. unter Beachtung der Gleichungen (3.53) und (3.84) für stationäre Betriebsverhältnisse löst. Da für die Ruhewerte Leerlauf vorausgesetzt wurde, sind hier die Läuferströme Null, und man erhält die Gleichungen

$$R_1 I_{m\alpha 0} - \Omega_0 X_1 I_{m\beta 0} = \Omega_0, \qquad (3.102 \text{ p.u.})$$

$$R_1 I_{m\beta 0} + \Omega_0 X_1 I_{m\alpha 0} = 0. \qquad (3.103 \text{ p.u.})$$

Daraus folgt

$$I_{m\beta 0} = -\frac{1}{X_1 \left(1 + \dfrac{1}{\Omega_0^2\, T_1^2}\right)}. \qquad\qquad (3.\,104 \text{ p. u.})$$

Nach Einsetzen ergibt sich der Ruhewert des Magnetisierungsstromes
zu

$$I_{m\beta 0} = -0,383\,,$$

und man stellt fest, daß man diesen Wert bei Speisefrequenzen bis herab zu etwa 10% der Nennfrequenz als konstant annehmen kann.

Damit kann man schon die Daten des stark vereinfachten Systems nach Gleichung (3.101) bestimmen, die sich zu

$$d = 0,41 \quad \text{und} \quad T = 3,78 \,\triangleq\, 0,012 \text{ sec}$$

ergeben. Der Motor wurde mit Hilfe des vollständigen Gleichungssystems auf dem Analogrechner nachgebildet, so daß eine Nachprüfung der jeweils ermittelten Näherungslösungen möglich war. In Bild 3-38 ist die mit dem Analogrechner ermittelte Übergangsfunktion bei sprungar-

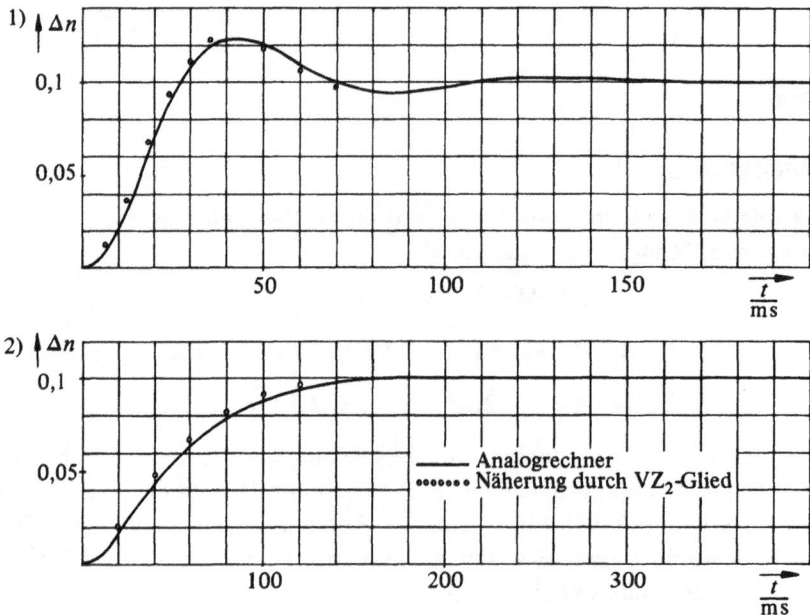

Bild 3-38: Übergangsfunktionen eines frequenzgesteuerten Motors bei Nennfrequenz
($\Omega_0 = \Omega_n$)
1) bei einfachem Trägheitsmoment   2) bei fünffachem Trägheitsmoment

tiger Verstellung der Speisefrequenz um $\Delta\omega = 0,1$ aufgezeichnet; der
Ruhewert der Speisefrequenz betrug dabei $\Omega_0 = 1$. Der gleiche Versuch
wurde anschließend mit einem auf das Fünffache erhöhten Trägheitsmoment wiederholt. In diesem Falle werden die Daten des VZ_2-Gliedes

$$d = 0,91; \quad T = 8,48 \;\widehat{=}\; 0,027 \text{ sec}.$$

Der sich aufgrund der Näherung durch ein einfaches VZ_2-Glied gemäß
Gl. (3.101) ergebende Verlauf ist in den beiden Bildern punktweise eingetragen. Man erkennt, daß diese Näherung im Bereich der Nennfrequenz sehr gute Ergebnisse liefert.

Bei kleinerer Speisefrequenz zeigt die Maschine, zumindest bei kleinem Trägheitsmoment, eine deutliche Neigung zum Schwingen, was
ja auch nach den Ergebnissen der vorher beschriebenen Stabilitätsuntersuchungen zu erwarten ist. In diesem Falle liefert die einfache Näherung durch ein VZ_2-Glied keine befriedigenden Ergebnisse mehr;
man muß dann zu dem in Bild 3-36 angegebenen System übergehen.
Mit Hilfe dieses Systems wurde der Frequenzgang des Motors ermittelt. Hierzu werden zunächst die Konstanten k_a, d_a und T_a bestimmt,
so daß Gl. (3.99) mit Zahlenwerten vorliegt. Der Nennerausdruck läßt
sich in die Reihenschaltung eines VZ_1-Gliedes mit einem VZ_2-Glied
umwandeln, wie in Gleichung (3.100) beschrieben. Zu diesem Zweck
muß eine reelle Wurzel des Nennerpolynoms bestimmt werden; diese
Operation liefert die Zeitkonstante

$$T_c = 3,22 \;\widehat{=}\; 0,0103 \text{ sec},$$

und nach Ausdividieren erhält man anschließend die Daten des verbleibenden VZ_2-Gliedes

$$d_b = 0,22; \quad T_b = 3,75 \;\widehat{=}\; 0,0152 \text{ sec}.$$

Nun kann man die Frequenzkennlinien des offenen Kreises von Bild 3-36
zeichnen, aus denen man die Frequenzkennlinien des geschlossenen
Kreises mit Hilfe des Nichols-Diagrammes ermitteln kann. Bild 3-40
zeigt diese für eine Speisefrequenz $\Omega_0 = 0,25$. Somit entspricht diesen
Frequenzkennlinien das in Bild 3-39 gezeigte Verhalten des Motors im
Zeitbereich. Der Überhöhung der Betragskennlinie 1 bei $\omega^* \approx 65$
entspricht daher auch die Frequenz der Schwingung im oberen Teil des
Bildes, die etwa 10 Hz beträgt.

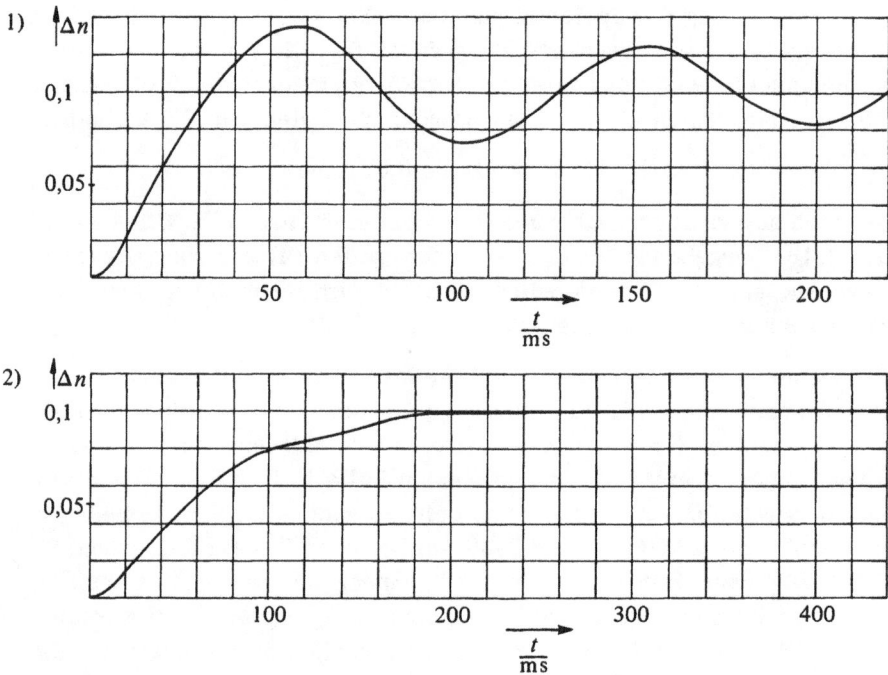

Bild 3-39: Übergangsfunktionen eines frequenzgesteuerten Motors bei 25 % der Nennfrequenz ($\Omega_0 = 0,25 \, \Omega_n$)

1) bei einfachem Trägheitsmoment   2) bei fünffachem Trägheitsmoment

3.6   Die Behandlung unsymmetrischer Betriebszustände

Das stationäre Verhalten des Asynchronmotors bei unsymmetrischen Betriebsbedingungen ist in zahlreichen Arbeiten untersucht worden. Dabei standen die Fragen nach dem Einfluß der Unsymmetrie auf das Drehmoment, die Leistung und die Belastbarkeit im Vordergrund. Dagegen wurde bisher weniger über Untersuchungen berichtet, welche die Klärung von hierbei auftretenden, kurzzeitigen Übergangsvorgängen zum Ziele haben. Das mag zum Teil daran liegen, daß eine Lösung dieser Probleme in einer mathematisch geschlossenen Form fast aussichtslos zu sein scheint und daß auch die Untersuchung mittels einer elektronischen Rechenanlage hier einen wesentlich höheren Aufwand erfordert als im symmetrischen Fall. Trotzdem ist die Berechnung derartiger dynamischer Vorgänge von ziemlichem Interesse und Wert für die Praxis. Man denke nur an die wichtigen Fragen nach dem Verhalten der Motoren bei Netzstörungen, die meist unsymmetrisch sind, so-

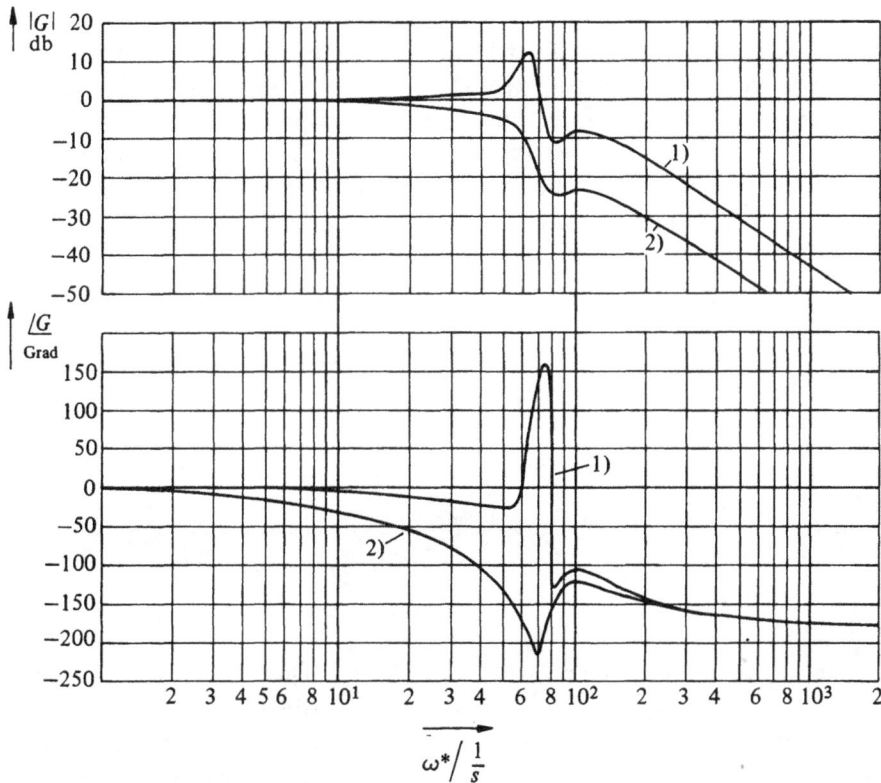

Bild 3-40: Frequenzkennlinien eines frequenzgesteuerten Motors bei 25 % der Nennfrequenz ($\Omega_0 = 0,25\ \Omega_n$)

1) bei einfachem Trägheitsmoment   2) bei fünffachem Trägheitsmoment

wie bei den verschiedenen unsymmetrischen Anlauf- und Bremsschaltungen. Bei geregelten Asynchronmotoren liegen unsymmetrische Betriebsbedingungen vor allen Dingen bei den Zweiphasen-Servomotoren vor, aber auch bei der Speisung der Motoren über Stromrichterschaltungen können infolge der unstetigen Arbeitsweise der Ventile Unsymmetrien auftreten, die bei einer genaueren Darstellung des Übergangsverhaltens berücksichtigt werden müssen.

Unsymmetrische Betriebsverhältnisse können einmal schon durch den Aufbau der Maschine bedingt sein, z. B. ungleiche Windungszahlen der Wicklungen oder Unterbrechungen in einzelnen Läuferstäben bei Käfigläufern. Solche Fälle sollen hier nicht betrachtet werden, sondern es wird eine Maschine angenommen, die in ihrem Aufbau selbst symmetrisch ist, bei der also unsymmetrische Betriebsbedingungen lediglich durch die Schaltung oder durch die Form der zugeführten Spannungen verursacht werden. Die Unsymmetrie kann von der Ständer- oder auch von der Läuferseite her bedingt sein. Um das für die Behandlungsmethode Wesentliche zu zeigen, genügt es hier zunächst, lediglich eine symmetrische Drehstromwicklung mit den Strängen a, b und c zu betrachten; es kann sich dabei um die Ständer- oder die Läuferwicklung eines Asynchronmotors handeln. Bild 3-41 zeigt diese Wicklung in Sternschaltung zusammen mit dem speisenden Netz, welches durch die drei Spannungsquellen e_a, e_b und e_c beschrieben sei.

Bild 3-41:
Drehstromwicklung mit speisendem Netz

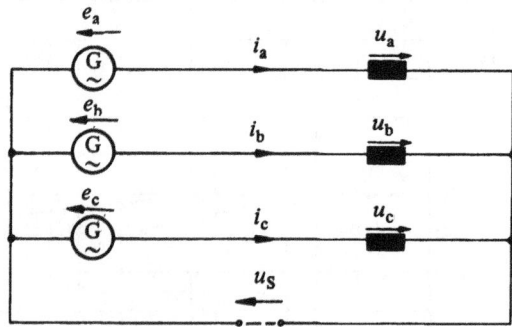

Bisher wurde bei der Formulierung der Gleichungen immer von den drei Strangspannungen u_a, u_b und u_c ausgegangen, die als gegeben angesehen wurden. Bei genauerer Betrachtung des Bildes 3-41 erkennt man jedoch, daß diese durchaus nicht immer mit den Netzspannungen e_a, e_b und e_c übereinstimmen müssen. Das ist nur der Fall, wenn es sich bei den Netzspannungen um ein symmetrisches Dreiphasensystem handelt, wie es z.B. durch die Gleichungen (3.35) beschrieben werden kann, oder wenn die gestrichelt eingezeichnete Sternpunktverbindung hergestellt ist, was nur selten vorkommt. Im allgemeinen werden vom Netz her nur die verketteten Spannungen vorgegeben; diesbezüglich klare Verhältnisse liegen deshalb bei einer Dreieckschaltung der Wicklung vor.

Führt man die Spannung u_S zwischen den beiden Sternpunkten in der im Bild eingezeichneten Richtung ein, so lassen sich zur Berechnung der Strangspannungen die folgenden Gleichungen aufstellen:

$$u_a = e_a - u_S, \quad u_b = e_b - u_S, \quad u_c = e_c - u_S. \tag{3.105}$$

Wegen der Gleichheit und der symmetrischen Anordnung der Wicklungen folgt aus $\sum i = 0$ auch $\sum i Z = 0$, und damit ist

$$u_a + u_b + u_c = 0, \tag{3.106}$$

da die Summe der durch das Luftspaltfeld in den drei Wicklungen induzierten Spannungen ebenfalls Null ergibt. Damit läßt sich die Sternpunktspannung

$$u_S = \frac{1}{3}\,(e_a + e_b + e_c) \tag{3.107}$$

berechnen, so daß die Strangspannungen durch die Gleichungen (3.105) und (3.107) gegeben sind. Bei symmetrischen Netzspannungen ist deren Summe bekanntlich in jedem Augenblick gleich Null, dann folgt aus Gl. (3.107) $u_S = 0$ und aus Gl. (3.105), daß die Strangspannungen gleich den Netzspannungen sind.

Komplizierter werden die Verhältnisse, wenn Unterbrechungen in den Zuleitungen auftreten und beschrieben werden müssen. Streng genommen wäre jetzt ein neues Modell zu erstellen, da der Aufbau der Maschine sich durch die Unterbrechung grundlegend verändert hat. Der unterbrochene Strang ist so gut wie überhaupt nicht mehr vorhanden, in ihm wird lediglich noch eine Spannung induziert. Um bei den ursprünglichen Gleichungen bleiben zu können und um einen leichten Wechsel zwischen den Schaltzuständen bei der Simulation zu ermöglichen, kann man sich in der folgenden Weise behelfen. Man setzt beim Eintritt der Unterbrechung die Spannung u des betroffenen Stranges gleich der in diesem Strang induzierten Spannung u_i, um auf diese Weise den Strom in dem unterbrochenen Strang auf Null zu halten. Dabei wird angenommen, daß die Unterbrechung bei Nulldurchgang des betreffenden Stromes stattfindet, wie es bei den meisten Schaltvorgängen der Fall ist. Die in den einzelnen Wicklungen bei Unterbrechung der Zuleitung induzierten Spannungen ergeben sich aus der Ableitung des Luftspaltflusses oder seiner beiden Komponenten [108]. Bei der Simulation der Vorgänge in der geschilderten Weise treten rechentechnische Schwierigkeiten auf, die letzten Endes darauf zurückzuführen sind, daß die Rechenoperation ein Kunstgriff ist, welcher den tatsächlichen physikalischen Vorgängen nicht unmittelbar entspricht. Es entstehen sogenannte instabile Schleifen. Im allgemeinen können jedoch diese Instabilitäten der Rechenschaltung durch Einfügen einer hinreichend kleinen Verzögerung unterbunden werden, ohne daß die Genauigkeit der Rechnung beeinträchtigt wird. Man kann diese Schwierigkeiten auch durch eine etwas umfangreichere Nachbildung vermeiden, indem man nicht in den beiden Komponenten α und β rechnet, sondern die betreffende Wicklung, bei der die Unterbrechung stattfindet, dreiphasig nachbildet und erst das Zusammenwirken mit der zweiten Wicklung der Maschine in der Zweiachsendarstellung beschreibt. Dieser Weg wurde in [49], [50] und [124] beschritten.

Wenn ein Sternpunktleiter angeschlossen ist, so bleiben bei einer Unterbrechung die Spannungen der nicht unterbrochenen Stränge hiervon unberührt, und die Spannung des unterbrochenen Stranges wird gleich der in der Wicklung induzierten Spannung u_i gesetzt. Ist kein Sternpunktleiter vorhanden und entsteht beispielsweise eine Unterbrechung in der Zuleitung von Strang c, so wird

$$u_a = e_a - u_S, \quad u_b = e_b - u_S, \quad u_c = u_{ic}. \tag{3.108}$$

Außerdem gilt nach wie vor Gleichung (3.106), so daß die Unbekannten u_a, u_b und u_S ermittelt werden können. Man erhält

$$u_S = \frac{1}{2} (e_a + e_b) + \frac{1}{2} u_{ic}. \tag{3.109}$$

Entsprechend lauten die Gleichungen bei Unterbrechungen in den beiden anderen Strängen.

Wenn ein Sternpunktleiter vorhanden oder die Wicklung im Dreieck geschaltet ist, so tritt bei unsymmetrischer Speisung der aus der Theorie der Symmetrischen Komponenten bekannte Nullstrom i_0 auf. Dieser ergibt sich aus den drei Strangströmen wie folgt:

$$i_0 = \frac{1}{3} (i_a + i_b + i_c). \tag{3.110}$$

Die zugehörige Nullspannung, die den Nullstrom zum Fließen bringt, ist

$$u_0 = \frac{1}{3} (u_a + u_b + u_c). \tag{3.111}$$

Der Nullstrom fließt in gleicher Größe und Phasenlage in allen drei Wicklungen; er liefert deshalb keinen Beitrag zum Luftspaltfeld, da sich die Wirkungen infolge der geometrischen Anordnung der Wicklungen auslöschen. Der Nullstrom erzeugt daher nur Streuflüsse. Er ist aus dem gleichen Grunde auch in dem resultierenden Raumvektor i des Stromes nicht enthalten. Wenn man die drei Strangströme aus Gl. (3.7) ermitteln will, beziehungsweise aus den Gleichungen für die beiden Komponenten i_α und i_β, dann fehlt ja zur Bestimmung der drei Größen eine dritte Gleichung. Diese fehlende Gleichung ist die Gleichung (3.110) für den Nullstrom, so daß man für die Bildung der Strangströme die folgende Gleichung erhält.

$$
\begin{bmatrix} i_a \\ i_b \\ i_c \end{bmatrix} = \begin{bmatrix} 1 & 0 & 1 \\ -\dfrac{1}{2} & \dfrac{1}{2}\sqrt{3} & 1 \\ -\dfrac{1}{2} & -\dfrac{1}{2}\sqrt{3} & 1 \end{bmatrix} \begin{bmatrix} i_\alpha \\ i_\beta \\ i_0 \end{bmatrix}. \tag{3.112}
$$

Da die Nullgrößen in den resultierenden Raumvektoren nicht enthalten sind, muß bei Vorhandensein eines Nullsystems dieses gesondert berücksichtigt werden [7]. In diesem Falle tritt zu den bisherigen Gleichungen noch die Spannungsgleichung

$$
u_0 = R\, i_0 + X_0 \frac{\mathrm{d} i_0}{\mathrm{d} t}, \tag{3.113 p.u.}
$$

worin R den ohmschen Widerstand eines Stranges und X_0 den bezogenen Wert der Nullreaktanz der Drehstromwicklung bezeichnet. Nimmt man eine sinusförmige Wicklungsverteilung und damit sinusförmige Feldverteilungen im Luftspalt an, so ist die Nullreaktanz gleich der Streureaktanz der einzelnen Stränge. In Wirklichkeit sind die Wicklungen jedoch wie in Bild 3-22 gezeigt angeordnet, so daß eine trapezförmige Verteilung der Durchflutungen und Felder vorhanden ist. Aus diesem Grunde erzeugt der Nullstrom in der Praxis doch Felder im Luftspalt, die jedoch in vielen Fällen als Streufelder angesehen werden können, also keine Wirkung auf die zweite Wicklung der Maschine ausüben. Die Verhältnisse sind in [7] genauer erläutert. Die dort durchgeführten Berechnungen ergeben, daß die diesem letztgenannten Effekt entsprechende Reaktanz etwa 10% der Hauptreaktanz beträgt. Also beträgt die Nullreaktanz bei Berücksichtigung dieser Vorgänge

$$
X_0 = X_\sigma + 0{,}1\, X_h, \tag{3.114}
$$

wenn keine Kopplung mit der anderen Wicklung der Maschine vorhanden ist.

Die Nachbildung der vorstehend diskutierten Betriebsfälle zeigt Bild 3-42 in Form eines Strukturbildes. Die Kontakte a, b, c sind in Ruhestellung gezeichnet und werden bei einer Unterbrechung in den betreffenden Strängen betätigt. Bei Vorhandensein einer Sternpunktverbindung wird der Schalter S geöffnet. Die eingetragenen Zahlenwerte geben die Konstante des betreffenden Blocks an. Am Ausgang des Strukturbildes erscheinen die drei Strangspannungen, aus denen anschließend die Komponenten u_α und u_β des resultierenden Spannungsvektors gebildet werden können. Mit den obigen Gleichungen läßt sich ein Großteil der in der

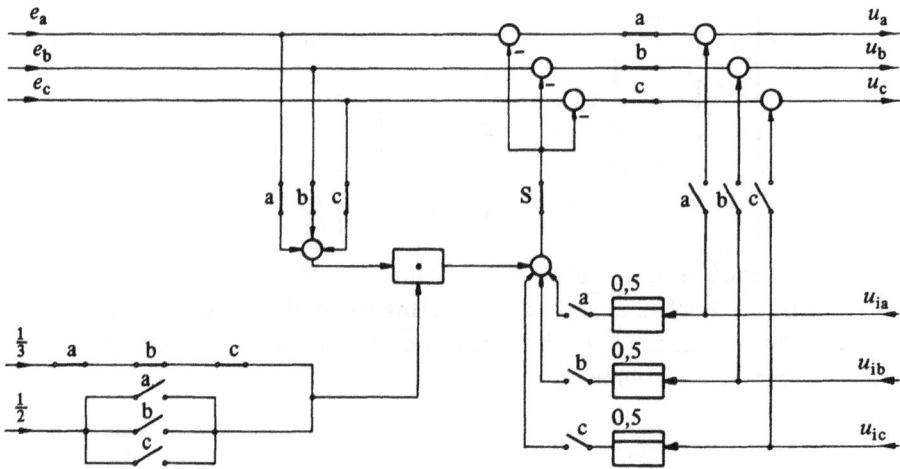

Bild 3-42: Simulation verschiedener Schaltzustände der Drehstromwicklung

Praxis auftretenden unsymmetrischen Betriebszustände behandeln, insbesondere jede Art von Netzunsymmetrie bei symmetrisch aufgebauter Maschine sowie die Fälle von Maschinen mit unsymmetrischem Aufbau, die sich auf das Zweiachsen-Modell zurückführen lassen, so daß man die Gleichungen für die beiden Achsen unmittelbar formulieren kann. Dies ist beispielsweise bei Zweiphasen-Servomotoren der Fall.

3.7   Die Untersuchung von Kaskadenschaltungen im läuferfesten Koordinatensystem

Bei den Kaskadenschaltungen wird ein Asynchronmotor mit Schleifringläufer läuferseitig mit weiteren Einrichtungen verbunden, die eine Beeinflussung des Motors hinsichtlich Drehmoment und Drehzahl gestatten. Wenn hierbei in den Läuferkreis Zusatzspannungen eingeführt werden, bei denen die richtige Zuordnung ihrer Frequenz zum gerade vorhandenen Schlupf des Motors durch den Aufbau der Schaltung sichergestellt ist, so kann zur mathematischen Beschreibung des Betriebsverhaltens vorteilhaft das Strukturbild bei synchron umlaufendem Koordinatensystem verwendet werden, welches in Bild 3-27 angegeben ist. Ein Beispiel, bei dem die Verhältnisse in dieser Weise gegeben sind, ist die Drehstromkommutatorkaskade [105]. Auch für eine näherungsweise Beschreibung des Regelverhaltens der untersynchronen Stromrichterkaskade kann ein synchron umlaufendes Koordinatensystem für die Gleichungen des Asynchronmotors benutzt werden, wie in [119] gezeigt wurde. Wenn jedoch die Spannungen und Ströme im Läuferkreis sich beliebig ausbilden können, wenn im Läuferkreis nichtlineare Elemente und Unsymmetrien berücksichtigt werden müssen oder wenn die Läuferströme des Motors in nicht transformierter Form benötigt werden, dann empfiehlt sich die Verwendung eines läuferfesten Koordinatensystems. Dies gilt beispielsweise für die genauere Untersuchung der Strom- und Spannungsverläufe in der untersynchronen Stromrichterkaskade bei Berücksichtigung der Kommutierungsvorgänge in der Diodenbrücke oder für die Darstellung der Läuferstromregelung bei der Kaskade mit Steuerumrichter.

Wie im Abschnitt 3.1.2 bereits erläutert, werden die Kaskadenschaltungen für einen begrenzten Drehzahlstellbereich unter- und oberhalb der synchronen Drehzahl ausgelegt. Der Anlauf erfolgt deshalb immer mit Hilfe eines Anlaßwiderstandes bis in die Nähe der synchronen Drehzahl, erst dann wird auf die Kaskade umgeschaltet. In vielen zu untersuchenden Fällen kann man daher auf der Ständerseite des Motors einen eingeschwungenen Zustand voraussetzen, so daß es oft möglich ist, den Ständerwiderstand zu vernachlässigen, was zu einer wesentlichen Vereinfachung der Gleichungen führt. Diese Vereinfachung ist allerdings nicht zulässig, wenn der Einfluß von primärseitigen Schaltvorgängen und Netzstörungen auf das Verhalten der Kaskade untersucht werden soll oder wenn die aus diesen Vorgängen resultierenden Beanspruchungen der im Läuferkreis befindlichen Geräte berechnet werden sollen.

Die Gleichungen des Motors im läuferfesten Koordinatensystem, mit denen in diesem Abschnitt gearbeitet werden soll, erhält man leicht aus dem allgemeinen Gleichungssystem der Asynchronmaschine in Abschnitt 3.2.3, wenn man die Winkelgeschwindigkeit n_k des Koordinatensystems gleich dem bezogenen Wert der Drehzahl n des Motors setzt. Für die ständerseitige Speisung des Motors setzen wir ein symmetrisches Drehstromnetz mit der konstanten Nennfrequenz voraus, so daß die Ständerspannungen des Motors von der Form

$$u_{a1} = \widehat{u}_1(t) \cos t,$$

$$u_{b1} = \widehat{u}_1(t) \cos\left(t - \frac{2\pi}{3}\right), \qquad\qquad (3.115 \text{ p.u.})$$

$$u_{c1} = \widehat{u}_1(t) \cos\left(t + \frac{2\pi}{3}\right)$$

sind. Im ständerfesten Bezugssystem erhält man daraus den resultierenden Spannungsvektor $\widehat{u}_1 \, e^{jt}$, der nun noch in das mit dem Läufer rotierende Koordinatensystem transformiert werden muß. Das ständer- und das läuferfeste Bezugssystem bilden nach Bild 3-23 den Winkel ϑ miteinander; daraus folgt für den resultierenden Raumvektor der Ständerspannungen

$$\mathfrak{u}_1 \;=\; \widehat{u}_1 \, e^{j\,(t-\vartheta)}. \tag{3.116 p.u.}$$

Dabei ist der Exponent der e-Funktion durch die folgenden Beziehungen gegeben:

$$t-\vartheta \;=\; \int\limits_0^t (1-n)\,\mathrm{d}t + \vartheta\,(0) \;=\; \int\limits_0^t s\,\mathrm{d}t + \vartheta\,(0). \tag{3.117 p.u.}$$

Somit ergeben sich schließlich für die Beschreibung des dynamischen Verhaltens bei Verwendung eines läuferfesten Koordinatensystems die Gleichungen

$$\widehat{u}_1 \, e^{j\,(t-\vartheta)} \;=\; R_1 \, \mathfrak{i}_1 + \frac{\mathrm{d}\vec{\psi}_1}{\mathrm{d}t} + j\vec{\psi}_1 \, n, \tag{3.118 p.u.}$$

$$\mathfrak{u}_2 \;=\; R_2 \, \mathfrak{i}_2 + \frac{\mathrm{d}\vec{\psi}_2}{\mathrm{d}t}, \tag{3.119 p.u.}$$

$$\vec{\psi}_1 \;=\; X_1 \, \mathfrak{i}_1 + X_\mathrm{h} \, \mathfrak{i}_2, \tag{3.120 p.u.}$$

$$\vec{\psi}_2 \;=\; X_2 \, \mathfrak{i}_2 + X_\mathrm{h} \, \mathfrak{i}_1. \tag{3.121 p.u.}$$

Die Drehmomenten- und Bewegungsgleichung werden von der Wahl des Koordinatensystems nicht beeinflußt. Wie man sieht, hat jetzt die an die Nachbildung zu legende Spannung u_1 Schlupffrequenz, und auch die Ströme und Flüsse des Modells verändern sich bei stationärem Betrieb mit Schlupffrequenz. Man kann also bei diesem Koordinatensystem nicht wie im Abschnitt 3.4 zum Sonderfall des stationären Betriebes übergehen, indem man einfach alle Ableitungen nach der Zeit gleich Null setzt. Andererseits arbeitet man hier wiederum mit den echten Läufergrößen, für die ja beim läuferfesten Bezugssystem keine Transformation erforderlich ist.

Läuferstromregelung der Kaskade mit Steuerumrichter

Bei der Kaskade mit Steuerumrichter, deren Prinzipschaltplan bereits in Bild 3-9 gezeigt wurde, werden die drei Läuferströme durch drei Stromregelkreise auf vorgegebene Werte geregelt. Jede Stromregelung besitzt als Stellglied einen Steuerumrichter, und es sei hier angenommen, daß der Sternpunkt der Wicklung herausgeführt und wie im Bild dargestellt angeschlossen ist. Für den Entwurf und die Stabilität der Stromregelung interessiert das Übertragungsverhalten von Läuferspannung zu Läuferstrom, das im folgenden etwas genauer betrachtet werden soll. In Anbetracht der Schnelligkeit, die für die Stromregelung erzielt werden kann und muß, wird man im allgemeinen die Drehzahl als konstant annehmen können. Dieser konstante Wert der Drehzahl, durch den der Arbeitspunkt des Systems bestimmt wird, soll im folgenden mit n_0 bezeichnet werden. Da dann auch die Drehmomenten- und Bewegungsgleichung nicht mehr betrachtet werden muß, erhält man ein lineares System, für das auch Frequenzgangbetrachtungen angestellt werden können. Mit

$$1 - n_0 = S_0$$

erhält man die nachstehenden Spannungsgleichungen.

$$\hat{u}_1 \cos S_0 \, t = R_1 \, i_{1\alpha} + \frac{d\psi_{1\alpha}}{dt} - n_0 \, \psi_{1\beta}, \qquad \text{(3.122 p.u.)}$$

$$\hat{u}_1 \sin S_0 \, t = R_1 \, i_{1\beta} + \frac{d\psi_{1\beta}}{dt} + n_0 \, \psi_{1\alpha}, \qquad \text{(3.123 p.u.)}$$

$$u_{2\alpha} = R_2 \, i_{2\alpha} + \frac{d\psi_{2\alpha}}{dt}, \qquad \text{(3.124 p.u.)}$$

$$u_{2\beta} = R_2 \, i_{2\beta} + \frac{d\psi_{2\beta}}{dt}. \qquad \text{(3.125 p.u.)}$$

Aus den Flußgleichungen folgt

$$\vec{i}_1 = \frac{1}{\sigma X_1} \vec{\psi}_1 - \frac{X_h}{\sigma X_1 X_2} \vec{\psi}_2, \qquad \text{(3.126 p.u.)}$$

$$\vec{i}_2 = \frac{1}{\sigma X_2} \vec{\psi}_2 - \frac{X_h}{\sigma X_1 X_2} \vec{\psi}_1. \qquad \text{(3.127 p.u.)}$$

Diese Gleichungen ergeben das in Bild 3-43 gezeigte Strukturbild. Als Eingangsgrößen treten die beiden Komponenten $u_{2\alpha}$, $u_{2\beta}$ des Läuferspannungsvektors auf, die hier in erster Linie interessierenden Komponenten $i_{2\alpha}$, $i_{2\beta}$ des Läuferstromvektors lassen sich aus dem Strukturbild entnehmen. Die beiden Komponenten des Ständerspannungsvektors sind für die Untersuchung der Läuferstromregelung als Störgrößen aufzufassen, deren Auswirkung von den Stromreglern ausgeregelt werden muß. Die Regler sollen die Ströme im Läufer der Maschine einregeln, die als Sollwerte vorgegeben werden. Da die Drehzahl als konstant angenommen wird, werden auf diese Weise das Drehmoment und die ständerseitig aufgenommene Wirk- und Blindleistung des Mo-

$\hat{u}_1 \cos S_0 t$

$\psi_{1\alpha}$

$u_{2\alpha}$

$\psi_{2\alpha}$

$i_{2\alpha}$

$i_{2\beta}$

$u_{2\beta}$

$\psi_{2\beta}$

$\hat{u}_1 \sin S_0 t$

$\psi_{1\beta}$

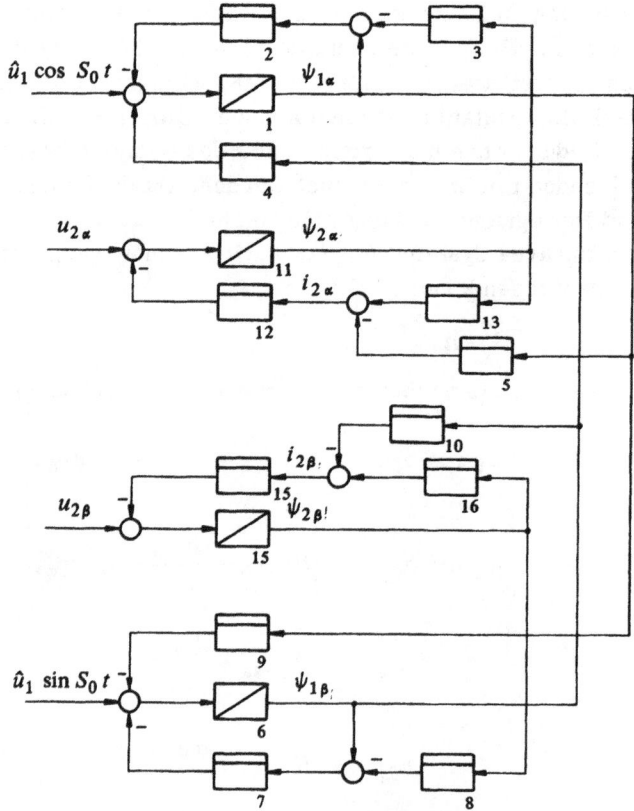

Bild 3-43:
Strukturbild der Strom-
Spannungsverhältnisse
eines Schleifringläufers
im läuferfesten Koordi-
natensystem

tors beeinflußt. Diese Betrachtung entspricht weitgehend dem Einsatz
der Kaskade in Netzkupplungsumformern, wo ja auch die Drehzahl des
Satzes durch den angetriebenen Synchrongenerator festgehalten wird,
weil dieser an das zu versorgende Verbundnetz angeschlossen ist. Aber
auch bei Antrieben mit freier Drehzahl ist die Annahme einer konstanten Drehzahl bei der Untersuchung der Stromregelung zulässig, wie
weiter oben bereits erwähnt wurde.

Die einzelnen Blocks des Strukturbildes haben die folgenden Konstanten:

$$k_1, k_6 = 1; \quad k_2, k_7 = \frac{R_1}{\sigma X_1}; \quad k_3, k_8 = \frac{X_h}{X_2};$$

$$k_4, k_9 = n_0; \quad k_5, k_{10} = \frac{X_h}{\sigma X_1 X_2};$$

$$k_{11}, k_{14} = 1; \quad k_{12}, k_{15} = R_2; \quad k_{13}, k_{16} = \frac{1}{\sigma X_2}.$$

Im Strukturbild treten nur die α- und β-Komponenten der verschiedenen Raumvektoren auf. Für die nähere Untersuchung der Stromregelung interessiert jedoch das Übertragungsverhalten von einer Strangspannung zu dem entsprechenden Strangstrom, z. B. $i_{a2} = f(u_{a2})$. Die beiden anderen Strangspannungen u_{b2} und u_{c2} kann man sich derweil zu Null gesetzt denken. Um das gewünschte Übertragungsverhalten zu ermitteln, muß man das Nullsystem berücksichtigen, welches im vorhergehenden Abschnitt besprochen wurde. Bei einer Betrachtung der Stromregelung für den Läuferstrang a erhält man unter der Voraussetzung, daß

$$u_{2b} = 0, \ u_{2c} = 0 \qquad \text{ist,}$$

$$u_{2\alpha} = \frac{2}{3} u_{a2} \qquad\qquad (3.128)$$

und

$$i_{a2} = i_{2\alpha} + i_{20}. \qquad\qquad (3.129)$$

Dazu kommt noch die Gleichung für das Nullsystem

$$u_{20} = R_2\, i_{20} + X_{20}\, \frac{\mathrm{d} i_{20}}{\mathrm{d}t}, \qquad\qquad (3.130 \text{ p. u.})$$

mit

$$u_{20} = \frac{1}{3} u_{a2}. \qquad\qquad (3.131)$$

Dann wird die zu betrachtende Regelstrecke für eine Läuferstromregelung im Strang a durch das in Bild 3-44 gezeigte Strukturbild beschrieben. Block 1 hat die Konstante $\frac{2}{3}$, das VZ_1-Glied Block 2 hat als Konstante $\frac{1}{3\,R_2}$ und als Zeitkonstante $T_{20} = \frac{X_{20}}{R_2}$, während Block 3 das in Bild 3-43 gezeigte Strukturbild enthält. Für die Bestimmung der Nullreaktanz X_{20} gelten die in Abschnitt 3.6 angestellten Überlegungen.

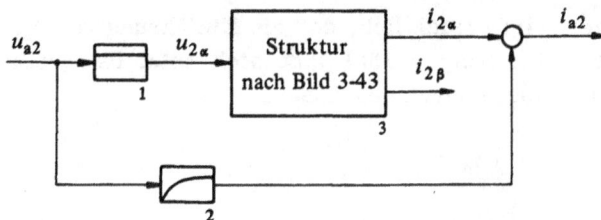

Bild 3-44:
Regelstrecke bei Läuferstromregelung im Strang a

Bei Betrachtung des Bildes 3-43 muß man erkennen, daß das System noch verhältnismäßig komplex ist und wenig Übersicht und Einblick vermittelt. Eine rechnerische Zusammenfassung der Gleichungen zu einer

resultierenden Übertragungsfunktion liefert Polynome dritten und vier-
ten Grades in s, für die keine allgemeinen Aussagen möglich sind. Natürlich kann man das System in der vorliegenden Form auf dem Analogrechner untersuchen, oder man kann sich den Frequenzgang mit einem
Digitalrechner berechnen lassen. Die erhaltenen Ergebnisse gelten dann
jedoch nur für den speziellen Fall. Es soll daher im folgenden versucht
werden, das System weiter zu vereinfachen, so daß ein Einblick in die
wesentlichen Zusammenhänge möglich wird.

Wie bereits erwähnt, ist der Einfluß der Ständerspannung bei der Betrachtung der Stromregelung als Störgröße aufzufassen. Wir können daher zunächst die Amplitude $\hat{u}_1$ als konstant annehmen und gleich $\hat{U}_1$
setzen, eine Voraussetzung, die beim Betrieb der Kaskade an einem
guten Netz ohnehin fast immer erfüllt ist. Eine wesentliche Vereinfachung ergibt sich durch die Einführung des fiktiven Magnetisierungsstromes i_m, insbesondere im Hinblick auf die weiterhin vorgesehene
Vernachlässigung des Ständerwiderstandes R_1. Der Magnetisierungsstrom i_m wurde weiter oben schon verschiedentlich verwendet; er ist
hier natürlich, wie alle Größen in diesem Abschnitt, im läuferfesten
Koordinatensystem beschrieben, und er war gegeben durch die Beziehung

$$i_m = i_1 + \frac{X_h}{X_1} i_2. \tag{3.132}$$

Damit erhält man aus den Gleichungen (3.118) bis (3.121) das folgende Gleichungssystem, wenn man gleichzeitig den ohmschen Ständerwiderstand R_1 gleich Null setzt:

$$X_1 \frac{di_m}{dt} + jn_0 X_1 i_m = \hat{U}_1 e^{jS_0 t}, \tag{3.133 p.u.}$$

$$\sigma X_2 \frac{di_2}{dt} + R_2 i_2 + X_h \frac{di_m}{dt} = u_2. \tag{3.134 p.u.}$$

Hier wird ersichtlich, daß die Einführung von i_m sehr vorteilhaft ist,
denn Gleichung (3.133) läßt sich jetzt für quasistationären Betrieb
leicht lösen durch den Ansatz

$$i_m = -j \frac{\hat{U}_1}{X_1} e^{jS_0 t}. \tag{3.135 p.u.}$$

Einsetzen in die Läufergleichung liefert schließlich den einfachen Zusammenhang

$$\sigma X_2 \frac{di_2}{dt} + R_2 i_2 + \frac{X_h}{X_1} S_0 \hat{U}_1 e^{jS_0 t} = u_2. \tag{3.136 p.u.}$$

Wenn wir nun den Einfluß der Ständerspannung bei der nachfolgenden Frequenzgangbetrachtung vernachlässigen, so wird das interessierende Übertragungsverhalten zwischen Läuferspannung und Läuferstrom durch ein einfaches VZ_1-Glied beschrieben.

$$i_2 = \frac{1}{R_2} \frac{1}{1 + T_2' s} u_2 . \qquad (3.137 \text{ p.u.})$$

Derselbe Zusammenhang besteht natürlich auch zwischen den α- und β-Komponenten von i_2 und u_2. Die Zeitkonstante T_2' entspricht der transienten Zeitkonstante bei der Synchronmaschine und ist gegeben durch

$$T_2' = \frac{\sigma X_2}{R_2} .$$

Damit ist die im Block 3 des Bildes 3-44 enthaltene Struktur wesentlich vereinfacht worden. Die in diesem Bild dargestellte Regelstrecke für eine Läuferstromregelung im Strang a hat damit die folgende Übertragungsfunktion:

$$i_{a2} = \frac{1}{3 R_2} \left(\frac{2}{1 + T_2' s} + \frac{1}{1 + T_{20} s} \right) u_{a2} . \qquad (3.138 \text{ p.u.})$$

Daraus wird schließlich durch Zusammenfassung der beiden Teilübertragungsfunktionen

$$i_{a2} = \frac{1}{R_2} \frac{1 + \dfrac{T_2' + 2 T_{20}}{3} s}{(1 + T_2' s)(1 + T_{20} s)} u_{a2} . \qquad (3.139 \text{ p.u.})$$

Eine Abschätzung dieses Ausdruckes unter Berücksichtigung der für die Nullreaktanz möglichen Werte (vergl. Abschnitt 3.6) zeigt, daß man für das Übertragungsverhalten normalerweise mit guter Näherung ein Verzögerungsglied erster Ordnung mit der Zeitkonstanten T_2' annehmen kann. Eine genaue Berechnung des Frequenzganges für das vollständige System nach Bild 3-44 soll anschließend Aufschluß darüber geben, welchen Einfluß die Vernachlässigung des Ständerwiderstandes R_1 hat.

Für diese Berechnung wurde ein Motor mit einer Nennleistung von ca. 27 MW gewählt, der als Antriebsmotor bei Netzkupplungsumformern Verwendung findet. Seine Daten sind

$$X_1 = 2,48, \quad X_2 = 2,47, \quad X_h = 2,39,$$

$$\sigma = 0,067, \quad R_1 = 3,4 \cdot 10^{-3},$$

$$R_2 = 3,45 \cdot 10^{-3}, \quad T_2' = 48 \triangleq 0,153 \text{ sec} .$$

Mit Hilfe eines Digitalrechnerprogrammes wurden die Frequenzkennlinien für das in Bild 3-44 dargestellte System berechnet; sie sind in Bild 3-45 für drei verschiedene Werte der Drehzahl aufgezeichnet. Man erkennt, daß die oben abgeleitete Näherung durch ein einfaches Verzögerungsglied die tatsächlichen Verhältnisse sehr gut trifft. Die Vernachlässigung des Ständerwiderstandes R_1 ist somit durchaus zulässig. Der Einfluß von R_1 zeigt sich lediglich in den geringen Einbuchtungen der Kennlinien im Bereich $\omega^* = 314 \frac{1}{S}$. Dieser Bereich dürfte jedoch im allgemeinen für die Dimensionierung des Stromreglers nicht mehr von Interesse sein.

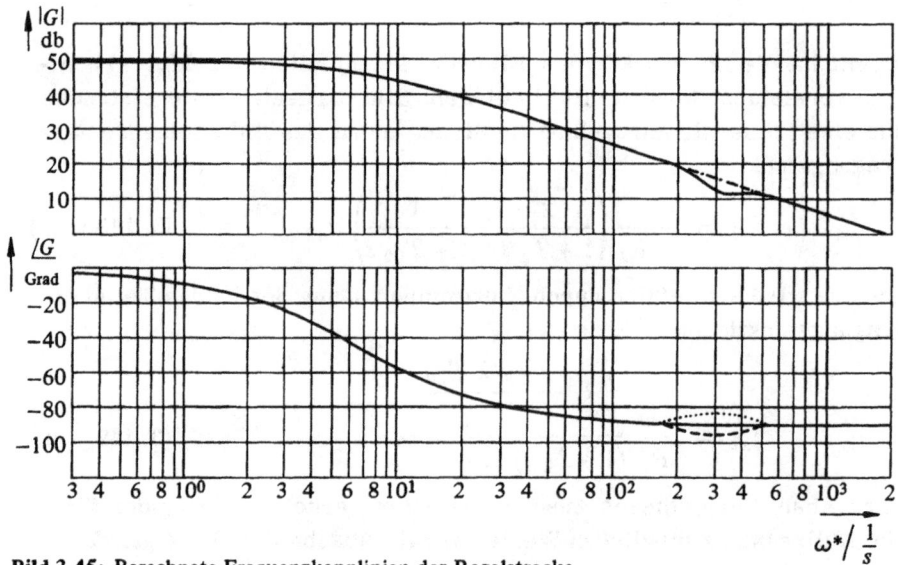

Bild 3-45: Berechnete Frequenzkennlinien der Regelstrecke

·········· n_0 = 0,95 ———— n_0 = 1,0 — — — — n_0 = 1,05

Weitere in diesem Zusammenhang interessante Fragestellungen sind die in der Regelstrecke vorhandenen Kopplungen zwischen den drei Regelkreisen und die Darstellung der entsprechenden Verhältnisse bei nicht vorhandener Sternpunktverbindung. Für die Untersuchung dieser Fragen kann man ohne weiteres von dem durch Gleichung (3.136) gegebenen, vereinfachten Zusammenhang ausgehen, und die oben formulierten Gleichungen lassen sich leicht auf diese Betriebsverhältnisse ausdehnen.

3.8 Übergangsverhalten von Zweiphasen-Servomotoren

Aufbau, Wirkungsweise und Einsatz dieser Motoren wurden bereits im Abschnitt 3.1.3 behandelt. Der Zweiphasen-Servomotor ist ein häufig verwendetes Stellglied insbesondere bei Lageregelungen, und deshalb ist die Kenntnis seiner Übertragungseigenschaften wichtig für die Berechnung der erreichbaren Dynamik solcher Regelkreise. Daneben interessiert aber auch schon die Berechnung der stationären Drehmomenten-Drehzahlkennlinien für verschiedene Amplituden der Steuerspannung aus den Motordaten. Wie bereits erwähnt, wird ein möglichst linearer Verlauf dieser Kennlinien angestrebt, was durch eine Erhöhung des ohmschen Läuferwiderstandes erreicht werden kann. Hier ist jedoch ein Kompromiß erforderlich; denn je geradliniger der Kennlinienverlauf wird, desto kleiner wird das verfügbare Stillstandsdrehmoment. Normalerweise liegt deshalb der Kippschlupf dieser Motoren bei 1,5 bis 2.

Gleichungssystem

Bei der Aufstellung der Gleichungen kann man wieder von dem allgemeinen Gleichungssystem der Asynchronmaschine ausgehen, wie es in Abschnitt 3.2.3 abgeleitet wurde. Hier ist der Übergang zu einem ständerfesten Koordinatensystem zweckmäßig. In diesem Falle entsprechen die sich dann ergebenen α- und β-Komponenten der Ständervektoren den echten Stranggrößen des Ständers. Man erhält die folgenden Gleichungen:

$$R_1 \, i_{1\alpha} + \frac{d\psi_{1\alpha}}{dt} \; = \; u_{1\alpha}, \qquad (3.140 \text{ p.u.})$$

$$R_1 \, i_{1\beta} + \frac{d\psi_{1\beta}}{dt} \; = \; u_{1\beta}, \qquad (3.141 \text{ p.u.})$$

$$R_2 \, i_{2\alpha} + \frac{d\psi_{2\alpha}}{dt} + \psi_{2\beta} \, n \; = \; 0, \qquad (3.142 \text{ p.u.})$$

$$R_2 \, i_{2\beta} + \frac{d\psi_{2\beta}}{dt} - \psi_{2\alpha} \, n \; = \; 0, \qquad (3.143 \text{ p.u.})$$

$$\vec{\psi}_1 \; = \; X_1 \, \vec{i}_1 + X_h \, \vec{i}_2, \qquad (3.144 \text{ p.u.})$$

$$\vec{\psi}_2 \; = \; X_2 \, \vec{i}_2 + X_h \, \vec{i}_1, \qquad (3.145 \text{ p.u.})$$

$$d_M \; = \; X_h \, (i_{1\beta} \, i_{2\alpha} - i_{1\alpha} \, i_{2\beta}), \qquad (3.146 \text{ p.u.})$$

$$d_M - d_L = T_A \frac{dn}{dt}. \qquad\qquad \text{(3.147 p. u.)}$$

Hier wurde der Einfachheit halber angenommen, daß die beiden Stränge
der Ständerwicklung gleich sind. Da jedoch in den Ständerspannungs-
gleichungen die echten physikalischen Größen ohne Umwandlung und
Transformation auftreten und außerdem die Gleichungen für die beiden
Achsen völlig voneinander entkoppelt sind, wäre es auch ohne weiteres
möglich, verschiedene Daten der Ständerwicklungen in den Gleichungen
zu berücksichtigen. Somit wäre in diesem Falle die Behandlung einer
Maschine mit unsymmetrischem Aufbau unter weitgehender Verwendung der bisherigen Gleichungen möglich. Die Nennscheinleistung ist
hier $2\,U_n\,I_n$, was einen Einfluß auf die Bezugswerte für die Leistungen und Drehmomente hat. Die Anlaufzeit T_A wird jetzt

$$T_A = \frac{\Theta\,(2\,\pi\,f_n)^3}{2\,U_n\,I_n\,Z_p^2}. \qquad\qquad \text{(3.148)}$$

Mit Hilfe der obigen Gleichungen kann das dynamische Verhalten des
Zweiphasen-Servomotors untersucht werden. Dabei nehmen wir an, daß
über die Wicklung mit dem Index β der Motor gesteuert wird, so daß
die Spannung $u_{1\beta}$ eine zeitlich veränderliche Amplitude besitzt, deren
bezogener Wert im folgenden mit y bezeichnet sei. Die Amplitude der
Spannung an der α-Wicklung ist konstant; hat sie ihren Nennwert, so
lassen sich die beiden Ständerspannungen in der folgenden Form beschreiben:

$$u_{1\alpha} = \cos t, \qquad\qquad \text{(3.149 p. u.)}$$

$$u_{1\beta} = y\,(t)\,\sin t. \qquad\qquad \text{(3.150 p. u.)}$$

Bei $y = 1$ sind symmetrische Betriebsverhältnisse vorhanden, und es
gilt die bereits in Bild 3-13 gezeigte Drehmomenten-Drehzahlkennlinie. Die Ansteuerung des Motors geschieht durch die Eingangsgröße y,
mit deren Hilfe die verschiedenen Kennlinien des in Bild 3-15 dargestellten Kennlinienfeldes eingestellt werden können.

Berechnung stationärer Kennlinien

Im Abschnitt 3.4 wurden die stationären Kennlinien des Asynchronmotors bei Speisung durch ein symmetrisches Spannungssystem berechnet. Es wurde dabei ein synchron rotierendes Koordinatensystem verwendet; darin sind im stationären Betrieb alle Vektoren konstant, und
man konnte in den Gleichungen alle Ableitungen nach der Zeit gleich
Null setzen. Bei unsymmetrischer Speisung liegen die Verhältnisse

nicht so einfach, deshalb wurde oben für das Anschreiben der Gleichungen auch schon ein ständerfestes Koordinatensystem gewählt. Hier pulsieren nun allerdings stationär alle Veränderlichen mit der Speisefrequenz, und man müßte zur stationären Lösung der Gleichungen entsprechende Ansätze für die einzelnen Variablen des Gleichungssystems machen. Es ergibt sich jedoch noch ein einfacherer Weg zur Ermittlung der gesuchten Zusammenhänge, wenn man sich daran erinnert, daß sich ein unsymmetrisches Spannungssystem durch die Überlagerung zweier gegenläufiger, symmetrischer Systeme darstellen läßt. Bei stationärem Betrieb sind für die Entstehung der Ströme aus den Spannungen lineare Verhältnisse vorhanden, und man kann deshalb die Wirkung der beiden symmetrischen Spannungssysteme getrennt untersuchen und ihre Wirkung dann überlagern. Lediglich bei der Bildung des Drehmomentes ist etwas Vorsicht geboten, da diese Gleichung ja auch stationär nicht linear ist; auf diesen Punkt wird weiter unten noch eingegangen werden. Wir können jedoch bei dieser Vorgehensweise auf die Ergebnisse des Abschnittes 3.4 zurückgreifen, da wir es bei der mitläufigen und gegenläufigen Komponente des Spannungssystems wieder mit symmetrischen Systemen zu tun haben. Zunächst sei die Zerlegung in die beiden symmetrischen Komponenten durchgeführt. Für den resultierenden Raumvektor der Speisespannungen gilt

$$\mathbf{u}_1 \; = \; \cos t + jy \sin t . \tag{3.151 p.u.}$$

Diese Gleichung soll nach dem oben Gesagten auf die folgende Form gebracht werden:

$$\mathbf{u}_1 \; = \; \cos t + jy \sin t \; = \; \hat{u}_\mathrm{m} \left(\cos t + j \sin t \right) + \hat{u}_\mathrm{g} \left(\cos t - j \sin t \right).$$

Durch Koeffizientenvergleich lassen sich die Faktoren $\hat{u}_\mathrm{m}$ und $\hat{u}_\mathrm{g}$ bestimmen, welche die Amplituden des mit- und gegenläufigen Spannungssystems darstellen.

$$\mathbf{u}_1 \; = \; \hat{u}_\mathrm{m} \, e^{jt} + \hat{u}_\mathrm{g} \, e^{-jt}$$

$$\hat{u}_\mathrm{m} \; = \; \frac{1+y}{2}; \quad \hat{u}_\mathrm{g} \; = \; \frac{1-y}{2}. \tag{3.152 p.u.}$$

Diese Zusammenhänge gelten auch für nichtstationäre Vorgänge. Nun soll für stationären Betrieb, also für konstante Werte Y und konstante Drehzahl, die Wirkung des Mitsystems und des Gegensystems getrennt untersucht werden. Dabei können wir die Ergebnisse aus Abschnitt 3.4 direkt verwenden, wobei wir zunächst mit den jeweiligen Komponenten synchron umlaufende Koordinatensysteme voraussetzen. Allerdings wird der Schlupf S des Motors bei allen folgenden Betrachtungen immer in bezug auf das mitläufige Drehfeld definiert. Nach den Gleichungen (3.63) und (3.64) ergeben sich die folgenden Läuferströme:

$$I_{2\alpha m} = -\frac{X_h \hat{U}_m S_K}{\sigma X_1 X_2} \frac{S}{S_K^2 + S^2}, \qquad (3.153 \text{ p. u.})$$

$$I_{2\beta m} = \frac{X_h \hat{U}_m}{\sigma X_1 X_2} \frac{S^2}{S_K^2 + S^2}, \qquad (3.154 \text{ p. u.})$$

$$I_{2\alpha g} = -\frac{X_h \hat{U}_g S_K}{\sigma X_1 X_2} \frac{2-S}{S_K^2 + (2-S)^2}, \qquad (3.155 \text{ p. u.})$$

$$I_{2\beta g} = \frac{X_h \hat{U}_g}{\sigma X_1 X_2} \frac{(2-S)^2}{S_K^2 + (2-S)^2}. \qquad (3.156 \text{ p. u.})$$

Der Schlupf des Motors gegenüber dem gegenläufigen System beträgt $2-S$, wenn S der Schlupf gegenüber dem Mitsystem ist. Die oben abgeleiteten Komponenten haben für konstantes Y und konstanten Schlupf konstante Werte. Man kann sie auch als die Beträge von zugehörigen Raumvektoren auffassen, die im raumfesten Koordinatensystem mit einer durch die Speisefrequenz gegebenen Winkelgeschwindigkeit rotieren. Im ständerfesten Koordinatensystem ergibt sich daher folgender Raumvektor des Läuferstromes:

$$\Im_2 = I_{2\alpha m} e^{jt} + I_{2\alpha g} e^{-jt} + I_{2\beta m} e^{j(t+\frac{\pi}{2})} + I_{2\beta g} e^{-j(t+\frac{\pi}{2})}. \quad (3.157 \text{ p. u.})$$

Daraus folgt für die beiden Komponenten des Läuferstromes im ständerfesten Koordinatensystem

$$I_{2\alpha} = (I_{2\alpha m} + I_{2\alpha g}) \cos t + (I_{2\beta g} - I_{2\beta m}) \sin t, \quad (3.158 \text{ p. u.})$$

$$I_{2\beta} = (I_{2\alpha m} - I_{2\alpha g}) \sin t + (I_{2\beta m} + I_{2\beta g}) \cos t. \quad (3.159 \text{ p. u.})$$

Die Ermittlung der Ströme in den beiden Ständerwicklungen erfolgt mit Hilfe der Gleichung für den fiktiven Magnetisierungsstrom. Es gilt auch hier im ständerfesten Koordinatensystem

$$i_1 = i_m - \frac{X_h}{X_1} i_2. \qquad (3.160)$$

Bei der in der vorliegenden Ableitung und bereits in Abschnitt 3.4 erfolgten Vernachlässigung des ohmschen Ständerwiderstandes ergibt sich aus den Spannungsgleichungen (3.140) und (3.141) des Ständers

$$\frac{di_{m\alpha}}{dt} = \frac{1}{X_1} u_{1\alpha} = \frac{1}{X_1} \cos t, \qquad (3.161 \text{ p. u.})$$

$$\frac{di_{m\beta}}{dt} = \frac{1}{X_1} u_{1\beta} = \frac{1}{X_1} y \sin t. \qquad (3.162 \text{ p. u.})$$

Diese Gleichungen lassen sich für stationäre Betriebsverhältnisse lösen.

$$I_{m\alpha} = \frac{1}{X_1} \sin t; \quad I_{m\beta} = -\frac{1}{X_1} Y \cos t. \qquad (3.163 \text{ p. u.})$$

Zusammen mit der Gleichung (3.160) ergibt sich somit für die beiden Ständerströme

$$I_{1\alpha} = \frac{1}{X_1} \sin t - \frac{X_h}{X_1} I_{2\alpha}, \qquad (3.164 \text{ p. u.})$$

$$I_{1\beta} = -\frac{1}{X_1} Y \cos t - \frac{X_h}{X_1} I_{2\beta}. \qquad (3.165 \text{ p. u.})$$

Bei der Emittlung des Drehmomentes könnte man die oben abgeleiteten Beziehungen für die Ströme in die Gleichung (3.146) einsetzen und diese ausmultiplizieren. Dieses Vorgehen ist jedoch sehr umständlich. Infolge der Nichtlinearität in der Gleichung ergibt sich ein sehr komplizierter Ausdruck. Man erkennt leicht, daß das entwickelte Drehmoment auch pulsierende Anteile enthält, deren Frequenz das Zweifache der Speisefrequenz beträgt. Physikalisch ist das Zustandekommen dieser Pendelmomente so zu erklären, daß das mitläufige Drehfeld auch Drehmomente mit dem Anteil des Läuferstromes bildet, der vom gegenläufigen Drehfeld im Läufer induziert wird und umgekehrt. Bei der Berechnung des Kennlinienfeldes, wie es in Bild 3-15 gezeigt ist, interessieren jedoch die Pendelmomente nicht. Will man nur den zeitlich konstanten Mittelwert des Drehmomentes bestimmen, so kann man von der Gleichung (3.66) ausgehen und erhält

$$D_M = \frac{X_h^2 S_K}{\sigma X_1^2 X_2} \left[\frac{\hat{U}_m^2 S}{S_K^2 + S^2} - \frac{\hat{U}_g^2 (2-S)}{S_K^2 + (2-S)^2} \right]. \qquad (3.166 \text{ p. u.})$$

Diese Gleichung beschreibt also das Kennlinienfeld des Zweiphasen-Servomotors, wie es in Bild 3-15 skizziert ist, wobei die Größen $\hat{U}_m$ und $\hat{U}_g$ durch die Gleichungen (3.152) gegeben sind. Setzt man $S = 1$, so erhält man das Anfahrmoment, das durch die folgende Beziehung gegeben ist:

$$D_{Ma} = \frac{X_h^2 S_K}{\sigma X_1^2 X_2} \frac{Y}{1 + S_K^2}. \qquad (3.167 \text{ p. u.})$$

Wie man sieht, ergibt sich eine lineare Abhängigkeit des Stillstands-
momentes von der Amplitude der Steuerspannung, wie sie auch in dem
vereinfachten Strukturbild des Zweiphasen-Servomotors (Bild 3-18)
vorausgesetzt wurde.

Eine weitere Kennlinie des Motors ist die Steuerkennlinie, welche die
Abhängigkeit der Leerlaufdrehzahl von der Amplitude der Steuerspannung angibt. Ein analytischer Ausdruck für diese Kurve ergibt sich
durch Nullsetzen der Gleichung (3.166). Man erhält

$$y = \frac{\sqrt{A} - \sqrt{B}}{\sqrt{A} + \sqrt{B}}$$

mit

$$A = (2-S)(S_K^2 + S^2), \quad B = [S_K^2 + (2-S)^2] S. \quad \text{(3.168 p. u.)}$$

In Bild 3-46 sind die Verläufe der Anlauf- und der Steuerkennlinie skizziert. Die Schnittpunkte des Drehmomentkennlinienfeldes des Motors
mit der D_M-Achse ergeben die Anlaufkennlinie, und die Schnittpunkte
mit der n-Achse liefern die Steuerkennlinie.

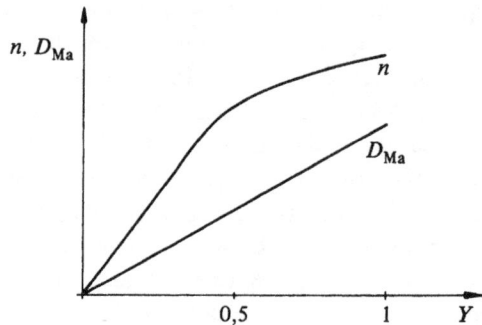

Bild 3-46:
Anlauf- und Steuerkennlinie eines
Zweiphasen-Servomotors

Es sei noch darauf hingewiesen, daß die vorstehende Ableitung der Gleichungen für den stationären Betrieb ebenso wie im Abschnitt 3.4 unter
Vernachlässigung des ohmschen Ständerwiderstandes durchgeführt wurde. Die Einbeziehung des Ständerwiderstandes in die Berechnungen bietet keine prinzipiellen Schwierigkeiten; man erhält allerdings umfangreichere und kompliziertere Ausdrücke, so daß hier darauf verzichtet
wurde, da nur das Grundsätzliche der Berechnungsmethode gezeigt werden sollte. Für symmetrische Betriebsverhältnisse ist die Berechnung
der stationären Zusammenhänge unter Berücksichtigung von R_1 in [6]
durchgeführt worden.

4. *Synchronmotoren*

4.1 Eigenschaften und Betriebsverhalten

Der Synchronmotor besitzt wie der Asynchronmotor im Ständer eine vom Netz gespeiste Drehstromwicklung, die das Drehfeld erzeugt. Der in diesem Drehfeld umlaufende Läufer besteht hier jedoch aus einem über Schleifringe mit Gleichstrom gespeisten Polsystem, das magnetisch vom Drehfeld mitgenommen wird. Das Kennzeichen des Synchronmotors ist also eine starr an die Frequenz des speisenden Netzes gebundene, schlupflose Drehzahl; er läuft im stationären Betrieb immer synchron mit dem Drehfeld und fällt bei Überlastung oder Störungen "außer Tritt". Das Polrad bleibt bei Belastung gegenüber dem Drehfeld um den Lastwinkel δ zurück, der vom Lastmoment, von den Daten der Maschine und von der Höhe der Gleichstromerregung im Läufer abhängt. Bei Synchronmotoren besitzt der Läufer meist ausgeprägte Pole, und dann setzt sich die Drehmomentenkurve aus zwei Anteilen zusammen, wie in Bild 4-1 veranschaulicht wird. Hier ist das von dem Motor entwickelte, stationäre Drehmoment über dem Lastwinkel δ aufgetragen. Der erste Anteil verläuft proportional dem Sinus des Winkels δ und ist außerdem von der Höhe des Erregerstromes I_f und der Netzspannung abhängig. Der zweite Anteil, der sich mit dem Sinus des zweifachen Lastwinkels ändert, wird durch den unterschiedlichen magnetischen Leitwert in Polachse und Pollücke hervorgerufen. Er ist vom Erregerstrom völlig unabhängig, also auch bei Erregerstrom Null vorhanden, und wird als Reaktionsmoment bezeichnet. Die beiden Anteile setzen sich zu der resultierenden Drehmomentenkurve des Synchronmo-

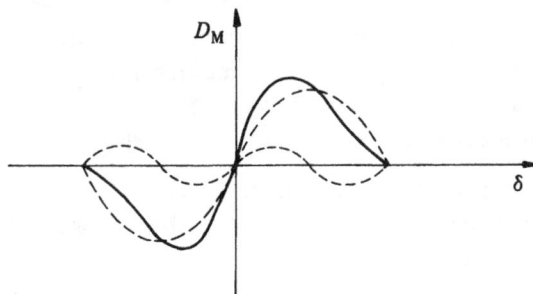

Bild 4-1:
Drehmomentenkurven des Synchronmotors

tors zusammen, die ein ausgeprägtes Maximum, das Kippmoment, bei
einem Winkel unterhalb von 90 Grad aufweist.

Ein gewisses Problem stellt der Anlauf dar, denn der Motor muß ja zunächst einmal auf die synchrone Drehzahl hochgefahren werden, damit
er in den durch Bild 4-1 dargestellten Arbeitsbereich gelangt. Dies
kann mit Hilfe eines besonderen Anwurfmotors geschehen; das am häufigsten angewandte Anlaßverfahren ist jedoch der asynchrone Selbstan-
lauf mit Hilfe eines Dämpferkäfigs. Dieser Käfig besteht aus Stäben,
die in die Polschuhe eingebaut und auf den Stirnseiten durch Kurzschluß-
ringe miteinander verbunden sind. Mit diesem Käfig läuft der Motor
wie ein asynchroner Käfigläufermotor an. Hat der Motor im asynchronen Lauf die höchste erreichbare Drehzahl erreicht, dann wird der Läufer durch Einschalten der Gleichstromerregung ruckartig beschleunigt
und mit größeren oder kleineren Pendelungen in den Synchronismus gezogen. Dies ist jedoch nur dann einwandfrei möglich, wenn der nach dem
asynchronen Anlauf verbleibende Restschlupf nicht zu groß ist (ca. 5%)
und wenn das zu beschleunigende Trägheitsmoment von Motor und Belastungsmaschine einen bestimmten Wert nicht überschreitet. Schließlich darf das vorhandene Lastmoment nicht zu groß sein, damit ein genügend großes überschüssiges Drehmoment zum Beschleunigen verbleibt. Außerdem hängt auch der Restschlupf vom Lastmoment ab. Die
Anlaufströme sind im allgemeinen wie bei Käfigläufermotoren groß und
die Anlaufdrehmomente klein, so daß der Einsatz eines Synchronmotors mit Schwierigkeiten verbunden ist, wenn schon beim Anlauf größere Drehmomente aufgebracht werden müssen. Das Anfahren mit offenem Feldkreis ist wegen der hohen Spannungsbeanspruchung aus Iso-
lationsgründen meist nicht zulässig. Normalerweise wird die Erregerwicklung während des Anlaufes durch einen ohmschen Widerstand ab-
geschlossen, der etwa das Zehnfache ihres Innenwiderstandes beträgt.
Somit fließen auch in der einachsigen Feldwicklung während des Anlaufes Ströme, die zur Drehmomentenbildung einen Beitrag liefern. Deswegen und vor allem wegen der magnetischen Unsymmetrie des Polrades entwickelt der Synchronmotor bei einem stationären Schlupf nicht
wie ein Asynchronmotor ein zeitlich konstantes Drehmoment, sondern
es sind zusätzliche Pendelmomente mit vorwiegend doppelter Schlupffrequenz vorhanden. Dies ist zu beachten, wenn eine Resonanzfrequenz
des mechanischen Systems in diesen Bereich fällt.

Beim Synchronmotor kann die zum Aufbau des Drehfeldes erforderliche
Erregung vom Läufer her aufgebracht werden. Er benötigt daher kei-
nen Magnetisierungsstrom aus dem Netz, er kann darüber hinaus bei
Übererregung noch zusätzlich Blindleistung liefern. Dies ist der we-

sentlichste Vorteil des Synchronmotors gegenüber dem Asynchronmotor. Man setzt ihn bei größeren Antriebsleistungen gern ein, um mit seiner Hilfe gleichzeitig noch den Leistungsfaktor der Gesamtanlage, z.B. eines Werkes oder einer Fabrik, zu verbessern. Weil die Erregung vom Läufer her aufgebracht wird, kann der Synchronmotor auch mit einem größeren Luftspalt als der Asynchronmotor ausgeführt werden; er ist also in dieser Hinsicht einfacher und robuster aufgebaut. Ein weiterer Vorteil ist seine größere Unempfindlichkeit gegen Spannungsabsenkungen des speisenden Netzes, da sein Drehmoment nur proportional mit der Spannung abnimmt, während es beim Asynchronmotor quadratisch sinkt. Nachteilig ist natürlich der Aufwand für die läuferseitige Erregung und die Schalteinrichtungen für den asynchronen Anlauf. Auch das Vorhandensein von Schleifringen und Bürsten kann als Nachteil angesehen werden. Allerdings kann man diesen Nachteil durch eine bürstenlose Erregung umgehen, wenn man eine Drehstromerregermaschine mit anschließenden rotierenden Gleichrichtern für die Speisung der Feldwicklung des Motors verwendet.

Kleine Synchronmotoren finden Verwendung, wenn man Wert auf die starre Bindung der Drehzahl an die Frequenz des speisenden Netzes legt. Man kann bei Verwendung von Synchronmotoren ganze Motorengruppen mit gleicher Drehzahl und festen Drehzahlverhältnissen betreiben. Derartige Antriebsaufgaben kommen vor allem in der Textil- und Faserstoffindustrie vor. Bei Antriebsleistungen bis etwa 6 kW wird vorwiegend der Reluktanzmotor eingesetzt. Dieser ist ein synchron laufender Motor ohne Läufererregung, der in seinem Aufbau einer Asynchronmaschine mit Käfigläufer gleicht. Von der normalen Ausführung einer solchen unterscheidet er sich dadurch, daß am Umfang des Käfigläufers Lücken entsprechend der Polzahl der Ständerwicklung ausgefräst sind. Er läuft asynchron an und fällt dann von selbst in Tritt. Er wird meist für Drehzahlen von 3000 und 1500 U/min gebaut, also mit zwei oder vier Pollücken im Läufer. Der Motor arbeitet also ohne Erregung lediglich mit seinem Reaktionsmoment. Der Wegfall der Gleichstromerregung sowie sein einfacher und robuster Aufbau sind die besonderen Vorteile dieses Motors. Allerdings bezieht der Reluktanzmotor seine Magnetisierungsleistung aus dem Netz, sie kann nicht, wie bei anderen Synchronmotoren, durch eine läuferseitige Erregung beeinflußt werden. In dieser Hinsicht sind Motoren mit Permanentmagneten im Läufer günstiger.

Ein Bremsmoment entwickelt der Synchronmotor, wenn das äußere Lastmoment seine Wirkung umkehrt und in Drehrichtung wirkt, wie aus der in Bild 4-1 gezeigten Kennlinie hervorgeht. Dann verwandelt sich der Motor in einen Generator und speist Leistung ins Netz. Soll eine Bremsung durchgeführt werden, um die Drehzahl des Antriebes zu vermindern oder um den Antrieb stillzusetzen, so kann bei Vorhandensein eines Anlaufkäfigs die Gegenstrombremsung wie beim Asynchronmotor angewandt werden. Allerdings ergeben sich hierbei beträchtliche Ströme, kleine Bremsmomente und eine beträchtliche Wärmeentwicklung. Aus diesem Grunde wird die Gegenstrombremsung normalerweise nicht angewandt. Gebräuchlich ist die Widerstandsbremsung, wobei die gleichstromerregte Maschine mit ihrer Ständerwicklung generatorisch auf Widerstände arbeitet. Die Bremswirkung ist drehzahlabhängig und verschwindet ebenso wie die im Ständer induzierte Spannung im Stillstand. Die Größe des Bremsmomentes kann durch die Erregung und durch die Bremswiderstände beeinflußt werden. In der prinzipiellen Wirkungsweise unterscheidet sich diese Art der Bremsung nicht von der Gleichstrombremsung des Asynchronmotors, und man erhält deshalb auch hier qualitativ die gleichen Kennlinien, wie sie bereits in Bild 3-17 dargestellt wurden.

4.2 Die Regelung von Synchronmotoren

Drehzahlregelung

Die vorhandene Bindung der Drehzahl an die Frequenz der Speisespannung bietet beim Synchronmotor ähnlich wie beim Asynchronmotor die Möglichkeit zur Drehzahlsteuerung durch Speisung mit veränderlicher Frequenz. Da hier ein starres und belastungsunabhängiges Verhältnis zwischen Frequenz und Drehzahl vorhanden ist, kann beim Synchronmotor eine hochgenaue Einstellung der Drehzahl schon allein durch eine Frequenzvorgabe entsprechender Genauigkeit an den Umrichter vorgenommen werden. Von dieser Möglichkeit wird z. B. bei Mehrmotorenantrieben Gebrauch gemacht, die im Gleichlauf betrieben werden sollen, wobei häufig Reluktanzmotoren verwendet werden. Wenn bei großen Antriebsleistungen eine Drehzahlsteuerbarkeit verlangt wird, können stromrichtergespeiste Drehfeldmaschinen schon allein deshalb interessant sein, weil die ausführbaren Leistungen für Gleichstrommotoren durch den Kollektor begrenzt werden. Es existiert eine drehzahlabhängige Leistungsgrenze (ca. 1 MW bei 3000 U/min und 2 MW bei 1000 U/min), so daß für große Leistungen nur verhältnismäßig langsam laufende und damit schwere und teure Einheiten gebaut werden können. Insbesondere für hohe Drehzahlen ergibt sich daher ein Einsatzgebiet für den stromrichtergespeisten Drehstrommotor, wobei der Synchronmotor gegenüber dem Asynchronmotor insofern gewisse Vorteile hat, als er keine Blindleistung benötigt, was sich günstig auf die Dimensionierung des Umrichters auswirkt. Schließlich wird auch der Einsatz des Synchronmotors als Servomotor bei Lageregelungen diskutiert [138].

Für den Aufbau des Umrichters ergeben sich mehrere Möglichkeiten. Im wesentlichen gibt es zwei Gruppen: Direkte Umrichter und Umrichter mit Energiespeicher. Beim Direktumrichter verwendet man für die Speisung eines jeden Stranges einen Umkehrstromrichter, dessen Ausgangsspannung im Takt der gewünschten Frequenz gesteuert wird. Über die Ventile wird der Motor mit dem 50 Hz-Drehstromnetz unmittelbar verbunden. Da beide Seiten im allgemeinen unterschiedliche Spannungen haben und in der Frequenz verschieden sind, müssen die Ventile so gesteuert werden, daß laufend die passenden Momentanwerte der beiden Spannungen zusammengeschaltet werden. Die Kommutierung der einzelnen Ventile wird bei dem direkten Umrichter immer von dem speisenden Netz erzwungen. Es bestehen deshalb keine Anlaufschwierigkeiten. Auch die gesamte Blindleistung kann von dem speisenden Netz geliefert werden. Jedoch ist die mit dem Direktumrichter oder Steuerumrichter erzielbare Frequenz durch die Frequenz des speisenden Netzes begrenzt.

Wenn die Frequenz in einem größeren Bereich verstellt werden soll, muß ein Umrichter mit Gleichstromzwischenkreis eingesetzt werden. Der Gleichstromzwischenkreis wird aus dem Drehstromnetz über einen steuerbaren Gleichrichter versorgt, und er liefert die Leistung für einen Wechselrichter, der seinerseits den Motor mit veränderlicher Frequenz speist. Der Gleichstromzwischenkreis enthält Energiespeicher, und daher sind Gleich- und Wechselrichter funktionell getrennt und voneinander entkoppelt. Somit ist die Frequenz des Wechselrichters unabhängig von der Netzfrequenz, und der Motor kann auch mit übersynchroner Drehzahl (in bezug auf die Netzfrequenz) betrieben werden. Es kann keine Blindleistung über den Gleichstromzwischenkreis transportiert werden. Die Kommutierungsblindleistung des Wechselrichters kann von dem Synchronmotor geliefert werden (lastgeführter Wechselrichter). Hierzu ist der Motor jedoch erst oberhalb einer gewissen Anfangsdrehzahl in der Lage, so daß bei Verwendung eines einfachen, lastgeführten Wechselrichters Anlaufschwierigkeiten entstehen. In manchen Fällen kann der Motor zunächst direkt vom Netz mit Hilfe seines Anlaufkäfigs in den funktionssicheren Drehzahlbereich gefahren werden. Wenn jedoch der Drehzahlstellbereich nach kleinen Drehzahlen hin gefordert wird oder wenn der Anlauf bei großem Lastmoment erfolgen muß, so ist ein Wechselrichter mit Zwangskommutierung erforderlich, bei dem die Kommutierungsblindleistung durch sogenannte Löschkondensatoren geliefert wird. Dieser kann die Motorströme auch bei Stillstand des Motors kommutieren, so daß ein geregelter Anlauf und ein Betrieb bei kleinen Drehzahlen möglich ist.

Schließlich unterscheiden sich die verschiedenen Schaltungen noch sehr wesentlich in der Art der Frequenzvorgabe an den Wechselrichter. Der Motor kann fremd- oder selbstgesteuert sein, und die Art der Steuerung ist ausschlaggebend für die stationären Kennlinien des Antriebes und auch für seine dynamischen Eigenschaften. Man spricht von Fremdsteuerung, wenn die Steuerfrequenz von einem unabhängigen Frequenzgenerator willkürlich vorgegeben wird. In diesem Falle behält der Motor die gewohnten, wesentlichen Eigenschaften der Synchronmaschine bei: Die Drehzahl ist lastunabhängig und fest an die Frequenz des Steuerfrequenzgebers gebunden. Durch die Höhe der Zwischenkreisspannung und durch die Erregung kann nur die Blindleistung des Motors beeinflußt werden, und bei Belastung wächst der Lastwinkel, bis der Motor in der Nähe von 90° kippt. Fremdgesteuerte Synchronmotoren finden vor allem dann Anwendung, wenn auf Gleichlauf mehrerer Motoren einer Motorgruppe Wert gelegt wird. Für kleinere Leistungen kommen Reluktanzmotoren oder Motoren mit Permanenterregung in Betracht, die asynchron anlaufen. Bei derartigen Mehrmotorenantrieben treten normalerweise keine Stabilitätsprobleme zwischen Umrichter und Antriebsmotoren auf, da durch die größere Anzahl von parallelen Maschinen genügend Dämpfung vorhanden ist. Bei Einzelantrieben ist jedoch der fremdgesteuerte Synchronmotor ohne zusätzliche Dämpfungsmaßnahmen instabil [145]. Schon am starren Netz stellt der Synchronmotor ein schwingungsfähiges Gebilde dar. Im Zusammenwirken mit dem Wechselrichter und den Energiespeichern im Gleichstromzwischenkreis kommt es zu Pendelungen des Polrades mit wachsender Amplitude, die zu einem Durchzünden des Wechselrichters führen. Es sind verschiedene Verfahren untersucht worden, mit deren Hilfe diese Instabilität beseitigt werden kann [148].

Beim selbstgesteuerten Synchronmotor wird die Frequenz des Wechselrichters mit einem Lagegeber unmittelbar von der Lage des Polrades und damit von der Drehzahl des Motors selbst vorgegeben. Aus diesem Grunde wird auch die Phasenlage der Ständerspannung, bezogen auf die räumliche Lage des Polrades, vorgeschrieben. Das Betriebsverhalten des selbstgesteuerten Synchronmotors wird demnach durch die Vorgabe der Amplitude der Ständerspannung und durch vorgegebene Lastwinkel gekennzeichnet. Der Motor erhält damit das Verhalten

einer Gleichstrommaschine [143]. Der nach diesem Prinzip arbeiten-
de Antrieb kann auch als Gleichstrommaschine mit Innenpolläufer aufgefaßt werden, bei der der Kollektor durch eine Stromrichterschaltung
ersetzt worden ist. Die Einstellung der Drehzahl geschieht über die
Spannung des Gleichstromzwischenkreises, sie kann außerdem noch
durch die Erregung beeinflußt werden. Bei Belastung sinkt die Drehzahl leicht ab, der Antrieb zeigt also Nebenschlußverhalten. Der Synchronmotor kann bei Selbststeuerung insbesondere nicht mehr kippen,
weil die Speisefrequenz von der Welle des Motors gesteuert wird. Der
selbstgesteuerte Stromrichtersynchronmotor kommt vor allem für größere Antriebsleistungen bei extremen Bedingungen in Betracht, wenn
für den Einsatz des stromrichtergespeisten Gleichstrommotors Schwierigkeiten bestehen (Grenzleistungen, besonders hohe Drehzahlen, Ex-
plosionsschutzbedingungen, nicht erreichbare Bürstenstandzeiten). Gegenüber dem Asynchronmotor hat er zwar den Nachteil, daß dem Läufer die Erregerleistung zugeführt werden muß; die Schleifringe können
jedoch durch eine bürstenlose Erregung über rotierende Gleichrichter
vermieden werden. Auf der anderen Seite ergeben sich jedoch wegen
des besseren Leistungsfaktors eine geringere Belastung der Wechsel-
richterventile sowie eine einfachere Steuerung des Wechselrichters und
günstigeres dynamisches Verhalten.

Blindleistungsregelung

Im vorhergehenden Abschnitt wurde bereits erwähnt, daß man Synchronmotoren, die im durchlaufenden Betrieb am 50 Hz-Netz gefahren werden, gern neben ihrer eigentlichen Antriebsaufgabe noch zur Lieferung
von Blindleistung heranzieht, um den Leistungsfaktor der Gesamtanlage
zu verbessern. Der Synchronmotor ist bei Übererregung und entsprechender Dimensionierung in der Lage, Blindleistung abzugeben, die für
andere Verbraucher, vorzugsweise Asynchronmotoren, benötigt wird.
Diese Blindleistung muß dann nicht aus dem öffentlichen Netz bezogen
werden, was finanziell vorteilhaft ist. Oft ist der Blindleistungsbedarf
nahezu konstant oder nur langsamen Änderungen unterworfen; dann genügt meist schon eine gesteuerte Einstellung des Erregerstromes oder
eine einfache und langsame Regelung, die nicht weiter problematisch
ist. Daneben gibt es jedoch auch Fälle, wo große und sehr schnelle
Blindleistungsschwankungen auftreten, die kompensiert werden sollen,
da diese Blindleistungsänderungen entsprechende Schwankungen der
Netzspannung mit sich bringen. Als wichtigstes Beispiel hierfür sei die
Speisung von Gleichstromantrieben veränderlicher Drehzahl über Stromrichter genannt. Bei niedriger Aussteuerung der Stromrichter, wie sie

für kleine Motordrehzahlen erforderlich ist, ergeben sich große Blind-
ströme infolge der Zündverzögerung der Ventile. Bei Antrieben mit oft
und schnell veränderlichen Drehzahlen, beispielsweise Reversiergerü-
sten, entstehen entsprechende Blindleistungsänderungen. Die Kompen-
sation solcher Blindleistungsstöße stellt somit eine weitere Regelauf-
gabe bei Synchronmotoren dar, bei der die Anforderungen an die Dynamik der Regelung zuweilen recht hoch sind. Als Regelgröße können die
Spannung des Netzes, die trotz der Blindlaststöße konstant gehalten
werden soll, oder die Blindleistung an einer Übergabestelle im Netz
dienen. Natürlich müssen in der Regelung des Motors bestimmte Begrenzungen vorgesehen werden, damit der Motor nicht überlastet und
seine Stabilität nicht gefährdet werden kann. Außerdem ist zu beachten,
daß durch die von der Blindleistungsregelung vorgenommenen Änderungen des Erregerstromes jeweils auch der Lastwinkel des Motors verstellt wird, was unter Umständen eine ungünstige Beeinflussung für das
mechanische System, bestehend aus Polrad und Arbeitsmaschine, darstellt.

4.3 Allgemeines Gleichungssystem der Synchronmaschine

Der prinzipielle Aufbau einer zweipoligen synchronen Schenkelpolmaschine ist in Bild 4-2 schematisch dargestellt. Sie trägt auf ihrem
Ständer eine symmetrische Drehstromwicklung mit den Strängen a, b

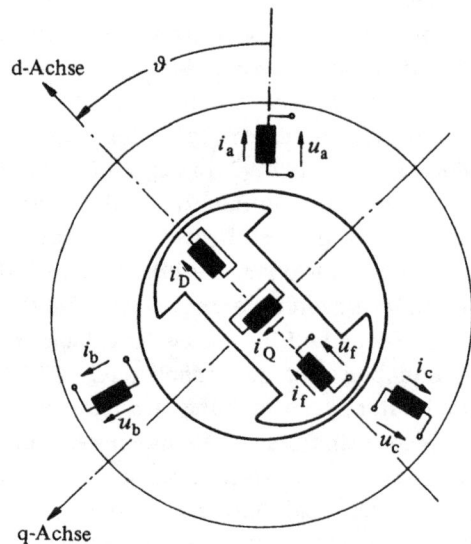

Bild 4-2:
Schematische Darstellung der Wicklungen in einer Schenkelpolmaschine

und c. Der als Polrad ausgebildete Läufer trägt eine vom Strom i_f durchflossene Erregerwicklung, an der die Gleichspannung u_f liegt. Die Wirkung des unsymmetrischen Dämpferkäfigs wird durch zwei konzentrierte, kurzgeschlossene Wicklungen D und Q dargestellt, die in der Längsachse des Polrades und in der Pollücke angeordnet sind. Für eine genauere Darstellung der Vorgänge in der Dämpferwicklung müßten hier mehrere Wicklungen angenommen werden, die magnetisch und galvanisch miteinander gekoppelt sind, jedoch begnügt man sich im allgemeinen mit einer Wicklung in jeder Achse. Im Bild ist ein läuferfestes Koordinatensystem eingezeichnet, für dessen Achsen die Bezeichnungen d und q allgemein üblich sind. Die Lage des Polrades wird durch den Positionswinkel ϑ festgelegt, den die Polradachse mit der Wicklungsachse der Ständerwicklung a einschließt.

Wir vernachlässigen bei der folgenden Betrachtung wieder alle Oberwellenerscheinungen, Wirbelströme, Hysterese, die Temperaturabhängigkeit der Widerstände und zunächst die Eisensättigung. Dann lassen sich für die Anordnung in Bild 4-2 zunächst die folgenden sechs Spannungsgleichungen angeben:

Ständer:

$$u_a = R_1\, i_a + \frac{\mathrm{d}\psi_a}{\mathrm{d}t},$$

$$u_b = R_1\, i_b + \frac{\mathrm{d}\psi_b}{\mathrm{d}t}, \qquad\qquad (4.1)$$

$$u_c = R_1\, i_c + \frac{\mathrm{d}\psi_c}{\mathrm{d}t}.$$

Läufer:

$$u_f = R_f\, i_f + \frac{\mathrm{d}\psi_f}{\mathrm{d}t},$$

$$0 = R_D\, i_D + \frac{\mathrm{d}\psi_D}{\mathrm{d}t}, \qquad\qquad (4.2)$$

$$0 = R_Q\, i_Q + \frac{\mathrm{d}\psi_Q}{\mathrm{d}t}.$$

Bei der Aufstellung der Gleichungen für die Flußverkettungen tritt hier gegenüber der Asynchronmaschine noch eine zusätzliche Schwierigkeit auf, die durch den ungleichen Luftspalt in den beiden Achsen verursacht wird. Dies führt dazu, daß die Selbstinduktivitäten und die Gegeninduk-

tivitäten der Ständerwicklungen sich mit der Stellung des Polrades ändern. Für die Flußverkettungen der verschiedenen Wicklungen gelten
die folgenden Matrizengleichungen:

$$\underline{\psi}_1 = \underline{l}_1\, \underline{i}, \tag{4.3}$$

$$\underline{\psi}_2 = \underline{l}_2\, \underline{i}. \tag{4.4}$$

$$\underline{\psi}_1 = \begin{bmatrix} \psi_a \\ \psi_b \\ \psi_c \end{bmatrix}, \qquad \underline{\psi}_2 = \begin{bmatrix} \psi_f \\ \psi_D \\ \psi_Q \end{bmatrix}, \qquad \underline{i} = \begin{bmatrix} i_a \\ i_b \\ i_c \\ i_f \\ i_D \\ i_Q \end{bmatrix},$$

$$\underline{l}_1 = \begin{bmatrix} l_a & m_{ab} & m_{ac} & m_{af} & m_{aD} & m_{aQ} \\ m_{ba} & l_b & m_{bc} & m_{bf} & m_{bD} & m_{bQ} \\ m_{ca} & m_{cb} & l_c & m_{cf} & m_{cD} & m_{cQ} \end{bmatrix},$$

$$\underline{l}_2 = \begin{bmatrix} m_{fa} & m_{fb} & m_{fc} & l_f & m_{fD} & m_{fQ} \\ m_{Da} & m_{Db} & m_{Dc} & m_{Df} & l_D & m_{DQ} \\ m_{Qa} & m_{Qb} & m_{Qc} & m_{Qf} & m_{QD} & l_Q \end{bmatrix}.$$

Die in den Induktivitätsmatrizen $\underline{l}_1$ und $\underline{l}_2$ vorkommenden Elemente
sollen anschließend der Reihe nach diskutiert werden.

Selbstinduktivitäten des Ständers

Die Selbstinduktivität jeder Ständerwicklung ändert sich periodisch von
einem Maximalwert, wenn die d-Achse mit der Wicklungsachse zusammenfällt, zu einem Minimalwert, der dann vorhanden ist, wenn
sich die Pollücke in der Achse der betrachteten Wicklung befindet. Infolge des Polradaufbaues hat die Variation der Induktivität eine Peri-
ode von 180 elektrischen Grad; sie läßt sich durch eine Reihe von
Cosinus-Funktionen beschreiben, und zwar von gradzahligen Harmoni-
schen des Winkels ϑ. Wir berücksichtigen hier nur die ersten beiden
Glieder dieser Reihe, und die Selbstinduktivität der Ständerwicklung a
muß daher von der folgenden Form sein:

$$l_a = l_1 + l_2 \cos 2\,\vartheta. \tag{4.5}$$

Ein Strom im Strang a erzeugt im Luftspalt eine Durchflutung, die man je nach Lage des Polrades in zwei Anteile in d- und q-Achse zerlegen kann. Entsprechende, mit dem Polrad gekoppelte Flußkomponenten sind dann in der d-Achse

$$\Phi_d = P_d \cos \vartheta \tag{4.6}$$

und in der q-Achse

$$\Phi_q = -P_q \sin \vartheta. \tag{4.7}$$

Dabei sind P_d und P_q Faktoren, die den magnetischen Leitwerten in den beiden Achsen sowie dem angenommenen Strom i_a proportional sind. Dann ist die Flußverkettung mit dem Strang a

$$\psi_a = w_1 \left(\Phi_d \cos \vartheta - \Phi_q \sin \vartheta\right) = w_1 \left(P_d \cos^2 \vartheta + P_q \sin^2 \vartheta\right).$$

Durch eine einfache Umformung folgt hieraus

$$\psi_a = w_1 \left(\frac{P_d + P_q}{2} + \frac{P_d - P_q}{2} \cos 2\,\vartheta\right) = A + B \cos 2\,\vartheta. \tag{4.8}$$

Zu dem konstanten Anteil A ist nur noch die Ständerstreuinduktivität hinzuzurechnen, so daß sich für die Selbstinduktivität der Ständerwicklung a ein Ausdruck nach Gl. (4.5) ergibt. Ganz entsprechend lauten die Beziehungen für die beiden anderen Wicklungen

$$l_b = l_1 + l_2 \cos \left(2\,\vartheta + \frac{2\,\pi}{3}\right), \tag{4.9}$$

$$l_c = l_1 + l_2 \cos \left(2\,\vartheta - \frac{2\,\pi}{3}\right). \tag{4.10}$$

Gegeninduktivitäten des Ständers

Wir nehmen wieder an, daß ein Strom im Strang a fließt, der wie vorher die beiden Flußkomponenten Φ_d und Φ_q nach Gl. (4.6) und (4.7) erzeugt. Betrachten wir nun die Flußverkettung der Wicklung b, die aufgrund des Stromes in Wicklung a zustande kommt, so ergibt sich

$$\psi_b = w_1 \left[\Phi_d \cos \left(\vartheta - \frac{2\,\pi}{3}\right) - \Phi_q \sin \left(\vartheta - \frac{2\,\pi}{3}\right)\right],$$

$$\psi_b = w_1 \left[P_d \cos \vartheta \cos \left(\vartheta - \frac{2\,\pi}{3}\right) + P_q \sin \vartheta \sin \left(\vartheta - \frac{2\,\pi}{3}\right)\right],$$

$$\psi_b = w_1 \left[-\frac{P_d + P_q}{4} + \frac{P_d - P_q}{2} \cos\left(2\,\vartheta - \frac{2\,\pi}{3}\right) \right].$$

Beim Vergleich mit Gleichung (4.8) entsteht hier ein Ausdruck von der Form

$$\psi_b = -\left[\frac{1}{2}\,A + B\,\cos\left(2\,\vartheta + \frac{\pi}{3}\right) \right]. \tag{4.11}$$

Man erkennt, daß der variable Teil der Gegeninduktivität den gleichen Wert hat wie der der Selbstinduktivität. Der konstante Anteil ist jedoch nur etwa halb so groß; die Abweichung vom genauen Faktor 0,5 entsteht dadurch, daß hier die Ständerstreuung nicht zu dem konstanten Anteil in Gl. (4.11) hinzuaddiert wird. Die entsprechenden Betrachtungen lassen sich auch für die übrigen Wicklungen durchführen; man erhält dann für die Gegeninduktivitäten des Ständers die folgenden Ausdrücke:

$$m_{ab} = m_{ba} = -\left[m_1 + l_2 \cos\left(2\,\vartheta + \frac{\pi}{3}\right) \right],$$

$$m_{bc} = m_{cb} = -\left[m_1 + l_2 \cos\left(2\,\vartheta - \pi\right) \right], \tag{4.12}$$

$$m_{ca} = m_{ac} = -\left[m_1 + l_2 \cos\left(2\,\vartheta + \frac{5\,\pi}{3}\right) \right].$$

Gegeninduktivitäten zwischen Ständer und Läufer

Stellt man sich der Reihe nach einen Strom in den drei Läuferwicklungen vor und bedenkt man, daß nur die Grundwellen der Feldkurven berücksichtigt werden sollen, so kommt man zu dem Ergebnis, daß alle Gegeninduktivitäten zwischen Ständer- und Läuferwicklungen sich sinusförmig mit dem einfachen Winkel ϑ ändern und ihren maximalen Wert dann haben, wenn die jeweiligen Wicklungsachsen die gleiche Lage einnehmen.

$$m_{af} = m_{1f}\,\cos\vartheta,$$

$$m_{bf} = m_{1f}\,\cos\left(\vartheta - \frac{2\,\pi}{3}\right), \tag{4.13}$$

$$m_{cf} = m_{1f}\,\cos\left(\vartheta + \frac{2\,\pi}{3}\right).$$

$$m_{aD} = m_{1D} \cos \vartheta,$$

$$m_{bD} = m_{1D} \cos \left(\vartheta - \frac{2\pi}{3} \right), \qquad (4.14)$$

$$m_{cD} = m_{1D} \cos \left(\vartheta + \frac{2\pi}{3} \right).$$

$$m_{aQ} = -m_{1Q} \sin \vartheta,$$

$$m_{bQ} = -m_{1Q} \sin \left(\vartheta - \frac{2\pi}{3} \right), \qquad (4.15)$$

$$m_{cQ} = -m_{1Q} \sin \left(\vartheta + \frac{2\pi}{3} \right).$$

In allen Gleichungen ergeben sich durch Vertauschen der Indizes die noch fehlenden Ausdrücke für die Gegeninduktivitäten zwischen Läufer und Ständer, wobei die jeweiligen Konstanten, wie z.B. m_{1f} und m_{f1}, einander gleich sind.

Induktivitäten des Läufers

Die Selbstinduktivitäten der Läuferwicklungen sind konstant, wenn die Eisensättigung und Nebeneffekte wie die Nutung vernachlässigt werden: L_f, L_D, L_Q. Die Gegeninduktivitäten zwischen den beiden Wicklungen in der d-Achse sind ebenfalls konstant: M_{fD}, M_{Df}. Die Gegeninduktivitäten zwischen Wicklungen der d-Achse und der q-Achse sind Null, da diese Wicklungen senkrecht zueinander angeordnet sind: $m_{fQ} = m_{Qf} = = m_{DQ} = m_{QD} = 0$.

Damit sind alle Elemente der Induktivitätsmatrizen $\underline{l}_1$ und $\underline{l}_2$ bestimmt.

Transformation der Gleichungen

Die Spannungsgleichungen (4.1) des Ständers lassen sich, wie schon bei der Asynchronmaschine, leicht zu einer resultierenden Gleichung der Raumvektoren zusammenfassen:

$$\mathbf{u}_1 = R_1 \mathbf{i}_1 + \frac{d\vec{\psi}_1}{dt}. \qquad (4.16)$$

Bei den Gleichungen (4.3) für die Flußverkettungen des Ständers wird diese Zusammenfassung etwas komplizierter. Multipliziert man auch hier die erste Gleichung mit $\frac{2}{3}$, die zweite mit $\frac{2}{3}\,\mathfrak{a}$ und die dritte mit $\frac{2}{3}\,\mathfrak{a}^2$, so erhält man nach Aufsummieren und einigen Zwischenrechnungen die Beziehung

$$\vec{\psi}_1 = (l_1 + m_1)\,\mathfrak{i}_1 + l_2\,(i_a + \mathfrak{a}^2\,i_b + \mathfrak{a}\,i_c)\,e^{j2\vartheta} + m_{1f}\,i_f\,e^{j\vartheta} +$$
$$+ m_{1D}\,i_D\,e^{j\vartheta} + m_{1Q}\,i_Q\,e^{j\left(\vartheta + \frac{\pi}{2}\right)}. \qquad (4.17)$$

Eine kurze Rechnung zeigt bei Betrachtung von Gl. (3.6), daß

$$i_a + \mathfrak{a}^2\,i_b + \mathfrak{a}\,i_c = \frac{3}{2}\,\tilde{\mathfrak{i}}_1 \qquad (4.18)$$

gilt, wobei $\tilde{\mathfrak{i}}_1$ den zu $\mathfrak{i}_1$ "konjugiert komplexen Vektor" bezeichnet. Damit wird

$$\vec{\psi}_1 = (l_1 + m_1)\,\mathfrak{i}_1 + \frac{3}{2}\,l_2\,\tilde{\mathfrak{i}}_1\,e^{j2\vartheta} + m_{1f}\,i_f\,e^{j\vartheta} +$$
$$+ m_{1D}\,i_D\,e^{j\vartheta} + m_{1Q}\,i_Q\,e^{j\left(\vartheta + \frac{\pi}{2}\right)}. \qquad (4.19)$$

Wird die Maschine nur durch einen konstanten Ständerstromvektor $\mathfrak{i}_1$ erregt, so besteht der Ständerflußvektor demnach aus einem konstanten Anteil, der die gleiche Lage wie $\mathfrak{i}_1$ hat, und weiterhin aus einem mit 2ϑ rotierenden Vektor, der bei $\vartheta = 0$ die Lage von $\tilde{\mathfrak{i}}_1$ besitzt.

Bei der Suche nach einer geeigneten Transformation, welche die Abhängigkeit der Induktivitäten vom Rotorpositionswinkel ϑ beseitigt, kommt man zu dem Ergebnis, daß es wegen der durch den Läufer bedingten Unsymmetrie der Maschine zweckmäßig ist, ein läuferfestes Koordinatensystem für die Darstellung der Zusammenhänge zu benutzen. Damit bleiben die echten Läufergrößen bestehen, da die drei Läuferwicklungen ja in den Achsen des gewählten Koordinatensystems liegen. Die Ständervektoren werden in das läuferfeste System transformiert, wobei beispielsweise für den transformierten Ständerstrom aufgrund von Gl. (3.10) die Beziehung

$$\mathfrak{i}_{1T} = i_d + j i_q = \mathfrak{i}_1\,e^{-j\vartheta} \qquad (4.20)$$

gilt. Nach Durchführung dieser Transformation wird die Ständerspannungsgleichung (4.16) zu

$$\mathfrak{u}_{1T} = R_1\,\mathfrak{i}_{1T} + \frac{d\vec{\psi}_{1T}}{dt} + j\vec{\psi}_{1T}\,\frac{d\vartheta}{dt}. \qquad (4.21)$$

Bei der Transformation der Flußgleichung ist die folgende Zwischenrechnung erforderlich:

$$\tilde{i}_1 \;=\; \mathrm{Re}\; i_1 - j\; \mathrm{Im}\; i_1 \;=\; \mathrm{Re}\;(i_{1\mathrm{T}}\; e^{j\vartheta}) - j\; \mathrm{Im}\;(i_{1\mathrm{T}}\; e^{j\vartheta}),$$

$$\tilde{i}_1 \;=\; \mathrm{Re}\; i_{1\mathrm{T}}\; \mathrm{Re}\; e^{j\vartheta} - \mathrm{Im}\; i_{1\mathrm{T}}\; \mathrm{Im}\; e^{j\vartheta} - j\;(\mathrm{Im}\; i_{1\mathrm{T}}\; \mathrm{Re}\; e^{j\vartheta} + \mathrm{Re}\; i_{1\mathrm{T}}\; \mathrm{Im}\; e^{j\vartheta}),$$

$$\tilde{i}_1 \;=\; \tilde{i}_{1\mathrm{T}}\; e^{-j\vartheta}.$$

Dann wird die transformierte Flußgleichung

$$\vec{\psi}_{1\mathrm{T}} \;=\; (l_1 + m_1)\; i_{1\mathrm{T}} + \frac{3}{2}\, l_2\, \tilde{i}_{1\mathrm{T}} + m_{1\mathrm{f}}\, i_{\mathrm{f}} + m_{1\mathrm{D}}\, i_{\mathrm{D}} + j\, m_{1\mathrm{Q}}\, i_{\mathrm{Q}}. \qquad (4.22)$$

Die Aufspaltung der komplexen Gleichungen in je zwei reelle Gleichungen der Komponenten der Raumvektoren in der d- und q-Achse des gewählten, läuferfesten Koordinatensystems ergibt

$$u_{\mathrm{d}} \;=\; R_1\, i_{\mathrm{d}} + \frac{\mathrm{d}\psi_{\mathrm{d}}}{\mathrm{d}t} - \psi_{\mathrm{q}}\, \frac{\mathrm{d}\vartheta}{\mathrm{d}t}, \qquad\qquad (4.23)$$

$$u_{\mathrm{q}} \;=\; R_1\, i_{\mathrm{q}} + \frac{\mathrm{d}\psi_{\mathrm{q}}}{\mathrm{d}t} + \psi_{\mathrm{d}}\, \frac{\mathrm{d}\vartheta}{\mathrm{d}t}. \qquad\qquad (4.24)$$

$$\psi_{\mathrm{d}} \;=\; L_{\mathrm{d}}\, i_{\mathrm{d}} + m_{1\mathrm{f}}\, i_{\mathrm{f}} + m_{1\mathrm{D}}\, i_{\mathrm{D}}, \qquad\qquad (4.25)$$

$$\psi_{\mathrm{q}} \;=\; L_{\mathrm{q}}\, i_{\mathrm{q}} + m_{1\mathrm{Q}}\, i_{\mathrm{Q}}. \qquad\qquad (4.26)$$

In den Flußgleichungen wurden die Drehfeldinduktivitäten der Synchronmaschine, die bei der Schenkelpolmaschine in Längs- und Querachse verschieden groß sind, eingeführt. Sie sind nach Gl. (4.22) durch die folgenden Beziehungen definiert:

$$L_{\mathrm{d}} \;=\; l_1 + m_1 + \frac{3}{2}\, l_2, \qquad\qquad (4.27)$$

$$L_{\mathrm{q}} \;=\; l_1 + m_1 - \frac{3}{2}\, l_2. \qquad\qquad (4.28)$$

Die Spannungsgleichungen (4.2) des Läufers können in der bisherigen Form verbleiben. Die Zusammenfassung und Transformation der Gleichungen für die Läuferflüsse soll am Beispiel der Feldwicklung gezeigt werden. Nach Gl. (4.4) ergibt sich

$$\psi_{\mathrm{f}} \;=\; m_{\mathrm{f}1}\left[i_{\mathrm{a}} \cos\vartheta + i_{\mathrm{b}} \cos\left(\vartheta - \frac{2\pi}{3}\right) + i_{\mathrm{c}} \cos\left(\vartheta + \frac{2\pi}{3}\right) \right] + L_{\mathrm{f}}\, i_{\mathrm{f}} + M_{\mathrm{fD}}\, i_{\mathrm{D}}.$$

$$(4.29)$$

Der Klammerausdruck läßt sich unter Anwendung des Additionstheorems und unter Beachtung von Gleichung (3.6) auf die folgende Form bringen:

$$[\quad] = \frac{3}{2}\,(i_{1\alpha}\,\cos\vartheta + i_{1\beta}\,\sin\vartheta),$$

$$[\quad] = \frac{3}{2}\,\mathrm{Re}\,(i_1\,e^{-j\vartheta}).$$

Die Transformation in das läuferfeste Koordinatensystem liefert

$$[\quad] = \frac{3}{2}\,\mathrm{Re}\,i_{1T} = \frac{3}{2}\,i_d,$$

und damit wird die Gleichung für die Flußverkettung der Feldwicklung

$$\psi_f = \frac{3}{2}\,m_{f1}\,i_d + L_f\,i_f + M_{fD}\,i_D. \tag{4.30}$$

Ganz entsprechend verläuft der Rechnungsgang für die Flußverkettung der Dämpferwicklung in der d-Achse:

$$\psi_D = \frac{3}{2}\,m_{D1}\,i_d + M_{Df}\,i_f + L_D\,i_D. \tag{4.31}$$

Für die Flußverkettung der Dämpferwicklung in der q-Achse erhält man zunächst aus Gl. (4.4)

$$\psi_Q = -m_{Q1}\left[i_a\,\sin\vartheta + i_b\,\sin\left(\vartheta - \frac{2\,\pi}{3}\right) + i_c\,\sin\left(\vartheta + \frac{2\,\pi}{3}\right)\right] + L_Q\,i_Q. \tag{4.32}$$

Der Klammerausdruck ergibt in diesem Falle

$$[\quad] = \frac{3}{2}\,(i_{1\alpha}\,\sin\vartheta - i_{1\beta}\,\cos\vartheta),$$

$$[\quad] = -\frac{3}{2}\,\mathrm{Im}\,(i_1\,e^{-j\vartheta}).$$

Die Transformation in das läuferfeste Koordinatensystem ergibt

$$[\quad] = -\frac{3}{2}\,\mathrm{Im}\,i_{1T} = -\frac{3}{2}\,i_q,$$

so daß die Gleichung (4.32) die folgende Form annimmt:

$$\psi_Q = \frac{3}{2}\,m_{Q1}\,i_q + L_Q\,i_Q. \tag{4.33}$$

Die oben durchgeführten Operationen lassen sich so deuten, daß an Stelle der drei Ständerwicklungen a, b und c zwei neue transformierte

Wicklungen, die Ständerlängswicklung d und die Ständerquerwicklung q, eingeführt wurden, die, in der Polachse und Pollücke angeordnet, mit dem Läufer mitrotieren. Die in diesen beiden neuen Wicklungen fließenden Ströme i_d und i_q sind in der folgenden Weise mit den Strangströmen i_a, i_b, i_c verknüpft. Die Strangströme ergeben sich durch die Projektion des resultierenden Raumvektors i_{1T} bzw. seiner beiden Komponenten i_d und i_q auf die jeweilige Wicklungsachse a, b oder c. Dabei muß außerdem ein eventuell vorhandener Nullstrom berücksichtigt werden, da dieser keinen Beitrag zum resultierenden Raumvektor des Stromes liefert, wie in Abschnitt 3.6 bereits erläutert wurde.

$$
\begin{bmatrix} i_a \\ i_b \\ i_c \end{bmatrix} = \begin{bmatrix} \cos\vartheta & -\sin\vartheta & 1 \\ \cos\left(\vartheta - \dfrac{2\pi}{3}\right) & -\sin\left(\vartheta - \dfrac{2\pi}{3}\right) & 1 \\ \cos\left(\vartheta + \dfrac{2\pi}{3}\right) & -\sin\left(\vartheta + \dfrac{2\pi}{3}\right) & 1 \end{bmatrix} \begin{bmatrix} i_d \\ i_q \\ i_0 \end{bmatrix}. \tag{4.34}
$$

Bisher wurde zur leichteren Einführung in die Zusammenhänge mit den echten Größen gearbeitet. Für die folgenden Betrachtungen soll nun zu bezogenen, dimensionslosen Größen übergegangen werden. Hierbei erweist es sich als zweckmäßig, die beiden Dämpferwicklungen jeweils auf die gleichachsigen Ständerwicklungen d und q umzurechnen, so daß hier jeweils ein Übersetzungsverhältnis $\ddot{u} = 1$ vorhanden ist. Dann sollen für die Dämpfergrößen die gleichen Bezugswerte verwendet werden wie für die Ständergrößen. Die Bezugswerte wurden bereits im Abschnitt 3.2.2 zusammengestellt. Lediglich für die Erregergrößen müssen noch die Bezugswerte festgelegt werden. Für die Wahl dieser Werte gibt es verschiedene Möglichkeiten, und im Schrifttum wird dieser Punkt nicht einheitlich behandelt. Wir wählen hier die Größen bei Leerlaufnennerregung I_{fl}, wobei der Leerlaufnennerregerstrom nach Bild 4-3 definiert sei. Für die Ermittlung von I_{fl} wird demnach die Luft-

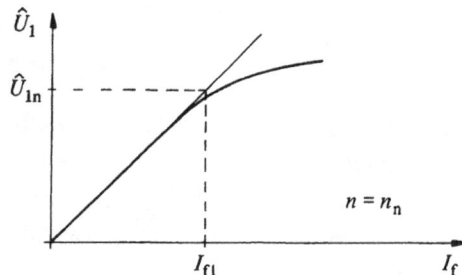

Bild 4-3:
Definition des Bezugswertes I_{fl}

spaltlinie verwendet und der Einfluß der Eisensättigung nicht berücksichtigt. Dies gilt nur für die Definition von I_{fl}; damit ist nicht gesagt, daß die Eisensättigung bei der Aufstellung der Gleichungen vernachlässigt werden soll. Bei der bisherigen Formulierung der Gleichungen wurde sie das zwar, später sollen die Gleichungen jedoch noch in dieser Richtung erweitert werden. Davon wird jedoch die Definition des Bezugswertes I_{fl} nicht beeinflußt werden.

Die Feldverteilung in der Längsachse wird wie in Bild 4-4 skizziert angenommen. Demnach ist in der d-Achse ein Hauptfluß vorhanden, der mit allen drei in dieser Achse befindlichen Wicklungen verkettet ist. Daneben gibt es nur noch die Streuflüsse der drei Wicklungen, es existieren also keine Flußkomponenten, die mit zwei der drei Wicklungen d, D und f verkettet sind.

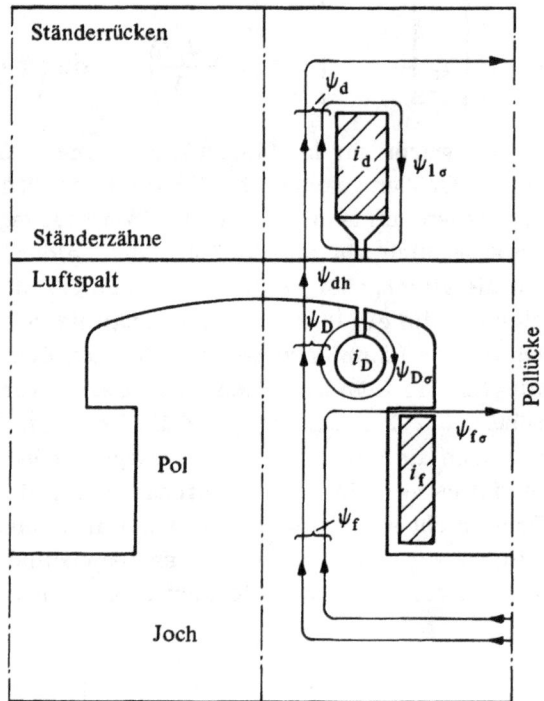

Bild 4-4:
Feldverteilung in der Längsachse

Beim Übergang zu bezogenen Werten werden die Gleichungen für die Ständerspannungen zu

$$u_d = R_1\, i_d + \frac{d\psi_d}{dt} - \psi_q\, n, \qquad\qquad (4.35\ \text{p.u.})$$

$$u_q = R_1\,i_q + \frac{\mathrm{d}\psi_q}{\mathrm{d}t} + \psi_d\,n\,.$$

(4.36 p.u.)

Im Feldkreis gilt als Bezugswert für die Spannungen die zum Aufbringen der Leerlaufnennerregung erforderliche Spannung, also

$$U_{fl} = R_f\,I_{fl}\,,$$

und für die Flüsse in Analogie zum Bezugswert für den Ständer die Flußverkettung mit dem Luftspaltfeld, das bei Nenndrehzahl im Ständer die Nennspannung induziert, also

$$\Psi_{fhl} = L_{fh}\,I_{fl}\,.$$

Dann erhält man

$$u_f = \varepsilon\,T_f\,\frac{\mathrm{d}\psi_f}{\mathrm{d}t} + i_f\,,$$

(4.37 p.u.)

wobei

$$T_f = 2\,\pi\,f_n\,\frac{L_f}{R_f} \quad \text{und} \quad \varepsilon = \frac{L_{fh}}{L_f}$$

(4.38)

ist. T_f ist der bezogene Wert der Leerlaufzeitkonstante der Maschine. Die Spannungsgleichungen für die beiden Dämpferkreise bleiben rein äußerlich unverändert; man muß sich jedoch der Tatsache bewußt sein, daß die Größen jetzt auf die Ständerseite umgerechnet sind.

$$0 = R_D\,i_D + \frac{\mathrm{d}\psi_D}{\mathrm{d}t}\,,$$

(4.39 p.u.)

$$0 = R_Q\,i_Q + \frac{\mathrm{d}\psi_Q}{\mathrm{d}t}\,.$$

(4.40 p.u.)

In der Flußgleichung entsteht der Ausdruck

$$m_{1f}\,I_{fl} = \frac{w_1}{w_f}\,L_{fh}\,I_{fl}\,.$$

Diese Flußverkettung ist gleich dem Bezugswert für die Ständerflußverkettung, da sie bei Rotation mit synchroner Drehzahl im Ständer die Nennspannung erzeugt, wie man sich aufgrund der Definition von I_{fl} leicht überlegen kann.

$$\frac{w_1}{w_f}\,L_{fh}\,I_{fl} = \frac{U_n\,\sqrt{2}}{2\,\pi\,f_n}\,.$$

(4.41)

Man erhält daher

$$\psi_d = X_d\, i_d + i_f + X_{dh}\, i_D \qquad\qquad\text{(4.42 p.u.)}$$

und in der Querachse

$$\psi_q = X_q\, i_q + X_{qh}\, i_Q. \qquad\qquad\text{(4.43 p.u.)}$$

Hier sind X_d und X_q die bezogenen Werte der sogenannten synchronen Reaktanzen der Maschine; sie bestimmen weitgehend das Verhalten der Maschine im stationären Betrieb.

Der in Gleichung (4.30) auftretende Faktor $\dfrac{3}{2}\, m_{f1}$ muß beim Vergleich der Gleichungen (4.5), (4.8), (4.11), (4.12) und (4.27) sein

$$\frac{3}{2}\, m_{f1} = \left(3\, m_1 + \frac{3}{2}\, l_2\right)\frac{w_f}{w_1} = L_{dh}\,\frac{w_f}{w_1}.$$

Wenn die Dämpferwicklung auf die Ständerseite umgerechnet wird, so läßt sich die Gleichung (4.30) in der folgenden Form schreiben:

$$\psi_f = \frac{w_f}{w_1}\, L_{dh}\, (i_d + i_D) + L_f\, i_f. \qquad\qquad\text{(4.44)}$$

Berücksichtigt man weiterhin den oben ermittelten Zusammenhang (4.41), so ergibt sich beim Übergang zu bezogenen Größen die Beziehung

$$\psi_f = X_{dh}\, (i_d + i_D) + \frac{1}{\varepsilon}\, i_f. \qquad\qquad\text{(4.45 p.u.)}$$

Entsprechend erhält man

$$\psi_D = X_{dh}\, (i_d + i_D) + i_f + X_{D\sigma}\, i_D, \qquad\qquad\text{(4.46 p.u.)}$$

$$\psi_Q = X_{qh}\, (i_q + i_Q) + X_{Q\sigma}\, i_Q. \qquad\qquad\text{(4.47 p.u.)}$$

Für das von dem Motor entwickelte Drehmoment gilt nach den Gleichungen (3.21) und (3.22)

$$d_M = \psi_d\, i_q - \psi_q\, i_d, \qquad\qquad\text{(4.48 p.u.)}$$

und für die Bewegungsgleichung erhält man wie beim Asynchronmotor

$$d_M - d_L = T_A\,\frac{dn}{dt} \qquad\qquad\text{(4.49 p.u.)}$$

mit dem bezogenen Wert T_A der Anlaufzeit, der durch Gleichung (3.25) bereits definiert wurde.

Nun muß noch der Zusammenhang zwischen den Achsenspannungen u_d, u_q und den Spannungen des speisenden Netzes ermittelt werden. Da das

Polrad mit dem vom Anker her vorgegebenen Feld umläuft und dieses Feld dem erzeugenden Spannungsvektor $\mathfrak{u}_1$ um etwa 90 elektrische Grad nacheilt, erscheint es beim Vergleich mit den Gleichungen (3.35) hier zweckmäßig, die Ständerspannungen in der folgenden Form anzusetzen:

$$u_a = -\widehat{u}_1 \sin \lambda,$$

$$u_b = -\widehat{u}_1 \sin \left(\lambda - \frac{2\,\pi}{3}\right), \qquad (4.50)$$

$$u_c = -\widehat{u}_1 \sin \left(\lambda + \frac{2\,\pi}{3}\right).$$

Auch hier setzen wir wieder voraus, daß zur Zeit $t = 0$ auch $\lambda = \vartheta = 0$ ist. Analog zu Gleichung (3.35) wird hier jetzt der resultierende Raumvektor im ständerfesten Koordinatensystem

$$\mathfrak{u}_1 = \widehat{u}_1\, e^{j\left(\lambda + \frac{\pi}{2}\right)},$$

der nach der Transformation in das läuferfeste System die Form

$$\mathfrak{u}_{1T} = \widehat{u}_1\, e^{j\left(\lambda - \vartheta + \frac{\pi}{2}\right)} \qquad (4.51)$$

annimmt. Dann werden die Achsenspannungen

$$u_d = -\widehat{u}_1 \sin (\lambda - \vartheta), \qquad u_q = \widehat{u}_1 \cos (\lambda - \vartheta). \qquad (4.52)$$

Dabei entspricht die Differenz $(\lambda - \vartheta)$ dem erweiteren Begriff des Polradwinkels oder Lastwinkels δ bei veränderlicher Netzfrequenz
$$\frac{d\lambda}{dt} = \omega\,(t).$$

Berücksichtigung der Eisensättigung

Die weiter oben aufgestellten Flußgleichungen sind alle von der Form

$$\psi = \psi_h + \psi_\sigma, \qquad (4.53)$$

wobei der Hauptfluß ψ_h allen in der betreffenden Achse liegenden Wicklungen gemeinsam ist. Die Streuflüsse der Ständer- und Dämpferwicklungen sollen nach wie vor den sie hervorrufenden Strömen proportional gesetzt werden. Als Proportionalitätsfaktoren treten die Streureaktanzen auf, und bei Berücksichtigung der Symmetrieeigenschaften können die Ständerstreureaktanzen

$$X_{d\sigma} = X_{q\sigma} = X_{1\sigma}$$

gesetzt werden. Wegen des großen Luftspaltes in der Querachse werden die magnetischen Eigenschaften in dieser Achse im wesentlichen durch den Luftweg bestimmt, so daß der Hauptfluß ψ_{qh} wie vorher als proportional zu der in der Querachse herrschenden Durchflutung angenommen werden kann. Anders liegen jedoch die Verhältnisse in der Längsachse. Hier ist nur der normale, kleine Luftspalt vorhanden, so daß man wegen der auftretenden Sättigung der Eisenwege bei genaueren Rechnungen nicht den vorher angenommenen, linearen Zusammenhang zwischen Durchflutung und Fluß voraussetzen darf. Die Gleichungen für die Flußverkettungen in der d-Achse lassen sich alle in einer Gl. (4.53) entsprechenden Form schreiben:

$$\psi_d = X_{dh}(i_d + i_D) + i_f + X_{1\sigma}\, i_d, \qquad\qquad (4.54\ \text{p. u.})$$

$$\psi_D = X_{dh}(i_d + i_D) + i_f + X_{D\sigma}\, i_D, \qquad\qquad (4.55\ \text{p. u.})$$

$$\psi_f = X_{dh}(i_d + i_D) + i_f + \sigma_f\, i_f. \qquad\qquad (4.56\ \text{p. u.})$$

Dabei wurde der Faktor

$$\sigma_f = \frac{L_{f\sigma}}{L_{fh}}$$

neu eingeführt. Wir wollen nun den bezogenen Wert Θ_d der das Hauptfeld in der d-Achse erzeugenden Durchflutung einführen, der durch die Beziehung

$$\Theta_d = X_{dh}(i_d + i_D) + i_f \qquad\qquad (4.57\ \text{p. u.})$$

gegeben ist. Eine einfache Möglichkeit zur Berücksichtigung der Hauptfeldsättigung in der Längsachse besteht darin, die Funktion

$$\psi_{dh} = f(\Theta_d) \qquad\qquad (4.58\ \text{p. u.})$$

zu verwenden und die Annahme zu treffen, daß diese Funktion durch die mit bezogenen Werten dargestellte Leerlaufkennlinie der Maschine gegeben ist. Diese ist in Bild 4-5 in ihrem grundsätzlichen Verlauf skizziert; die Kennlinie ist aufgetragen über dem bezogenen Wert des Feldstromes, und da im Leerlauf i_d und i_D gleich Null sind, kann man nach Gleichung (4.57) auch schließen, daß auf der Abszisse Θ_d aufgetragen ist. Außerdem stimmen im Leerlauf die bezogenen Werte der Ankerspannung und der Flußverkettung ψ_{dh} überein, so daß Bild 4-5 tatsächlich die durch Gleichung (4.58) definierte Funktion darstellt.

Die Nachbildung der Eisensättigung in der gezeigten Weise enthält gewisse Ungenauigkeiten, die darin begründet sind, daß der magnetische

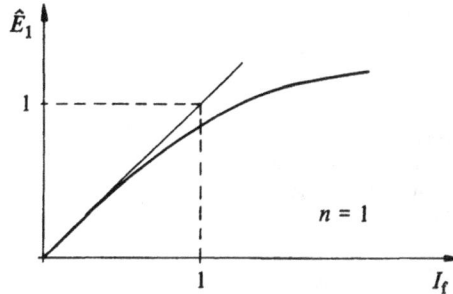

Bild 4-5:
Leerlaufkennlinie in normierter Darstellung

Weg der Längsachse aus verschiedenen Abschnitten besteht, die bei gleichem Θ_d je nach Betriebszustand der Maschine unterschiedlich beansprucht sein können. Die Leerlaufkennlinie ergibt sich resultierend aus den Kennlinien der Einzelabschnitte für den Fall, daß die gesamte Durchflutung in der d-Achse von der Feldwicklung her aufgebracht wird. Der andere Grenzfall wäre der, daß die gesamte Erregung bei gleichem Θ_d vom Netz her, also durch den Strom i_d, erzeugt wird und in der Feldwicklung kein Strom fließt. In beiden Fällen entstehen bezüglich der Sättigung jedoch unterschiedliche Verhältnisse, so daß die durch die Beziehung (4.58) definierte Funktion streng genommen nicht eindeutig ist. Eine genauere Darstellung dieser Zusammenhänge ist möglich, wie im folgenden gezeigt werden soll [137].

Aus Bild 4-4 ist zu ersehen, daß im magnetischen Weg der Längsachse im wesentlichen zwei verschiedene Abschnitte vorhanden sind. Der erste Abschnitt besteht aus den Bereichen Ständerrücken, Ständerzähne, Luftspalt und Polschuh, der zweite aus den verbleibenden Bereichen Pol und Joch. Wesentlich ist, daß der Polstreufluß sich im Pol und Joch dem Hauptfluß überlagert und gemeinsam mit diesem den Sättigungszustand in diesem Abschnitt bestimmt. Aus diesem Grunde teilen wir jetzt die magnetische Spannung oder Durchflutung in die beiden Anteile auf, die erforderlich sind, um den Fluß in den beiden Abschnitten zu erzeugen:

$$\Theta_d = \Theta_1 + \Theta_2. \tag{4.59}$$

Θ_1 ist dabei die magnetische Spannung, die überwiegend an dem magnetischen Widerstand im Ständer und Luftspalt (und am Polschuh) abfällt, Θ_2 wird für den Bereich des Läufers, also für Pol und Joch benötigt. Für die beiden Abschnitte gelten nun zwei verschiedene Magnetisierungskennlinien, deren Verlauf in Bild 4-6 skizziert ist. Der Sättigungszustand im ersten Abschnitt wird durch den Hauptfluß bestimmt, wobei man in erster Näherung annehmen darf, daß die zugehörige Kennlinie durch die Streuflüsse von Ständer und Dämpfer nicht beeinflußt wird.

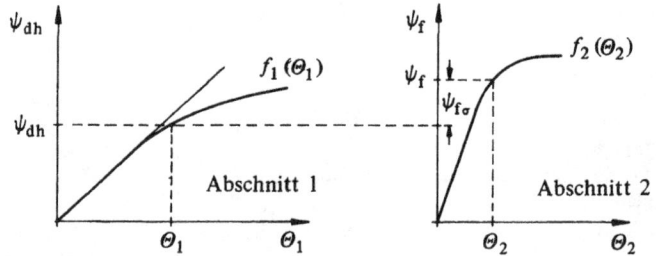

Bild 4-6:
Magnetisierungskenn-
linien für die Längs-
achse

Für die Sättigung im zweiten Abschnitt ist die gesamte Flußverkettung der Feldwicklung maßgebend, die Arbeitspunkte sind im Bild für einen bestimmten Betriebspunkt dargestellt. Der in Bild 4-4 eingezeichnete Luftstreupfad für den Polstreufluß wird als Abschnitt 3 gesondert betrachtet. Wir können von der Annahme ausgehen, daß der Fluß auf diesem Weg nur durch den Feldstrom verursacht wird und daß Ständer- und Dämpferstrom keinen Einfluß auf ihn haben, lediglich mittelbar über die Sättigung von Pol und Joch. Man kann die Verhältnisse leicht durch ein elektrisches Ersatzschaltbild darstellen, wie in Bild 4-7 geschehen ist. Die magnetischen Leitwerte Λ_1 und Λ_2 sind durch die Sättigung veränderlich, Λ_3 ist konstant, da es sich um den Luftweg von Pol zu Pol handelt. Außerdem ist $\Lambda_3 \ll \Lambda_2$. Der Zusammenhang zwischen dem Polstreufluß $\psi_{f\sigma}$ und der ihn erzeugenden magnetischen Spannung Θ_3 ist linear und wird über den bezogenen Wert σ_f der Feldstreuung hergestellt. Die Feldstreuung $L_{f\sigma}$ ist also in der vorliegenden Darstellung nur durch den Luftstreupfad des Pols definiert entsprechend dem magnetischen Leitwert Λ_3 in Bild 4-7. Die magnetische Spannung Θ_3, die an diesem Wege abfällt, ergibt sich aus der Maschengleichung für die untere Masche zu

$$\Theta_3 = i_f - \Theta_2,$$

so daß für die Feldstreuung die Gleichung

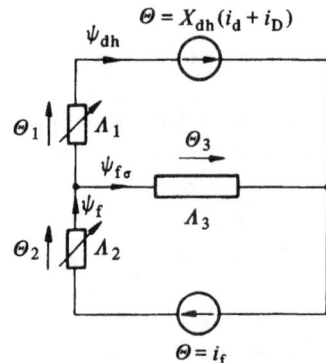

Bild 4-7:
Elektrisches Ersatzschaltbild für die Flußverteilung
in der d-Achse

$$\psi_{f\sigma} = \sigma_f (i_f - \Theta_2) \qquad \text{(4.60 p. u.)}$$

angeschrieben werden kann. Für die Flußverkettungen in der d-Achse gelten dann die folgenden Gleichungen:

$$\psi_d = \psi_{dh} + X_{d\sigma} i_d, \qquad \text{(4.61 p. u.)}$$

$$\psi_D = \psi_{dh} + X_{D\sigma} i_D, \qquad \text{(4.62 p. u.)}$$

$$\psi_f = \psi_{dh} + \sigma_f (i_f - \Theta_2). \qquad \text{(4.63 p. u.)}$$

Nach Einführung der beiden Magnetisierungskennlinien f_1 und f_2, deren Arbeitspunkte immer durch den gemeinsamen Hauptfluß miteinander gekoppelt sind, gilt für den Hauptfluß die Beziehung

$$\psi_{dh} = f_1 (\Theta_1) = f_2 (\Theta_2) - \sigma_f (i_f - \Theta_2), \qquad \text{(4.64 p. u.)}$$

wie aus Bild 4-6 zu ersehen ist. Hiermit und mit den Gleichungen (4.57) und (4.59) ist das Gleichungssystem zur Beschreibung der magnetischen Zusammenhänge in der d-Achse vollständig.

Strukturbild des Synchronmotors

Mit den oben hergeleiteten Gleichungen läßt sich das Strukturbild des Synchronmotors aufstellen. Es ist in Bild 4-8 angegeben. Man erkennt als Eingangsgrößen die Amplitude $\hat{u}_1$ der Ständerspannung, ihre veränderliche Frequenz ω, die Feldspannung u_f und das Lastmoment d_L. Die Achsenspannungen u_d und u_q werden über den Sinus bzw. den Cosinus des Lastwinkels δ gebildet. Die Konstanten der einzelnen Blocks des Strukturbildes ergeben sich wie folgt:

$$k_1 = k_2 = k_3 = k_4 = 1; \ k_5 = k_6 = R_1; \ k_7 = k_8 = \frac{1}{X_{1\sigma}};$$

$$k_9 = \frac{X_{1\sigma}}{X_{qh}}; \ k_{10} = \frac{X_{qh}}{X_{Q\sigma}}; \ k_{11} = \frac{R_Q}{X_{Q\sigma}};$$

$$k_{12} = k_{13} = k_{14} = k_{15} = 1;$$

$$k_{16} = \frac{1}{T_A}; \ k_{17} = \frac{X_{1\sigma}}{X_{D\sigma}}; \ k_{18} = \frac{R_D}{X_{D\sigma}}; \ k_{19} = \frac{X_{D\sigma}}{X_{dh}};$$

$$k_{22} = \frac{1}{\varepsilon \, T_f}; \ k_{23} = \frac{1}{\sigma_f}; \ k_{24} = 1.$$

Die Blocks 25 und 26 symbolisieren die Bildung der Sinus- und Cosinusfunktion des Winkels δ. Die Kennlinien der Blocks 20 und 21 sind

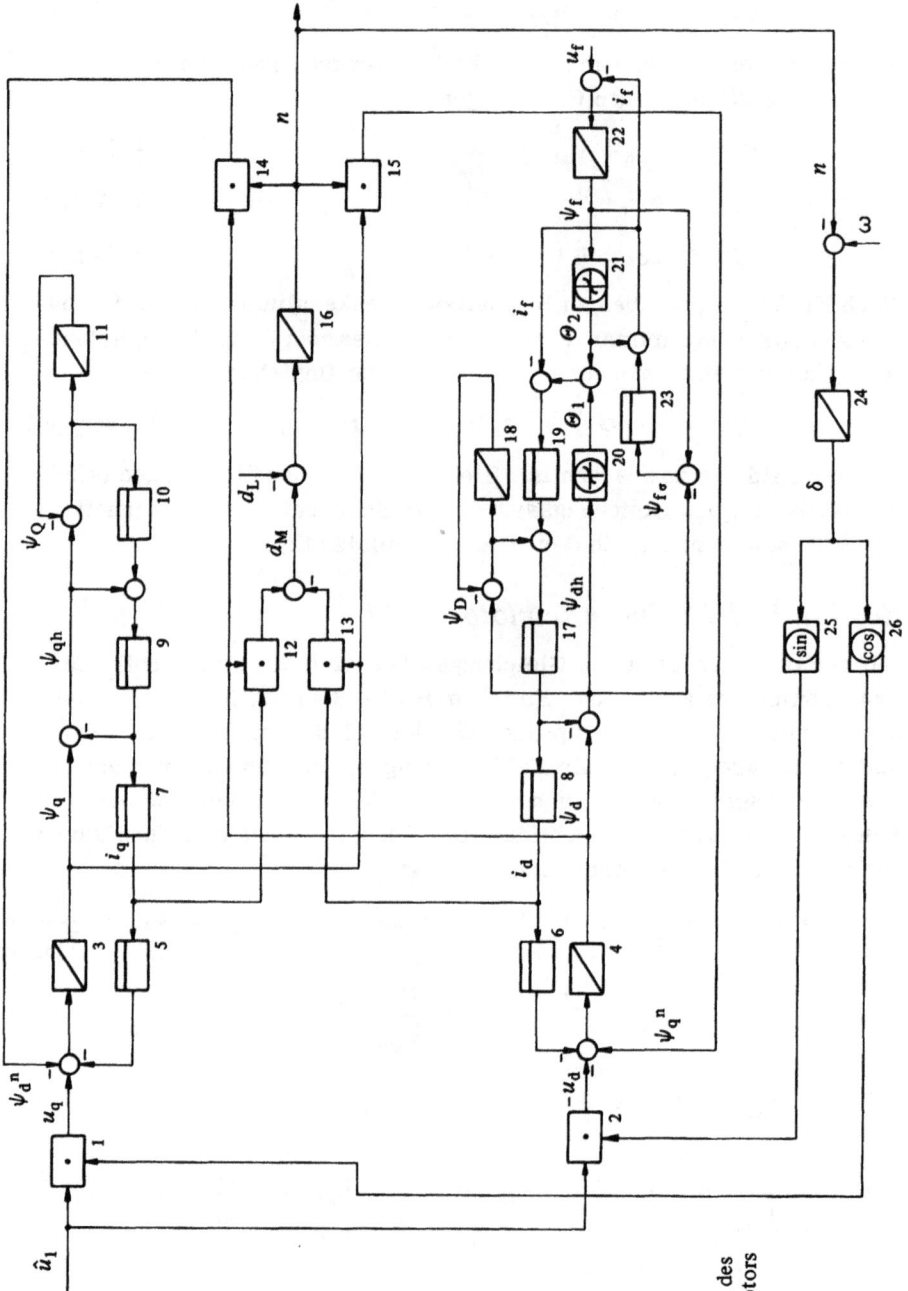

Bild 4-8:
Strukturbild des
Synchronmotors

durch die inversen Funktionen $\psi_{dh} = f_1\,(\Theta_1)$ und $\psi_f = f_2\,(\Theta_2)$ gegeben. Stehen diese beiden Funktionen nicht zur Verfügung, so kann man sich mit der weiter oben geschilderten, vereinfachten Nachbildung der Sättigungsverhältnisse gemäß Gleichung (4. 58) begnügen. Dann wird diese Funktion in Block 20 nachgebildet, an dessen Ausgang dann die Durchflutung Θ_d entsteht. In diesem Falle entfallen Block 21 und die beiden Wirkungslinien an seinem Ausgang.

4.4 Der stationäre Betrieb des Synchronmotors

Aus den im vorhergehenden Abschnitt aufgestellten Gleichungen der Synchronmaschine lassen sich leicht die Gleichungen für den Sonderfall des stationären Betriebes ableiten. Um zu einfachen und übersichtlichen Ergebnissen zu gelangen, soll bei der folgenden Betrachtung wieder die Eisensättigung vernachlässigt werden, so daß die Zusammenhänge zwischen den Strömen und Flüssen in der Längsachse durch die Gleichungen (4. 54) bis (4. 56) gegeben sind. Im stationären Betrieb rotiert der Läufer synchron mit dem Raumvektor der angelegten Ständerspannung, der somit in dem gewählten läuferfesten Koordinatensystem ruht. Damit werden alle Variablen zu zeitlich konstanten Größen, so daß zur Beschreibung stationärer Betriebszustände in dem allgemeinen Gleichungssystem der Maschine sämtliche Ableitungen nach der Zeit zu Null gesetzt werden können. Anstelle der Drehzahl können wir die konstante Frequenz Ω des speisenden Netzes setzen, außerdem sind die Ströme in den beiden Dämpferkreisen gleich Null. Im einzelnen ergeben sich die folgenden Gleichungen:

$$U_d \ = \ -\hat{U}_1 \sin \delta \ = \ R_1\,I_d - \Omega\,\Psi_q, \qquad \text{(4. 65 p. u.)}$$

$$U_q \ = \ \ \hat{U}_1 \cos \delta \ = \ R_1\,I_q + \Omega\,\Psi_d, \qquad \text{(4. 66 p. u.)}$$

$$U_f \ = \ I_f, \qquad \text{(4. 67 p. u.)}$$

$$\Psi_d \ = \ X_d\,I_d + I_f, \qquad \text{(4. 68 p. u.)}$$

$$\Psi_q \ = \ X_q\,I_q. \qquad \text{(4. 69 p. u.)}$$

Durch Einsetzen der letzten drei Gleichungen in die beiden ersten erhält man

$$U_d \ = \ -\hat{U}_1 \sin \delta \ = \ R_1\,I_d - \Omega\,X_q\,I_q, \qquad \text{(4. 70 p. u.)}$$

$$U_q \ = \ \ \hat{U}_1 \cos \delta \ = \ R_1\,I_q + \Omega\,X_d\,I_d + \Omega\,U_f. \qquad \text{(4. 71 p. u.)}$$

Diese beiden Gleichungen entsprechen dem bekannten Zeigerdiagramm des Synchronmotors, das die verschiedenen Spannungen und den Strom des Motors bei stationärem Betrieb in ihrer Größe und gegenseitigen Lage darstellt. Das Zeigerdiagramm des Synchronmotors ist für Belastung und induktiven Strom in Bild 4-9 unter Verwendung der oben gebrauchten Bezeichnungen angegeben.

Bild 4-9:
Zeigerdiagramm des Synchronmotors

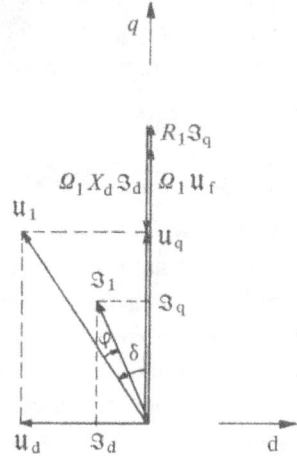

Für die Berechnung des von dem Motor entwickelten Drehmomentes kann die Gleichung (4.48) herangezogen werden. Bei Vernachlässigung des ohmschen Ständerwiderstandes, der in den meisten Fällen keine entscheidende Rolle spielt, ergibt sich

$$D_M = \frac{\widehat{U}_1 U_f}{\Omega X_d} \sin \delta + \frac{X_d - X_q}{2 X_d X_q} \frac{\widehat{U}_1^2}{\Omega^2} \sin 2\delta. \qquad (4.72 \text{ p.u.})$$

Wie schon in Bild 4-1 veranschaulicht, besteht das Drehmoment aus zwei Anteilen, wovon nur der erste von der Erregung abhängig ist. Der zweite Anteil ist das sogenannte Reaktionsmoment und wird durch die Schenkligkeit des Polrades erzeugt. Es wird, wie bereits erwähnt, beim Reluktanzmotor ausgenutzt. Normalerweise bildet jedoch der erste Anteil den Hauptteil des nutzbaren Drehmomentes, und man erkennt, daß dieser linear von der Spannung des Netzes abhängig ist. Beim Asynchronmotor war hier eine quadratische Abhängigkeit vorhanden. Daraus folgt die Tatsache, daß der Synchronmotor weniger empfindlich gegenüber Spannungsabsenkungen ist. Wenn die vier Eingangsgrößen des Motors gegeben sind, läßt sich aus dieser Beziehung der Lastwinkel δ bestimmen. Die unter diesen Bedingungen vom Netz aufgenommenen Motorströme lassen sich in erster Näherung aus den folgenden Gleichungen ermitteln:

$$I_d = \frac{\widehat{U}_1}{\Omega X_d} \cos \delta - \frac{1}{X_d} U_f, \qquad (4.73 \text{ p.u.})$$

$$I_q = \frac{\hat{U}_1}{\Omega X_q} \sin \delta. \tag{4.74 p.u.}$$

Der Betrag des Ständerstromes ist dann

$$I_1 = \sqrt{I_d^2 + I_q^2}. \tag{4.75}$$

Da hier in einem läuferfesten Koordinatensystem gerechnet wird, in dem der Ständerspannungsvektor eine je nach Betriebszustand veränderliche Lage einnimmt, müssen die Achsenströme I_d und I_q wohl unterschieden werden vom Wirkstrom I_w und vom Blindstrom I_{bl} des Motors. Für die Ermittlung dieser beiden Ströme lesen wir aus dem Zeigerdiagramm die beiden folgenden Beziehungen ab:

$$-I_d = I \sin (\delta - \varphi), \tag{4.76}$$

$$I_q = I \cos (\delta - \varphi). \tag{4.77}$$

Daraus erhält man mittels der Additionstheoreme

$$-I_d = I (\sin \delta \cos \varphi - \cos \delta \sin \varphi), \tag{4.78}$$

$$I_q = I (\cos \delta \cos \varphi + \sin \delta \sin \varphi), \tag{4.79}$$

woraus folgt

$$I_w \sin \delta - I_{bl} \cos \delta = -I_d, \tag{4.80}$$

$$I_w \cos \delta + I_{bl} \sin \delta = I_q. \tag{4.81}$$

Hierbei wurde der von dem Motor aufgenommene, induktive Blindstrom mit dem positiven Vorzeichen versehen. Aus diesen beiden Gleichungen lassen sich geeignete Beziehungen für die Wirk- und Blindkomponente des Ständerstromes herleiten.

$$I_w = \frac{U_f}{X_d} \cos \delta - \frac{1}{2} \frac{X_d - X_q}{X_d X_q} \frac{\hat{U}_1}{\Omega} \sin 2\delta. \tag{4.82 p.u.}$$

Diese Gleichung steht im Einklang mit dem Ausdruck (4.72) für das Drehmoment, da die Multiplikation mit $\hat{U}_1$ die aufgenommene Wirkleistung des Motors liefert, aus der sich bei Vernachlässigung der ohmschen Ständerverluste nach Division durch die Drehzahl das Drehmoment ergibt. Für den Blindstrom erhält man die Beziehung

$$I_{bl} = -\frac{U_f}{X_d} \cos \delta + \frac{\hat{U}_1}{\Omega X_d} \left(1 + \frac{X_d - X_q}{X_q} \sin^2 \delta \right). \tag{4.83 p.u.}$$

Wie man erkennt, nimmt der Motor bei nicht vorhandener Erregung einen bestimmten Blindstrom auf, der mit zunehmender Erregung ver-

kleinert wird und bei genügend großem Feldstrom auch in seinem Vorzeichen geändert, also kapazitiv werden kann. Aus diesem Zusammenhang ergibt sich die Möglichkeit des sogenannten Phasenschieberbe-
triebes, die weiter oben bereits erläutert wurde.

4.5   Vereinfachte Strukturbilder des Synchronmotors

Das vollständige Strukturbild des Synchronmotors, wie es in Bild 4-8
dargestellt ist, ist ein verhältnismäßig kompliziertes und vermasch-
tes Gebilde, wenngleich auch hier bereits gewisse Vereinfachungen und
Idealisierungen vorausgesetzt wurden. Die Kompliziertheit wird verursacht durch die Anzahl der verschiedenen Stromkreise, die magnetisch oder durch Rotationsspannungen miteinander gekoppelt sind und
durch die unterschiedlichen magnetischen Leitwerte in der d- und q-
Achse. Eine Untersuchung des Systems in der in Bild 4-8 angegebenen Form ist nur mit Hilfe einer elektronischen Rechenanlage möglich,
wobei der Rechenaufwand nicht gerade gering ist. Es ist verhältnismäßig schwierig, vereinfachte Strukturbilder des Synchronmotors abzu-
leiten, die einen Einblick in das Zusammenwirken der verschiedenen
Größen bei Übergangsvorgängen gestatten und trotzdem noch eine be-
friedigende Genauigkeit für Näherungsrechnungen liefern. Im folgenden sollen einige Überlegungen in dieser Richtung angestellt werden.

Das Verhalten des Synchronmotors kann pauschal durch eine Struktur
beschrieben werden, wie sie in Bild 4-10 dargestellt ist. Der komplizierte Vorgang der Drehmomentenbildung ist hier durch einen einzigen, resultierenden Block dargestellt, und die verschiedenen Strukturbilder unterscheiden sich darin, wie genau die Vorgänge erfaßt werden,
die sich in diesem Block abspielen. Die Wirkung der Dämpferwicklung
wird oft näherungsweise durch ein Dämpfungsmoment d_{MD} berücksichtigt, welches dem Schlupf proportional ist. Diese Einwirkung ist im
Bild gestrichelt eingezeichnet. Im stationären Betrieb beinhaltet der
genannte Block eine Kennlinie, die durch die Gleichung (4.72) gegeben

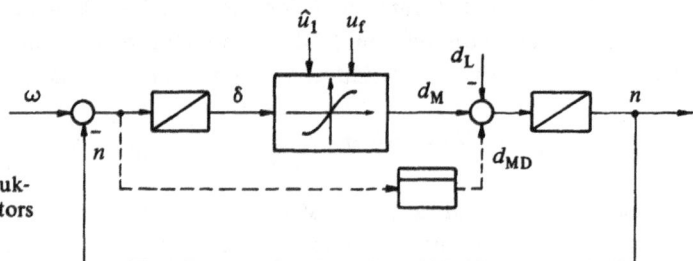

Bild 4-10:
Dynamische Grobstruk-
tur des Synchronmotors

ist. Bei Übergangsvorgängen gilt diese Beziehung nicht mehr, außerdem muß man bedenken, daß der Block auch ein Zeitverhalten hat. Könnte man hier auch im dynamischen Fall lediglich eine Kennlinie voraussetzen, so hätte man es mit einem System zweiter Ordnung zu tun; ein solches läßt sich, auch beim Vorhandensein von Nichtlinearitäten, leicht untersuchen, beispielsweise mit der Methode der Phasenebene. Man findet verschiedentlich im Schrifttum Untersuchungen, bei denen mit diesem System zweiter Ordnung gearbeitet wird. Man muß sich jedoch hierbei immer der Tatsache bewußt sein, daß die elektrischen Ausgleichsvorgänge in der Maschine nicht berücksichtigt sind. In manchen Fällen kann die Überlegung weiterhelfen, daß insbesondere die Feldwicklung bei Übergangsvorgängen bestrebt ist, den mit ihr verketteten Fluß zu halten, und daß sie dies auch wegen ihrer großen Zeitkonstante für eine gewisse Zeit tut (Prinzip der konstanten Flußverkettung).

Linearisierung des Gleichungssystems

Auch beim Synchronmotor kann man mit Hilfe eines linearisierten Gleichungssystems Stabilitätsbetrachtungen anstellen, wie dies für den Asynchronmotor in Abschnitt 3-5 durchgeführt wurde. Beim Synchronmotor wollen wir hierbei die Eisensättigung nach der vereinfachten Methode gemäß Gleichung (4.58) berücksichtigen. Aus dieser Gleichung folgt

$$\Delta \psi_{dh} = \left(\frac{df}{d\Theta_d} \right)_0 \Delta \Theta_d = k_0 \, \Delta \Theta_d, \qquad \text{(4.84 p. u.)}$$

$$\Delta \psi_{dh} = X_{dh}^* \, (\Delta i_d + i_D) + k_0 \, \Delta i_f. \qquad \text{(4.85 p. u.)}$$

Der Faktor k_0 entspricht der Steigung der Leerlaufkennlinie an dem betrachteten Betriebspunkt P_0, in dessen Umgebung das Verhalten des Motors linearisiert wird. Da an diesem stationären Betriebspunkt die Dämpferströme Null sind, treten in den linearisierten Gleichungen die Gesamtwerte der Dämpferströme auf. Im einzelnen ergeben sich die folgenden linearen Gleichungen:

$$-\sin \delta_0 \, \Delta \hat{u}_1 - \hat{U}_{10} \cos \delta_0 \, \Delta \delta = R_1 \, \Delta i_d + \frac{d \Delta \psi_d}{dt} - \Psi_{q0} \, \Delta n - n_0 \, \Delta \psi_q,$$
$$\text{(4.86 p. u.)}$$

$$\cos \delta_0 \, \Delta \hat{u}_1 - \hat{U}_{10} \sin \delta_0 \, \Delta \delta = R_1 \, \Delta i_q + \frac{d \Delta \psi_q}{dt} + \Psi_{d0} \, \Delta n + n_0 \, \Delta \psi_d,$$
$$\text{(4.87 p. u.)}$$

$$\Delta u_f = \varepsilon \, T_f \, \frac{d \Delta \psi_f}{dt} + \Delta i_f, \qquad \text{(4.88 p. u.)}$$

$$0 = R_D\, i_D + \frac{d\Delta\psi_D}{dt}, \qquad\qquad (4.89\ \text{p.u.})$$

$$0 = R_Q\, i_Q + \frac{d\Delta\psi_Q}{dt}, \qquad\qquad (4.90\ \text{p.u.})$$

$$\Delta\psi_d = \Delta\psi_{dh} + X_{1\sigma}\,\Delta i_d, \qquad\qquad (4.91\ \text{p.u.})$$

$$\Delta\psi_D = \Delta\psi_{dh} + X_{D\sigma}\, i_D, \qquad\qquad (4.92\ \text{p.u.})$$

$$\Delta\psi_f = \Delta\psi_{dh} + \sigma_f\,\Delta i_f, \qquad\qquad (4.93\ \text{p.u.})$$

$$\Delta\psi_q = X_q\,\Delta i_q + X_{qh}\, i_Q, \qquad\qquad (4.94\ \text{p.u.})$$

$$\Delta\psi_Q = X_{qh}\,\Delta i_q + X_Q\, i_Q, \qquad\qquad (4.95\ \text{p.u.})$$

$$\Delta d_M = \Psi_{d0}\,\Delta i_q + I_{q0}\,\Delta\psi_d - \Psi_{q0}\,\Delta i_d - I_{d0}\,\Delta\psi_q, \quad (4.96\ \text{p.u.})$$

$$\Delta d_M - \Delta d_L = T_A\,\frac{d\Delta n}{dt}, \qquad\qquad (4.97\ \text{p.u.})$$

$$\Delta\delta = \int\limits_0^t (\Delta\omega - \Delta n)\,dt. \qquad\qquad (4.98\ \text{p.u.})$$

Hinzu kommt noch die Gleichung (4.85) für die Abweichung des Hauptflusses in der Längsachse. Die stationären Ruhewerte, die durch den Index 0 gekennzeichnet sind, ergeben sich als Lösungen des stationären Gleichungssystems und wurden zum Teil bereits im vorigen Abschnitt ermittelt.

Man kann nun dieses lineare Gleichungssystem anhand bekannter Stabilitätskriterien, beispielsweise nach den Kriterien von NYQUIST oder ROUTH-HURWITZ, auf seine Stabilität hin untersuchen. Variiert man dabei jeweils drei Parameter, so lassen sich in einer Ebene Bereiche der Stabilität und Instabilität darstellen. Da es sich um ein System siebenter Ordnung handelt, wird man die Berechnungen mit einem Digitalrechner durchführen. In [145] und [146] wird ausführlich über derartige Untersuchungen berichtet. Die Verfasser kommen dabei zu dem Ergebnis, daß der frequenzgesteuerte Synchronmotor bei kleinen Speisefrequenzen Dauerschwingungen ausführen kann. Dieses Ergebnis wurde ermittelt, ohne daß die Eigenschaften des speisenden Umrichters oder dessen Innenwiderstand in den Berechnungen berücksichtigt wurde. Aufgrund eines Vergleiches mit den entsprechenden Untersuchungen bei Asynchronmotoren muß bei umrichtergespeisten Synchronmotoren mit einer stärkeren Neigung zur Instabilität gerechnet werden als bei entsprechend betriebenen Asynchronmotoren.

Synchronmotor mit eingeprägtem Ständer- und Feldstrom

Die Speisung eines Synchronmotors mit eingeprägtem Ständer- und Feldstrom kann vorteilhaft sein, da mit der Lage des Ständerstromvektors auch weitgehend die Lage des Läufers vorgegeben wird [138]. Durch den Aufbau schneller Stromregelkreise läßt sich dies erreichen. Das Verhalten dieser Stromregelungen läßt sich mit dem vollständigen Strukturbild des Synchronmotors untersuchen, für eine näherungsweise Betrachtung der Motordynamik kann man dann von einem vereinfachten Strukturbild ausgehen, in dem die Ströme von Ständer und Feld als unabhängige Eingangsgrößen auftreten. Wir setzen also die Möglichkeit voraus, daß der Ständerstromvektor in der Form

$$i_1 = \widehat{i_1}\, e^{j\lambda} \qquad\qquad (4.99 \text{ p. u.})$$

nach Amplitude und Winkellage vorgegeben werden kann. Nach Gleichung (4.20) erhält man nach der Transformation in das läuferfeste Koordinatensystem seine beiden Komponenten

$$i_d = \widehat{i_1} \cos\delta, \qquad\qquad (4.100)$$

$$i_q = \widehat{i_1} \sin\delta. \qquad\qquad (4.101)$$

Der Lastwinkel δ ist hier der Winkel zwischen dem Ständerstromvektor und der Längsachse des Polrades. Als Eingangsgrößen des Systems treten somit die Größen $\widehat{i_1}$, λ, i_f und d_L auf. Es entfallen also die Spannungsgleichungen bis auf die der Dämpferkreise. Die Eisensättigung wird auch hier wieder nach der einfacheren Methode gemäß Gleichung (4.58) dargestellt. Im übrigen werden die im Abschnitt 4.3 aufgestellten, vollständigen Gleichungen des Synchronmotors verwendet, soweit sie nicht durch die Annahme eingeprägter Ströme überflüssig geworden sind. Außerdem lassen sich noch folgende Zusammenfassungen vornehmen. In der Querachse gilt

$$R_Q\, i_Q + \frac{d}{dt}\left(X_{qh}\, i_q + X_Q\, i_Q\right) = 0. \qquad (4.102 \text{ p. u.})$$

Daraus folgt

$$\psi_q = X_q\, i_q - \frac{X_{qh}^2\, s}{R_Q + X_Q\, s}\, i_q = X_q\, i_q - \frac{\dfrac{X_{qh}^2}{X_Q}\dfrac{X_Q}{R_Q}\, s}{1 + \dfrac{X_Q}{R_Q}\, s}\, i_q, \qquad (4.103 \text{ p. u.})$$

$$\psi_{\mathrm{q}} = X_{\mathrm{q}}\, i_{\mathrm{q}} - \frac{\dfrac{X_{\mathrm{qh}}^2}{X_{\mathrm{Q}}}\, T_{\mathrm{Q}}\, s}{1 + T_{\mathrm{Q}}\, s}\,. \qquad\text{(4.104 p.u.)}$$

Entsprechend gilt in der Längsachse

$$R_{\mathrm{D}}\, i_{\mathrm{D}} + \frac{\mathrm{d}}{\mathrm{d}t}\,(\psi_{\mathrm{dh}} + X_{\mathrm{D}\sigma}\, i_{\mathrm{D}}) = 0\,. \qquad\text{(4.105 p.u.)}$$

$$X_{\mathrm{dh}}\, i_{\mathrm{D}} = -\frac{\dfrac{X_{\mathrm{dh}}}{X_{\mathrm{D}\sigma}}\, T_{\mathrm{D}\sigma}\, s}{1 + T_{\mathrm{D}\sigma}\, s}\, \psi_{\mathrm{dh}}\,. \qquad\text{(4.106 p.u.)}$$

Die neu eingeführten Zeitkonstanten sind

$$T_{\mathrm{D}\sigma} = \frac{X_{\mathrm{D}\sigma}}{R_{\mathrm{D}}} \quad \text{und} \quad T_{\mathrm{Q}} = \frac{X_{\mathrm{Q}}}{R_{\mathrm{Q}}}\,.$$

Mit diesen Gleichungen läßt sich das Strukturbild des unter den genannten Bedingungen betriebenen Synchronmotors zeichnen; es ist in Bild 4-11 dargestellt. Im Falle des Reluktanzmotors entfällt die Eingangsgröße i_{f}. Die einzelnen Blocks haben die folgenden Konstanten:

$$k_3 = k_4 = 1; \quad k_5 = X_{\mathrm{dh}}; \quad k_7 = \frac{X_{\mathrm{dh}}}{X_{\mathrm{D}\sigma}}; \quad T_7 = T_{\mathrm{D}\sigma};$$

$$k_8 = X_{1\sigma}; \quad k_9 = X_{\mathrm{q}};$$

$$k_{10} = \frac{X_{\mathrm{qh}}^2}{X_{\mathrm{Q}}}; \quad T_{10} = T_{\mathrm{Q}}; \quad k_{11} = k_{12} = 1; \quad k_{13} = \frac{1}{T_{\mathrm{A}}}; \quad k_{14} = 1.$$

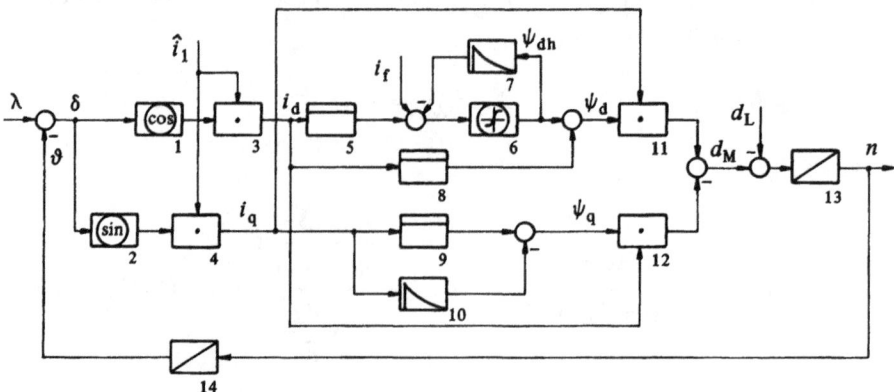

Bild 4-11: Strukturbild bei eingeprägtem Ständer- und Feldstrom

In den Blocks 1 und 2 werden die Cosinus- und die Sinusfunktionen des Winkels δ gebildet, und die Kennlinie von Block 6 ist durch die Leerlaufkennlinie der Maschine gegeben.

Das gezeigte Strukturbild läßt sich noch um einiges vereinfachen und übersichtlicher gestalten, wenn man annimmt, daß für den Feldstrom und die Amplitude der Ständerströme konstante Werte I_f und $\widehat{I}_1$ vorgegeben werden und daß der Motor nur über die Eingangsgrößen λ bzw. deren Ableitung ω gesteuert wird. Außerdem kann man die Magnetisierungskennlinie in der Umgebung des durch I_f gegebenen Arbeitspunktes als linear annehmen und für den Fluß in der d-Achse die Beziehung

$$\psi_d = \Psi_{df}(I_f) + X_d^* \, i_d + X_{dh}^* \, i_D \qquad (4.107 \text{ p. u.})$$

verwenden. Dann gilt anstelle der Gleichung (4.105)

$$R_D \, i_D + \frac{d}{dt}\left(\Psi_{df} + X_{dh}^* \, i_d + X_D^* \, i_D\right). \qquad (4.108 \text{ p. u.})$$

Daraus folgt

$$\psi_d = \Psi_{df} + X_d^* \, i_d - \frac{\dfrac{X_{dh}^{*2}}{X_D^*} \, T_D^* \, s}{1 + T_D^* \, s} \, i_d. \qquad (4.109 \text{ p. u.})$$

Berücksichtigt man, daß für das Produkt der beiden Achsenströme die Beziehung

$$i_d \, i_q = \widehat{I}_1^2 \sin\delta \cos\delta = \frac{\widehat{I}_1^2}{2} \sin 2\,\delta \qquad (4.110)$$

gilt, so erhält man nach Einsetzen der obigen Gleichungen in die Drehmomentengleichung

$$d_M = \Psi_{df} \, \widehat{I}_1 \sin\delta + (X_d^* - X_q) \, \frac{\widehat{I}_1^2}{2} \sin 2\,\delta -$$

$$-\left(\frac{\dfrac{X_{dh}^{*2}}{X_D^*} \, T_D^* \, s}{1 + T_D^* \, s} \, i_d\right) i_q + \left(\frac{\dfrac{X_{qh}^2}{X_Q} \, T_Q \, s}{1 + T_Q \, s} \, i_q\right) i_d. \qquad (4.111 \text{ p. u.})$$

Beim Reluktanzmotor entfällt der erste Term. Nach diesen Vereinfachungen läßt sich ein übersichtlicheres Strukturbild zeichnen, wie in Bild 4-12 dargestellt. Die Wirkung der Dämpferwicklung oder entsprechender Eisenwege ist hier den physikalischen Verhältnissen entsprechend durch die elektromagnetischen Zusammenhänge nachgebildet. Der

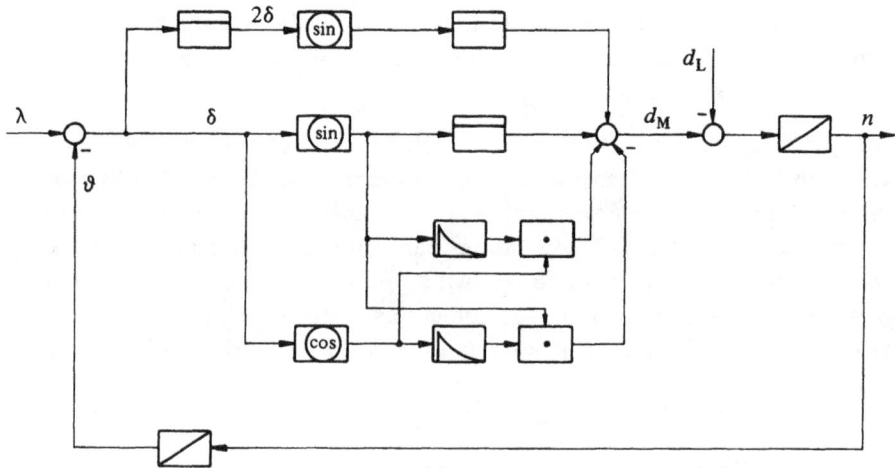

Bild 4-12: Vereinfachtes Strukturbild bei eingeprägtem Ständer- und Feldstrom

Übergang zu einem einfachen, schlupfproportionalen Dämpfungsmoment, mit dem in [138] gearbeitet wird, vereinfacht die Gleichungen zwar beträchtlich, ist jedoch nur unter weiteren, unter Umständen stark vereinfachenden Annahmen möglich, wie die obigen Gleichungen zeigen.

Synchronmotor mit Blindstromregelung

Wie weiter oben bereits erwähnt, wird der Synchronmotor gern in konstant durchlaufenden Antrieben eingesetzt, da er die Möglichkeit zur zusätzlichen Erzeugung von Blindleistung bietet, so daß auf diese Weise der Leistungsfaktor der Gesamtanlage verbessert werden kann. In diesem Falle wird der Synchronmotor beispielsweise mit einer Blindstromregelung versehen, deren Stellgröße die Feldspannung ist. Für die Untersuchung dieser Regelung kann natürlich das vollständige Strukturbild nach Bild 4-8 verwendet werden, jedoch können auch hier Vereinfachungen vorgenommen werden, die zu einer übersichtlicheren Struktur führen.

Der Motor wird am Netz der öffentlichen Energieversorgung mit konstanter Frequenz betrieben. Deshalb wollen wir auch die Amplitude der Ständerspannung in erster Näherung als konstant mit dem Wert Eins annehmen. Die transformatorischen Spannungen $\dfrac{d\psi}{dt}$ im Ständer sollen vernachlässigt werden, außerdem der geringe Einfluß der Drehzahlschwankungen in den Rotationsspannungen. Schließlich soll die Wirkung der Dämpferwicklung durch ein schlupfproportionales Dämpfungsmoment d_{MD} dargestellt und die Sättigung vernachlässigt werden. Dann ergeben sich die folgenden Gleichungen:

$$\sin \delta = X_q\, i_q, \qquad\qquad (4.112\ \text{p. u.})$$

$$\cos \delta = X_d\, i_d + i_f, \qquad\qquad (4.113\ \text{p. u.})$$

$$u_f = \varepsilon\, T_f\, \frac{d\psi_f}{dt} + i_f, \qquad\qquad (4.114\ \text{p. u.})$$

$$\psi_f = X_{dh}\, i_d + \frac{1}{\varepsilon}\, i_f, \qquad\qquad (4.115\ \text{p. u.})$$

$$d_M = i_f\, i_q + (X_d - X_q)\, i_d\, i_q, \qquad\qquad (4.116\ \text{p. u.})$$

$$d_M - d_L = T_A\, \frac{dn}{dt}. \qquad\qquad (4.117\ \text{p. u.})$$

Für den Blindstrom des Motors gelten im dynamischen Falle die entsprechenden Beziehungen wie in den Gleichungen (4.76) ff. beschrieben, und man erhält daher

$$i_{bl} = -\frac{1}{X_d}\, i_f \cos \delta + \frac{1}{X_d}\left(1 + \frac{X_d - X_q}{X_q}\sin^2 \delta\right). \quad (4.118\ \text{p. u.})$$

Nach Elimination der nicht weiter interessierenden Zwischengrößen verbleiben neben den Gleichungen (4.117) und (4.118) die Beziehungen

$$u_f = \left(1 - \varepsilon\, \frac{X_{dh}}{X_d}\right) T_f\, \frac{di_f}{dt} + i_f - \varepsilon\, \frac{X_{dh}}{X_d}\, T_f \sin \delta\, \frac{d\delta}{dt}, \quad (4.119\ \text{p. u.})$$

$$d_M = \frac{1}{X_d}\, i_f \sin \delta + \frac{X_d - X_q}{2\, X_d\, X_q}\sin 2\,\delta. \qquad (4.120\ \text{p. u.})$$

Für das Dämpfungsmoment gilt die Gleichung

$$d_{MD} = k_D\, \frac{d\delta}{dt}. \qquad\qquad (4.121\ \text{p. u.})$$

Mit diesen Gleichungen ergibt sich das in Bild 4-13 dargestellte Strukturbild des an starrer Spannung liegenden Synchronmotors, der über die Feldspannung beeinflußt wird. Die einzelnen Blocks haben die folgenden Konstanten:

$$k_1 = 1; \quad T_1 = \left(1 - \varepsilon\, \frac{X_{dh}}{X_d}\right) T_f; \quad k_2 = \frac{1}{X_d}; \quad k_3 = \frac{1}{T_A};$$

$$k_4 = k_D; \quad k_5 = 1;$$

$$k_6 = 2; \quad k_8 = \frac{X_d - X_q}{2\,X_d\,X_q}; \quad k_{10} = \varepsilon\,\frac{X_{dh}}{X_d}\,T_f; \quad k_{12} = \frac{1}{X_d}.$$

In den Blocks 7, 9 und 11 werden die Sinus- bzw. Cosinusfunktionen gebildet. Die Kennlinie von Block 13 ist eine Parabel, die durch die Quadratbildung der Sinusfunktion unter Berücksichtigung des zugehörigen Koeffizienten in Gleichung (4.118) zustande kommt. Das Strukturbild gibt Aufschluß über die Beeinflussung des Blindstromes durch die Feldspannung oder das Lastmoment und zeigt gleichzeitig den Einfluß derartiger Eingriffe auf den Lastwinkel des Motors. Eine weitere Vereinfachung des Systems kann durch eine Linearisierung der Gleichungen erzielt werden.

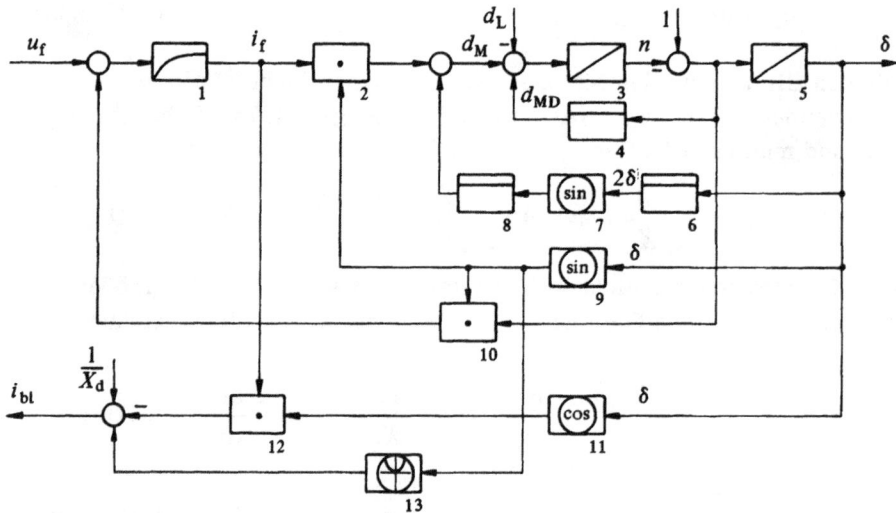

Bild 4-13: Strukturbild bei Regelung des Blindstromes über die Feldspannung

5. Literaturverzeichnis

A. Allgemein

[1] Adkins, B.: The general theory of electrical machines, Chapman u. Hall, London 1957

[2] Bederke, H. J., Ptassek, R., Rothenbach, G. und Vaske, P.: Elektrische Antriebe und Steuerungen, B. G. Teubner, Stuttgart 1969

[3] Bödefeld, T. und Sequenz, H.: Elektrische Maschinen, Springer-Verlag, Wien, 6. Aufl. 1962

[4] Föllinger, O. und Gloede, G.: Dynamische Struktur von Regelkreisen, AEG-Verlag, Berlin 1964

[5] Heumann, K. und Stumpe, Ch.: Thyristoren, Eigenschaften und Anwendungen, B. G. Teubner, Stuttgart 1969

[6] Kovacs, K. P. und Racz, I.: Transiente Vorgänge in Wechselstrommaschinen, Verlag d. ungarischen Akademie d. Wissenschaften, Budapest 1959

[7] Kovacs, K. P.: Symmetrische Komponenten in Wechselstrommaschinen, Birkhäuser-Verlag, Basel 1962

[8] Leonhard, A.: Elektrische Antriebe, F. Enke-Verlag, Stuttgart, 2. Aufl. 1959

[9] Loocke, G.: Die Anpassung der Motoren an die Antriebs- und Regelbedingungen, VDE-Buchreihe Band 11, S. 487-511

[10] Lyon, W. V.: Transient analysis of alternating-current machinery, John Wiley, New York 1954

[11] Praßler, H.: Energiewandler der Starkstromtechnik, B. I. Hochschultaschenbücher Band 199, 1969

[12] VEM: Die Technik der elektrischen Antriebe, Grundlagen, VEB Verlag Technik, Berlin 1963

[13] Weh, H.: Elektrische Netzwerke und Maschinen, B. I. Hochschultaschenbücher Band 108, 1968

B. Zu Kapitel 2: Gleichstrommotoren

[14] Ahrens, D., Lämmerhirdt, E. H. und Loocke, G.: Technische und theoretische Grenzen der Dynamik von Gleichstromantrieben, VDE-Fachberichte 25 (1968), S. 25-30

[15] Becker, O, Kellenberger, W. und Heil, W.: Mechanische Beanspruchungen schwerer Antriebe in den Hüttenwerken, VDE-Buchreihe Band 11, S. 433-445

[16] Berg, M.: Gleichstrommotoren mit gedruckter Wicklung, Internat. Elektron. Rundschau 17 (1963), H. 11, S. 582-584

[17] Blake, B. M.: Brand new servomotor with startling performance, Control Eng. 13 (1966), H. 5, S. 81-85

[18] Bühler, H.: Einführung in die Theorie geregelter Gleichstromantriebe, Birkhäuser-Verlag, Basel 1962

[19] Bürskens, H.: Fortschritte bei geregelten Hebezeugantrieben, Fördern u. Heben 16 (1966) Messe-Sonderausgabe, S. 291-296

[20] Buxbaum, A.: Regelung von Stromrichterantrieben bei lückendem und nichtlückendem Ankerstrom, AEG-Mitteilungen 59 (1969), H. 6, S. 348-352

[21] Buxbaum, A.: Das Einschwingverhalten drehzahlgeregelter Gleichstromantriebe bei Sollwert- und Laststößen, AEG-Mitteilungen 59 (1969), H. 6, S. 353-358

[22] Doranth, K. H. und Römer, K.: Stetig steuerbare Vorschubantriebe mit Gleichstrommotoren, Steuerungstechnik 1 (1968), H. 3, S. 108-113

[23] Förster, J. und Steinmüller, H. F.: Steuer- und Regeltechnik der Stromrichter-Umkehrantriebe, AEG-Mitteilungen 48 (1958), H. 11/12, S. 629-636

[24] Frank, H.: Scheibenläufermotoren, Feinwerktechnik 74 (1970), H. 1, S. 22-24

[25] Geyer, W.: Regelungstechnische Probleme bei der Drehzahlregelung eines Gleichstrommotors bei gleichzeitigem Eingriff im Anker- und Feldstromkreis, VDE-Buchreihe Band 11, S. 472-486

[26] Geyer, W. und Ströle, D.: Entwicklungstendenzen bei geregelten elektrischen Antrieben, Siemens-Z. 39 (1965), H. 5, S. 490-494

[27] Humburg, K.: Die Gleichstrommaschine, Sammlung Göschen, Band 257 u. 881, Walter de Gruyter u. Co., Berlin 1956

[28] Jötten, R.: Regelungsdynamik stromrichtergespeister Antriebe für durchlaufende Walzenstraßen, VDE-Buchreihe Band 4, S. 161-187

[29] Jötten, R.: Zur Theorie und Praxis der Regelung von Stromrichterantrieben, Regelungstechnik 7 (1959), H. 1, S. 5-10; H. 2, S. 45-47

[30] Jötten, R.: Regelungstechnische Probleme bei elastischer Verbindung zwischen Motor und Arbeitsmaschine, VDE-Buchreihe Band 11, S. 446-467

[31] Lämmerhirdt, E. H.: Entwicklung moderner Gleichstrommaschinen, VDE-Fachberichte 22 (1962), S. I/135-144

[32] Möltgen, G. und Neuffer, I.: Stand der Technik der Antriebe mit netzgeführten Stromrichtern, VDE-Buchreihe Band 11, S. 239-255

[33] Pfaff, G. und Scheurer, H.G.: Parameter-unempfindliche Regelung von Gleichstrommotoren im Feldschwächbereich, ETZ-A 90 (1969), H. 16, S. 400-401

[34] Prieß, A.: Stromwendung und -abschaltung in Kommutierungskreisen, Diss. Univ. Karlsruhe 1965

[35] Raatz, E.: Der Einfluß von Nichtlinearitäten und schwingungsfähigen Elementen auf das dynamische Verhalten von geregelten Antrieben, Elektrotechnik u. Maschinenbau 84 (1967), H. 8, S. 350-354

[36] Richter, R.: Elektrische Maschinen 1. Band: Gleichstrommaschinen, Birkhäuser-Verlag, Basel 1951

[37] Sattler, P. K.: Bemessung und Konstruktion großer Gleichstrommaschinen für den Walzwerksbetrieb, BBC-Nachrichten 43 (1961), H. 3, S. 156-165

[38] Ströle, D.: Typische Adaptivsteuerungen bei geregelten elektrischen Antrieben, Regelungstechnik 15 (1967), H. 3, S. 106-111

[39] Tustin, A.: Direct current machines for control systems, E. u. F. N. SPON, London 1952

[40] Wark, K.: Die Gleichstrommotorenreihe Typ GMH für Walzwerks-Hilfsantriebe und Hebezeuge in achteckiger Bauweise mit Silikonisolation, AEG-Mitteilungen 50 (1960), H. 10/11, S. 460-465

[41] Wark, K.: Die Weiterentwicklung der Millmotoren, AEG-Mitteilungen 53 (1963), H. 1/2, S. 35-40

[42] Yaskawa, K. und Fukuda, T.: Slotless armature – key to motors low inertia, Control Eng. 9 (1962), H. 11, S. 87-89

[43] Direct-drive DC torque motors, Firmenschrift SGM 969 5M Inland Motor Corp.

C. *Zu Kapitel 3:* Asynchronmotoren

[44] Abraham, L. und Patzschke, U.: Pulstechnik für die Drehzahlsteuerung von Asynchronmotoren, AEG-Mitteilungen 54 (1964), H. 1/2, S. 133-140

[45] Albrecht, S. und Gahleitner, A.: Bemessung des Drehstromasynchronmotors in einer untersynchronen Stromrichterkaskade, Siemens-Z. 40 (1966), H. 10, S. 539-542

[46] Andresen, E. C.: Der Entwicklungsstand von Drehstrom-Käfigläufermotoren für große Leistungen, AEG-Mitteilungen 54 (1964), H. 1/2, S. 8-23

[47] Annies, B.: Steuerumrichter für Käfigläufermotoren, AEG-Mitteilungen 54 (1964), H. 1/2, S. 123-125

[48] Anschütz, H.: Der Einsatz von Stromrichterkaskaden für industrielle Antriebe, BBC-Nachrichten 47 (1965), H. 1, S. 13-20

[49] Badr, H. A.: Primary-side thyratron controlled three-phase induction machine, Diss. E. T. H. Zürich 1960, Nr. 3060

[50] Badr. H. A.: Simulation einer von Thyristoren geregelten Drehstrom-Asynchronmaschine, Neue Technik 7 (1965), H. A5, S. 271-281

[51] Bausch, H., Jordan, H. und Weis, M.: Digitale Berechnung des transienten Verhaltens von stromverdrängungsfreien Drehstrom-Käfigläufermotoren, ETZ-A 89 (1968), H. 16, S. 361-366

[52] Blaschke, F., Hütter, G. und Schneider, U.: Zwischenkreisumrichter zur Speisung von Asynchronmaschinen für Motor- und Generatorbetrieb, ETZ-A 89 (1968), H. 5, S. 108-112

[53] Bystron, K.: Strom- und Spannungsverhältnisse beim Drehstrom-Umrichter mit Gleichstromzwischenkreis, ETZ-A 87 (1966), H. 8, S. 264-271

[54] Bystron, K. und Meyer, M.: Kontaktlose, drehzahlregelbare Umrichtermaschinen für hohe Drehzahlen, Siemens-Z. 37 (1963), H. 9, S. 660-667

[55] Carli, A., Murgo, M. und Ruberti, A.: Speed control of induction motors by frequency variation, 3. Congr. of IFAC, London 1966

[56] Cießow, G. und Kulka, S.: Die Anwendung von gepulsten Widerständen bei Gleichstromreihenschlußmotoren und Drehstromschleifringläufermotoren, AEG-Mitteilungen 55 (1965), H. 2, S. 123-129

[57] Depenbrock, M.: Drehstrommaschinen mit Stromrichtererregung, BBC-Nachrichten 43 (1961), H. 3, S. 150-155

[58] Düll, E. H. und Golde, E.: Dreiphasenumrichter mit Gleichstromzwischenkreis 50/50
      bis 500 Hz, AEG-Mitteilungen 54 (1964), H. 3/4, S. 165-171

[59] Fallside, F. und Wortley, A. T.: Steady-state oscillation and stabilisation of variable-
      frequency invertor-fed induction-motor drives, Proc. JEE 116 (1969), H. 6, S. 991-999

[60] Fetscher, W.: Dynamisches Verhalten des Drehstrommotors mit Doppelnutläufer,
      Diss. Univ. Karlsruhe 1965

[61] Franke, J. und Schönung, A.: Steuerung statischer Umformer zum Speisen der Antrie-
      be von Chemiefaser-Spinnmaschinen, ETZ-B 20 (1968), H. 21, S. 616-621

[62] Freise, W.: Das Betriebsverhalten von Drehstromschleifringläufermotoren mit Gleich-
      richtern im Läuferkreis, Technische Rundschau 47 (1963), S. 25-29

[63] Gerecke, E. und Badr, H. A.: Asynchronmaschine mit primärseitig eingebauten steuer-
      baren Ventilen, Neue Technik 4 (1962), H. 3, S. 125-134

[64] Gerecke, E.: New methods of power control with thyristors, 3. Congr. of IFAC 1966
      (Survey paper)

[65] Hannakam, L.: Übergangsverhalten des Drehstromschleifringläufers, Regelungstechnik
      7 (1959), H. 11 u. 12, S. 393-398 u. 421-427

[66] Harz, H. und Tittel, J.: Die neuen gleitenden Netzkupplungsumformer der Deutschen
      Bundesbahn für 50/16 2/3 Hz, Elektrische Bahnen 30 (1959), H. 12, S. 265-281

[67] Harz, H.: Neue, große, gleitende Netzkupplungsumformer zur Bahnstromversorgung,
      VDE-Fachberichte 20 (1958), S. 89-96

[68] Hasse, K.: Zum dynamischen Verhalten der Asynchronmaschine bei Betrieb mit variab-
      ler Ständerfrequenz und Ständerspannung, ETZ-A 89 (1968), H. 4, S. 77-81

[69] Heck, R. und Meyer, M.: Die asynchrone Umrichtermaschine, ein kontaktloser, dreh-
      zahlregelbarer Umkehrantrieb, Siemens-Z. 37 (1963), H. 5, S. 287-290

[70] Heumann, K. und Jordan, K. G.: Das Verhalten des Käfigläufers bei veränderlicher
      Speisefrequenz und Stromregelung, AEG-Mitteilungen 54 (1964), H. 1/2, S. 107-116

[71] Heumann, K.: Variable frequency speed control of induction motors, 3. Congr. of
      IFAC, London 1966

[72] Jordan, H. und Schmitt, W.: Die Drehzahlregelung des Drehstrom-Asynchronmotors
      durch überlagerten Gleichstrom, AEG-Mitteilungen 31 (1940), H. 11/12, S. 266-269

[73] Jordan, H. und Schmitt, W.: Die elektrische Bremsung von Drehstrommotoren unter
      besonderer Berücksichtigung der Bremsung mit unsymmetrischen Ständerschaltungen,
      AEG-Mitteilungen 31 (1940), H. 11/12, S. 269-272

[74] Jordan, H., Lorenzen, H. W. und Taegen, F.: Erzwungene Pendelungen von Asynchron-
      maschinen, ETZ-A 84 (1963), H. 20, S. 645-648

[75] Jordan, H. E.: Analysis of induction machines in dynamic systems, IEEE Trans. Vol
      PAS-84 (1965), H. 11, S. 1080-1085

[76] Klein, C. und Schambach, H.G.: Asynchroner Netzkupplungsumformer für die Bahn-
      stromversorgung mit elektronischer Steuerungs- und Regelungseinrichtung, Elektrische
      Bahnen 36 (1965), H. 2, S. 30-36

[77] Kleinmann, W. und Stambolidis, A.: Anwendung untersynchroner Stromrichterkaska-
      den in der Industrie, BBC-Nachrichten 51 (1969), H. 2, S. 94-99

[78] Kloß, M.: Drehmoment und Schlüpfung des Asynchronmotors, Archiv f. Elektrotech-
      nik 5 (1916), H. 3, S. 59-87

[79] Koppelmann, F. und Michel, M.: Kontaktlose Steuerung der Drehzahl von Asynchron-
      motoren mit Hilfe antiparalleler Thyristoren, AEG-Mitteilungen 54 (1964), H. 1/2,
      S. 126-132

[80] Korb, F.: Einstellung der Drehzahl von Induktionsmotoren durch antiparallele Ventile
      auf der Netzseite, ETZ-A 86 (1965), H. 8, S. 275-279

[81] Kovacs, K. P.: Programmierung von Asynchronmotoren für Analogrechner unter Be-
      rücksichtigung der Sättigung, Archiv f. Elektrotechnik, Bd. 47 (1962), H. 4, S. 193-206

[82] Kovacs, K. P.: Über Asynchronmotoren mit asymmetrischem Läufer, Archiv für Elek-
      trotechnik, Bd. 49 (1964), H. 3, S. 190-202

[83] Kovacs, K. P.: Über Pendelungen von Asynchronmaschinen, 11. Internat. Wissenschaft-
      liches Kollegium der T. H. Ilmenau 1966, Teil 1 S. 37-49

[84] Krause, P. C.: Simulation of symmetrical induction machinery, IEEE Trans. Vol PAS-
      84 (1965), H. 11, S. 1038-1053

[85] Krause, P. C.: Simulation of unsymmetrical 2-phase induction machines, IEEE Trans.
      Vol PAS-84 (1965), H. 11, S. 1026-1037

[86] Krause, P. C. und Lipo, T. A.: Analysis and simplified representation of a rectifier-in-
      verter induction motor drive, IEEE Trans. Vol PAS-88 (1969), H. 5, S. 588-596

[87] Kümmel, F.: Geregelte Antriebe mit Drehstrom-Schleifringläufermotoren, VDE-Buch-
      reihe Band 11, S. 512-530

[88] Lauffer, H.: Die Drehstrommaschine mit polradwinkelabhängigen, eingeprägten Läu-
      ferströmen, Diss. T. H. Stuttgart, 1966

[89] Leonhard, A.: Über die Eigenschaften von Drehstrommotoren für 50 Hz bei Betrieb
      mit 20 bis 0 Hz, ETZ-A 56 (1935), H. 45, S. 1215

[90] Leonhard, A.: Periodisch schwankende Belastung von Asynchronmaschinen, Elektro-
      technik u. Maschinenbau 81 (1964), S. 581-586

[91] Leonhard, A.: Die Asynchronmaschine bei Laständerungen, Elektrotechnik u. Maschi-
      nenbau 82 (1965), S. 3-7

[92] Leonhard, W.: Regelungsprobleme bei der stromrichtergespeisten Asynchronmaschine,
      VDE-Fachberichte 25 (1968), S. 50-62

[93] Lipo, T. A. und Krause, P. C.: Stability analysis of a rectifier-inverter induction motor
      drive, IEEE Trans. Vol. PAS-88 (1969), H. 1, S. 55-63

[94] Lorenzen, H. W.: Die erzwungenen Schwingungen von Asynchronmotoren unter Be-
      rücksichtigung des Ständerwiderstandes, ETZ-A 88 (1967) H. 8, S. 195-202

[95] Lorenzen, H. W.: Der Einfluß der Stromverdrängung auf die erzwungenen Pendelun-
      gen von Drehstromasynchronmaschinen, ETZ-A 88 (1967), H. 18, S. 445-451

[96] Meyer, M.: Über die untersynchrone Stromrichterkaskade, ETZ-A 82 (1961), H. 19,
      S. 589-596

[97] Meyer, M.: Stromrichtergespeiste Drehfeldmaschinen, VDE-Buchreihe Band 11,
      S. 531-560

[98] Michel, M.: Die Strom- und Spannungsverhältnisse bei der Steuerung von Drehstrom-
      lasten über antiparallele Ventile, Diss. T. U. Berlin 1966, D 83

[99] Mikulaschek, F.: Die Ortskurven der untersynchronen Stromrichterkaskade, AEG-Mit-
      teilungen 52 (1962), H. 5/6, S. 210-219

[100] Naunin, D.: Ein Beitrag zum dynamischen Verhalten der frequenzgesteuerten Asynchron-maschine, Diss. T. U. Berlin 1968

[101] Nürnberg, W.: Die Asynchronmaschine, Springer-Verlag, Berlin 1963

[102] Patzschke, U.: Der drehzahlregelbare Käfigläufermotor, ETZ-B 16 (1964), H. 24, S. 703-707

[103] Pellatz, E.: Untersuchung der Stabilität einer wechselrichtergespeisten Drehstromasyn-chronmaschine, Diss. Univ. Karlsruhe 1968

[104] Pfaff, G. und Jordan, H.: Dynamische Kennlinien von Drehstromasynchronmotoren, ETZ-A 83 (1962), H. 12, S. 388-392

[105] Pfaff, G.: Dynamisches Verhalten der Drehstromkommutatorkaskade, Regelungstech-nik 11 (1963), H. 10, S. 433-440

[106] Pfaff, G. und Klein, C.: Elektronische Regelung von Drehstromkaskaden, AEG-Mittei-lungen 54 (1964), H. 5/6, S. 409-415

[107] Pfaff, G.: Zur Dynamik des Asynchronmotors bei Drehzahlsteuerung mittels veränder-licher Speisefrequenz, ETZ-A 85 (1964), H. 22, S. 719-724

[108] Pfaff, G.: Beitrag zur Berechnung transienter Vorgänge in Asynchronmaschinen bei unsymmetrischen Betriebsverhältnissen, ETZ-A 89 (1968), H. 7, S. 160-164

[109] Racz, I.: Dynamic behaviour of inverter controlled induction motors, 3. Congr. of IFAC, London 1966

[110] Rauhut, P.: Scherbiusmaschinen für Drehzahlregelung, Phasenkompensation und Lei-stungsregelung von Asynchronmaschinen, BBC-Mitteilungen 38 (1951), H. 5/6, S. 132-147

[111] Rauhut, P.: Der Umformer für elastische Netzkupplung, BBC-Mitteilungen 42 (1955), H. 9, S. 349-369

[112] Rauhut, P.: Der Scherbius-Regelsatz zum Hauptumformer des CERN, Genf, BBC-Mittei-lungen 46 (1959), H. 6, S. 350-355

[113] Rogers, G. I.: Linearised analysis of induction-motor transients, Proc. IEE 112 (1965), H. 10, S. 1917-1926

[114] Sattler, P. K.: Parasitäre Drehmomente von Stromrichtermotoren, ETZ-A 88 (1967), H. 4, S. 89-93

[115] Sattler, P. K. und Ulrich, B.: Untersuchung der stromrichtergespeisten Asynchronma-schine am Analogrechner, ETZ-A 89 (1968), H. 2, S. 25-31

[116] Schneider, J. und Alwers, E.: Auswirkungen der Umrichterspeisung auf die Asynchron-maschine, VDE-Fachberichte 24 (1966), S. 203-208

[117] Schnörr, R.: Der Drehstrommotor mit Umrichterspeisung, VDE-Fachberichte 23 (1964), S. 225-237

[118] Schönfeld, R.: Das Signalflußbild der Asynchronmaschine, Messen, Steuern, Regeln 8 (1965), H. 4, S. 122-128

[119] Schönfeld, R.: Die untersynchrone Stromrichterkaskade als Regelantrieb, Messen, Steuern, Regeln 10 (1967), H. 11, S. 411-417

[120] Schönfeld, R.: Stationäres und dynamisches Verhalten von Drehfeldmaschinen bei Speisung über ruhende Frequenzumformer, 13. Internat. Wissenschaftliches Kolloquium der T. H. Ilmenau 1968, S. 37-48

[121] Schönung, A. und Stemmler, H.: Geregelter Drehstrom-Umkehrantrieb mit gesteuertem Umrichter nach dem Unterschwingungsverfahren, BBC-Nachrichten 51 (1964), H. 8/9, S. 555-577

[122] Selbach, A. und Korb, F.: Die Anwendung der kollektorlosen Maschinen mit Regelung über Stromrichter, VDE-Buchreihe Band 11, S. 561-578

[123] Späth, H.: Beitrag zur Analyse von Drehstrom-Kommutatormaschinen, Diss. Univ. Karlsruhe 1967

[124] Spatz, G.: Statisches und dynamisches Betriebsverhalten eines über einen elektronischen Drehstromsteller gespeisten Drehstrom-Asynchronmotors, Diss. Univ. Karlsruhe 1970

[125] Stepina, J.: Betriebsverhalten der vom Wechselrichter gespeisten Asynchronmaschine, Elektrotechnik u. Maschinenbau 83 (1966), H. 5, S. 295-303

[126] Stiebler, M.: Die Nachbildung von Induktionsmaschinen mit Stromverdrängungsläufern am Analogrechner unter Verwendung der Doppelkäfignäherung, Archiv f. Elektrotechnik Bd. 49 (1965), H. 5, S. 331-342

[127] Stiebler, M.: Die Berechnung von Übergangsvorgängen bei Induktionsmaschinen mit Stromverdrängungsläufern, Archiv f. Elektrotechnik Bd. 51 (1966), H. 1, S. 23-37

[128] Stiebler, M.: Nachbildung des Verhaltens umrichtergespeister Asynchronmotoren auf dem Analogrechner, 5. Internat. analog computation meetings 1967, S. 719-728

[129] Weh, H.: Anzugsmoment und Anzugsstrom von Asynchronmaschinen mit Doppelnutläufern und verwandten Läuferarten, ETZ-A 80 (1959), H. 24, S. 855-860

[130] Weh, H. und Meyer, J.: Die direkte Berechnung von Strom und Drehmoment bei Asynchronmaschinen, ETZ-A 87 (1966), H. 14, S. 504-514

[131] Zürneck, H.: Ein drehzahlgeregelter, spannungsgesteuerter Stromrichter-Asynchronmotor, Diss. T. H. Darmstadt 1965

D. *Zu Kapitel 4:* Synchronmotoren

[132] Bonfert, K.: Betriebsverhalten der Synchronmaschine, Springer-Verlag, Berlin 1962

[133] Canay, M.: Ersatzschemata der Synchronmaschine zur Vorausberechnung von Polradgrößen bei nichtstationären Vorgängen sowie asynchronem Anlauf, BBC-Mitteilungen 57 (1970), H. 3, S. 135-145

[134] Concordia, C.: Synchronous Machines, John Wiley, New York 1951

[135] Depenbrock, M.: Fremdgeführte Zwischenkreisumrichter zur Speisung von Stromrichtermotoren mit sinusförmigen Anlaufströmen, ETZ-A 87 (1966), H. 26, S. 945-951

[136] Hannakam, L.: Dynamisches Verhalten von synchronen Schenkelpolmaschinen bei Drehmomentstößen, Archiv f. Elektrotechnik, Bd. 43 (1958), H. 6, S. 402-426

[137] Hannakam, L.: Nachbildung der gesättigten Schenkelpolmaschine auf dem elektronischen Analogrechner, ETZ-A 84 (1963), H. 2, S. 33-39

[138] Jayawant, B. V., Kapur, R. K. und Williams, G.: Dynamic performance of synchronous machines in control systems, Proc. IEE 117 (1970), H. 3, S. 609-617

[139] Jordan, H. und Lorenzen, H. W.: Die Stromverteilung im Dämpferkäfig von Schenkelpolmaschinen beim asynchronen Anlauf, ETZ-A 86 (1965), H. 21, S. 673-684

[140] Köllensperger, D.: Die Synchronmaschine als selbstgesteuerter Stromrichtermotor, Siemens-Z. 41 (1967), H. 10, S. 830-836

[141] Köllensperger, D. und Tovar, K.: Stromrichtermotoren größerer Leistung, Siemens-Z. 43 (1969), H. 8, S. 686-690

[142] Kraner, O.: Position control with a synchronous motor, Control Eng. 17 (1970), H. 5, S. 66-71

[143] Kübler, E.: Der Stromrichtermotor, ETZ-A 79 (1958), H. 1, S. 15-17

[144] Laible, T.: Die Theorie der Synchronmaschine im nichtstationären Betrieb, Springer-Verlag, Berlin 1952

[145] Lipo, T. A. und Krause, P. C.: Stability analysis of a reluctance-synchronous machine, IEEE Trans. Vol PAS-86 (1967), H. 7, S. 825-834

[146] Lipo, T. A. und Krause, P. C.: Stability analysis for variable frequency operation of synchronous machines, IEEE Trans. Vol PAS-87 (1968), H. 1, S. 227-234

[147] Lubasch, R.: Zeitlicher Verlauf der Systemgrößen von kompoundierten Synchronmaschinen bei Stoßkurzschluß, Diss. Univ. Karlsruhe 1969

[148] Ostermann, H.: Der fremdgesteuerte Stromrichtersynchronmotor, Archiv f. Elektrotechnik Bd. 48 (1963), H. 3, S. 167-189

[149] Pfaff, G. und Klittich, M.: Die Simulation eines Turbogenerators mit Polradwinkelregelung auf dem Analogrechner, AEG-Mitteilungen 57 (1967), H. 1, S. 28-35

[150] Stemmler, H.: Speisung einer langsamlaufenden Synchronmaschine mit einem direkten Umrichter, VDE-Fachtagung Energieelektronik, Hannover 1969, S. 177-189

[151] Stemmler, H.: Antriebssystem und elektronische Regeleinrichtung der getriebelosen Rohrmühle, BBC-Mitteilungen 57 (1970), H. 3, S. 121-129

[152] Wood, A. I. und Concordia, C.: An analysis of solid rotor machines, AIEE-Trans. 78 (1959), Pt. III, S. 1666-1672

Ergänzung zum Literaturverzeichnis

Bose, B. K.: Power Electronics and AC Drives, Prentice-Hall, Englewood Cliffs, New Jersey 1986

Bühler, H.: Einführung in die Theorie geregelter Drehstromantriebe, Birkhäuser Verlag, Basel 1977

Föllinger, O.: Regelungstechnik, Elitera-Verlag, Berlin 1978

Jordan, H., Klima, V., Kovacs, K. P.: Asynchronmaschinen, Vieweg Verlag, Braunschweig 1975

Kenjo, T., Nagamori, S.: Permanent-Magnet and Brushless DC Motors, Clarendon Press, Oxford 1985

Kleinrath, H.: Stromrichtergespeiste Drehfeldmaschinen, Springer-Verlag, Wien 1980

Kovacs, K. P.: Transient Phenomena in Electrical Machines, Akademiai Kiado, Budapest 1984

Leonhard, W.: Control of Electrical Drives, Springer-Verlag, Berlin 1985

Meyer, M.: Elektrische Antriebstechnik, Band 1, Springer-Verlag, Berlin 1985

Müller, G.: Elektrische Maschinen (Theorie), VEB Verlag Technik, Berlin 1967

Schönfeld, R., Habiger, E.: Automatisierte Elektroantriebe, Dr. Alfred Hüthig Verlag, Heidelberg 1981

Späth, H.: Steuerverfahren für Drehstrommaschinen, Springer-Verlag, Berlin 1983

6. *Sachwortverzeichnis*

www.ingramcontent.com/pod-product-compliance
Lightning Source LLC
Chambersburg PA
CBHW081557190326
41458CB00015B/5634